建筑工程成本管控实操系列丛书

建筑工程工程量计算与清单定额应用高手速成必备

主　　编　乔广宇　沈健康　张　川

副 主 编　王晓帆　张海静　秦辉志　鲁小蒙　宋国东　殷　鸣

主　　审　常　城　寇成干　孙广伟

组织编写　淄博建泓工程顾问有限公司

山东仲泰建设项目管理有限公司

青岛市公用建筑设计研究院工程咨询分院

中国建筑工业出版社

图书在版编目（CIP）数据

建筑工程工程量计算与清单定额应用高手速成必备 / 乔广宇，沈健康，张川主编；王晓帆等副主编；淄博建泓工程顾问有限公司，山东仲泰建设项目管理有限公司，青岛市公用建筑设计研究院工程咨询分院组织编写. —北京：中国建筑工业出版社，2022.6（2023.3 重印）
（建筑工程成本管控实操系列丛书）
ISBN 978-7-112-27459-8

Ⅰ. ①建… Ⅱ. ①乔… ②沈… ③张… ④王… ⑤淄… ⑥山… ⑦青… Ⅲ. ①建筑工程一工程造价②建筑预算定额 Ⅳ. ①TU723.3

中国版本图书馆 CIP 数据核字(2022)第 097245 号

本书以《房屋建筑与装饰工程消耗量定额》TY01 01—31—2015、《房屋建筑与装饰工程工程量计算规范》GB 50854—2013、国家建筑标准设计图集《混凝土结构施工图平面整体表示方法制图规则和构造详图》（22G101）为依据编写，在编写的过程中力求循序渐进、层层剖析，尽可能全面系统地阐明建筑工程各分部分项工程的计价规范说明和工程量计算规则。帮助读者正确理解清单和定额，掌握市场化计价和工程量计算规则，准确高效地计算工程量，从而正确且快速地进行计价及成本测算。本书包括土方、基坑支护、主体结构、二次结构、装饰工程、措施费全过程施工工序，根据施工顺序进行了系统化的归类和总结，并把常用的规范进行了罗列。本书紧扣工程造价理论与实践，最大限度地与生产管理一线相结合，简单易懂、实用性强。

本书可作为高等院校工程管理、工程造价、房地产经营管理、审计、资产评估及相关专业师生的参考书，也可以作为建设单位、施工单位、设计单位及监理单位的工程造价人员、工程造价管理人员、工程审计人员等相关人员的参考书。

责任编辑：曹丹丹　范业庶
责任校对：党　蕾

建筑工程成本管控实操系列丛书
建筑工程工程量计算
与清单定额应用高手速成必备
主　　编　乔广宇　沈健康　张　川
副 主 编　王晓帆　张海静　秦辉志　鲁小蒙　宋国东　殷　鸣
主　　审　常　城　寇成干　孙广伟
组织编写　淄博建泓工程顾问有限公司
　　　　　山东仲泰建设项目管理有限公司
　　　　　青岛市公用建筑设计研究院工程咨询分院
*
中国建筑工业出版社出版、发行（北京海淀三里河路 9 号）
各地新华书店、建筑书店经销
北京红光制版公司制版
北京建筑工业印刷厂印刷
*
开本：787 毫米×1092 毫米　1/16　印张：13¼　字数：329 千字
2022 年 9 月第一版　　2023 年 3 月第二次印刷
定价：**59.00** 元
ISBN 978-7-112-27459-8
(39591)

本书编委会

主　　编　乔广宇　沈健康　张　川

副 主 编　王晓帆　张海静　秦辉志　鲁小蒙

　　　　　宋国东　殷　鸣

主　　审　常　城　寇成干　孙广伟

组织编写　淄博建泓工程顾问有限公司

　　　　　山东仲泰建设项目管理有限公司

　　　　　青岛市公用建筑设计研究院工程咨询分院

前　言

随着我国工程造价改革的更加深入，2013 年住房和城乡建设部《房屋建筑与装饰工程工程量计算规范》、2015 年住房和城乡建设部《房屋建筑与装饰工程消耗量定额》相继出台，2022 年国家建筑标准图集《混凝土结构施工图平面整体表示方法制图规则和构造详图》（22G101）发布使我国建筑工程计量和计价依据更加完善，更加适应社会主义市场经济的发展。建筑定额作为编制招标控制价、工程量清单计价的依据和成本分析的参考，无论是现在还是将来，这一属性是不会改变的。由于计价依据的改革，结构章节划分及工程量计算规则的调整，加之新材料、新工艺、新技术、新构造的应用，广大工程造价专业人员在使用过程中难免遇到一些困难和问题，本书旨在帮助大家在学习和日常工作中起到排忧解难的辅导作用。随着 BIM 技术的不断发展，对工程管理类专业特别是工程造价专业学生的知识体系和综合能力提出了更高的要求。

对于有一定施工经验的工程造价专业人员，在日常工作中处理疑难问题的能力比较强，而无任何施工技术概念的人员做工程预算、结算和过程控制工作就比较困难，本书在编制过程中充分考虑到理论和实践的结合，以“理论与实践的结合、施工与计量计价的结合”为切入点，根据实际施工组织系统化讲解，除了对各章节做了详尽的运用说明和施工技术说明外，还使用 BIM 技术配以大量的图形和照片加以解释，并且通过诸多实例加以演算和论证，深入浅出，图文并茂，使读者易学、易懂，更好地增强记忆、便于掌握，提高学习兴趣。

市场化计价采用建筑市场的常用做法进行讲解，以劳务公司的财务数据为测算基础。由于各个工程千姿百态，不可能完全有可比性，与工程地区、结构形式、建筑物高度、结构特征、合同条件等都有很大的关系。参考价格依据笔者 15 年的工作经验以及教学经验的总结，在使用时需要结合工程自身的情况进行考虑，按照宜粗不宜细的思路与《房屋建筑与装饰工程工程量计算规范》的内容进行了对应，如需精细化可与笔者联系索要相关的测算数据。

本书适用于工程造价的初学者和有一定工程造价工作经验的人员使用，也可作为专业人员查阅资料使用，还可作为大专院校工程造价专业的辅助教材或在校生的课外读物，也是一本较好的工程造价培训教材。

由于本书编写时间短促，水平有限，虽查阅大量资料及各类设计规范和施工验收规范、标准、施工手册等，进行过多次现场实际观察，并全面进行审查、对比和论证，但仍难免有不足之处，欢迎广大读者提出意见和见解（邮箱 493721889@qq. com），共同研讨，以求完善，不胜感谢。

目　　录

第一章　土方及基坑工程

第一节　土 石 方 工 程

一、工程量清单计价

土石方工程包括土方工程、石方工程及回填。

1. 土方工程

土方工程包括平整场地、挖沟槽土方、挖基坑土方、冻土开挖、挖淤泥（流砂）、管沟土方。

挖沟槽土方、挖基坑土方项目划分的规定：

厚度>±300mm 的竖向布置挖土或山坡切土应按一般土方项目编码列项；沟槽、基坑、一般土方的划分为：底宽≤7m 且底长≥3 倍底宽为沟槽；底长≤3 倍底宽且底面积≤150m² 为基坑；超出上述范围则为一般土方。

（1）平整场地

建筑物场地厚度≤±300mm 的挖、填、运、找平，应按平整场地项目编码列项，如图 1-1 所示。

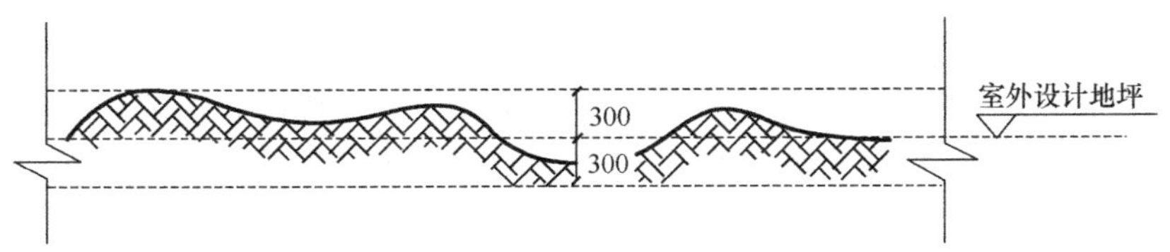

图 1-1　场地平整示意图

按设计图示尺寸以建筑物首层建筑面积计算。项目特征包括土壤类别、弃土运距、取土运距。

平整场地若需要外运土方或取土回填时，在清单项目特征中应描述弃土运距或取土运距，其报价应包括在平整场地项目中；当清单中没有描述弃、取土运距时，应注明由投标人根据施工现场实际情况自行考虑到投标报价中。

（2）挖一般土方

按设计图示尺寸以体积计算。挖土方平均厚度应按自然地面测量标高至设计地坪标高间的平均厚度确定。土石方体积应按挖掘前的天然密实体积计算，如需按天然密实体积折算时，应按土方体积折算系数表（表 1-1）计算。挖土方如需截桩头时，应按桩基工程相关项目列项。桩间挖土不扣除桩的体积，并在项目特征中加以描述。

土方体积折算系数表　　表 1-1

天然密实度体积	虚方体积	夯实后体积	松填体积
0.77	1.00	0.67	0.83
1.00	1.30	0.87	1.08
1.15	1.50	1.00	1.25
0.92	1.20	0.80	1.00

注：1. 虚方指未经碾压、堆积时间≤1 年的土壤。
2. 本表按《全国统一建筑工程预算工程量计算规则》GJDGZ—101—95 整理。
3. 设计密实度超过规定的，填方体积按工程设计要求执行；无设计要求按各省、自治区、直辖市或行业建设行政主管部门规定的系数执行。

土壤的不同类型决定了土方工程施工的难易程度、施工方法、工效及工程成本，所以应掌握土壤类别的确定，如土壤类别不能准确划分时，招标人可注明为综合，由投标人根据地勘报告决定报价。土壤分类可参考土壤分类表（表 1-2）。

土壤分类表　　表 1-2

土壤分类	土壤名称	开挖方法
一、二类土	粉土、砂土（粉砂、细砂、中砂、粗砂、砾砂）、粉质黏土、弱中盐渍土、软土（淤泥质土、泥炭、泥炭质土）、软塑红黏土、冲填土	用锹、少许用镐、条锄开挖。机械能全部直接铲挖满载者
三类土	黏土、碎石土（圆砾、角砾）混合土、可塑红黏土、硬塑红黏土、强盐渍土、素填土、压实填土	主要用镐、条锄、少许用锹开挖。机械需部分刨松方能铲挖满载者或可直接铲挖但不能满载者
四类土	碎石土（卵石、碎石、漂石、块石）、坚硬红黏土、超盐渍土、杂填土	全部用镐、条锄挖掘、少许用撬棍挖掘。机械须普遍刨松方能铲挖满载者

注：本表土的名称及其含义按国家标准《岩土工程勘察规范》GB 50021—2001（2009 年版）定义。

（3）挖沟槽土方、挖基坑土方

按设计图示尺寸以基础垫层底面积乘以挖土深度计算。基础土方开挖深度应按基础垫层底表面标高至交付施工场地标高确定，无交付施工场地标高时，应按自然地面标高确定。

挖沟槽、基坑、一般土方因工作面和放坡增加的工程量（管沟工作面增加的工程量），是否并入各土方工程量中，按各省、自治区、直辖市或行业建设主管部门的规定实施。如并入各土方工程量中，办理工程结算时，按经发包人认可的施工组织设计规定计算，编制工程量清单时，可按放坡系数表（表 1-3）、基础施工所需工作面宽度计算表（表 1-4）和管沟施工每侧工作面宽度计算表（表 1-5）的规定计算。

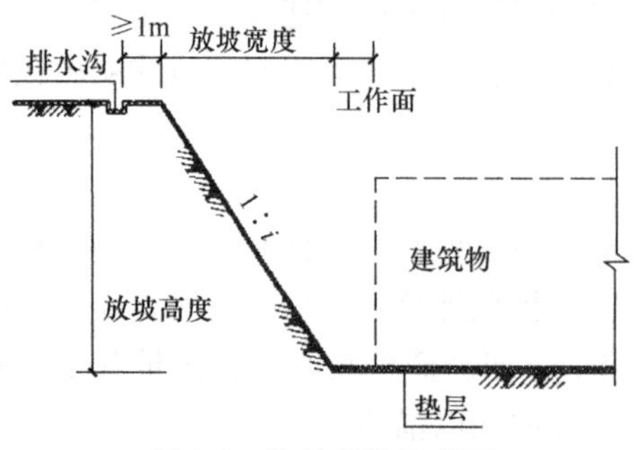

图 1-2　放坡系数示意图

土壁边坡坡度以放坡高度与放坡宽度之比表示。

边坡坡度＝1 ∶ i＝放坡高度/放坡宽度，i 为放坡系数。

i＝放坡宽度/放坡高度，放坡系数是放坡宽度与放坡高度之比，如图 1-2 所示。

放坡系数表　　表 1-3

土类别	放坡起点（m）	人工挖土	机械挖土		
			坑内作业	坑上作业	顺沟槽在坑上作业
一、二类土	1.20	1∶0.5	1∶0.33	1∶0.75	1∶0.5
三类土	1.50	1∶0.33	1∶0.25	1∶0.67	1∶0.33
四类土	2.00	1∶0.25	1∶0.10	1∶0.33	1∶0.25

注：沟槽、基坑中土类别不同时，分别按其放坡起点、放坡系数、依不同土类别厚度加权平均计算。

基础施工所需工作面宽度计算表　　表 1-4

基础材料	每边各增加工作面宽度（mm）
砖基础	200
浆砌毛石、条石基础	150
混凝土基础垫层支模板	300
混凝土基础支模板	300
基础垂直面做防水层	1000（防水层面）

注：本表按《全国统一建筑工程预算工程量计算规则》GJDGZ—101—95 整理（图 1-3）。

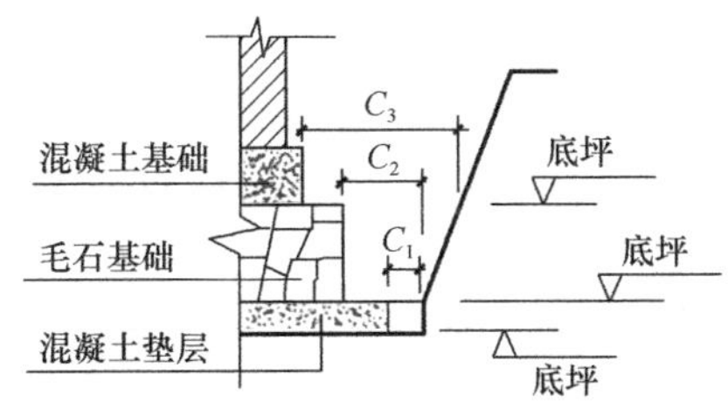

图 1-3　清单工作面宽度示意图

管沟施工每侧工作面宽度计算表　　表 1-5

管道结构宽	管道结构宽			
	≤500	≤1000	≤2500	＞2500
混凝土及钢筋混凝土管道	400	500	600	700
其他材质管道	300	400	500	600

注：1. 本表按《全国统一建筑工程预算工程量计算规则》GJDGZ—101—95 整理。

2. 管道结构宽：有管座的按基础外缘，无管座的按管道外径。

3. 计算放坡时，在交接处的重复工程量不予扣除（图 1-4），原槽、坑作基础垫层时，放坡自垫层上表面开始计算（图 1-5）。

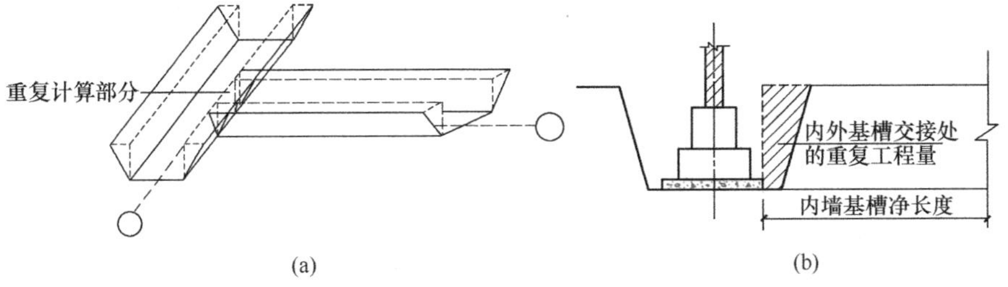

图 1-4　放坡交叉处重复工程量示意图

（a）三维图；（b）剖面图

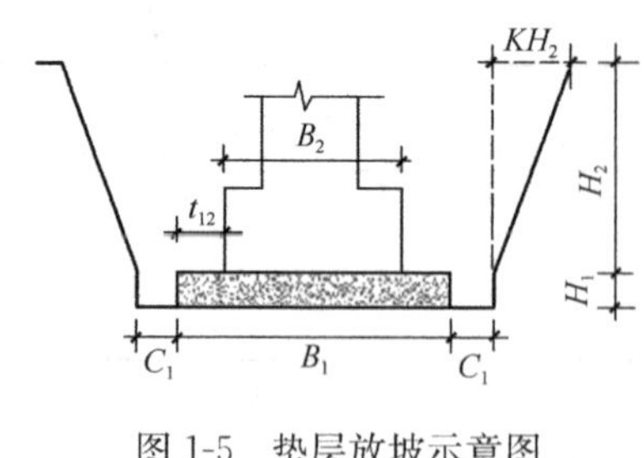

图 1-5　垫层放坡示意图

（4）冻土开挖

按设计图示尺寸开挖面积乘以厚度以体积计算。

（5）挖淤泥、流砂

按设计图示位置、界限以体积计算。挖方出现流砂、淤泥时，如设计未明确，在编制工程量清单时，其工程数量可为暂估量，结算时应根据实际情况由发包人与承包人双方现场签证确认工程量。

（6）管沟土方

按设计图示以管道中心线长度计算，或按设计图示管底垫层面积乘以挖土深度以体积计算。无管底垫层按管外径的水平投影面积乘以挖土深度计算。不扣除各类井的长度，井的土方并入。

管沟土方项目适用于管道（给水排水、工业、电力、通信）、光（电）缆沟［包括人（手）孔、接口坑］及连接井（检查井）等。有管沟设计时，平均深度以沟垫层底面标高至交付施工场地标高计算；无管沟设计时，直埋管深度应按管底外表面标高至交付施工场地标高的平均高度计算。

2. 石方工程

石方工程包括挖一般石方、挖沟槽石方、挖基坑石方、挖管沟石方等项目。

挖基坑石方项目划分的规定：厚度＞±300mm 的竖向布置挖石或山坡凿石应按挖一般石方项目编码列项。

沟槽、基坑、一般石方的划分为：底宽≤7m 且底长＞3 倍底宽为沟槽；底长≤3 倍底宽且底面积≤150m^2 为基坑；超出上述范围则为一般石方。

（1）挖一般石方

按设计图示尺寸以体积计算。挖石方应按自然地面测量标高至设计地坪标高的平均厚度确定。

石方工程中项目特征应描述岩石的类别，岩石的分类应按岩石分类表（表 1-6）确定。弃渣运距可以不描述，但应注明由投标人根据施工现场实际情况自行考虑，决定报价。石方体积应按挖掘前的天然密实体积计算。非天然密实石方应按土方体积折算系数表（表 1-7）折算。

岩石分类表　　　　**表 1-6**

岩石分类		代表性岩石	开挖方法
极软岩		全风化的各种岩石；各种半成岩	部分用手凿工具、部分用爆破法开挖
软质岩	软岩	强风化的坚硬岩或软硬岩；中等风化-强风化的较软岩；未风化-微风化的页岩、泥岩、泥质砂岩等	用风镐和爆破法开挖
	较软岩	中等风化-强风化的坚硬岩或较硬岩；未风化-微风化的凝灰岩、千枚岩、泥灰岩、砂质泥岩等	用爆破法开挖
硬质岩	较硬岩	微风化的坚硬岩；未风化-微风化的大理岩、板岩、石灰岩、白云岩、钙质砂岩等	
	坚硬岩	未风化-微风化的花岗岩、闪长岩、辉绿岩、玄武岩、安山岩、片麻岩、石英岩、石英砂岩、硅质砾岩、硅质石灰岩等	

注：本表依据国家标准《工程岩体分级标准》GB/T 50218—2014 和《岩土工程勘察规范》GB 50021—2001（2009 年版）整理。

土方体积折算系数表　　表 1-7

石方类别	天然密实度体积	虚方体积	松填体积	码方
石方	1.00	1.54	1.31	—
块石	1.00	1.75	1.43	1.67
砂夹石	1.00	1.07	0.94	—

注：本表按《爆破工程消耗量定额》GYD—102—2008 整理。

(2) 挖沟槽（基坑）石方

按设计图示尺寸沟槽（基坑）底面积乘以挖石深度以体积计算。

(3) 管沟石方

按设计图示以管道中心线长度计算，或按设计图示截面积乘以长度以体积计算。有管沟设计时，平均深度以沟垫层底面标高至交付施工场地标高计算；无管沟设计时，直埋管深度应按管底外表面标高至交付施工场地标高的平均高度计算。

管沟石方项目适用于管道（给水排水、工业、电力、通信）、光（电）缆沟［包括人（手）孔、接口坑］及连接井（检查井）等。

3. 回填

回填包括回填方、余方弃置等项目。

(1) 回填方

按设计图示尺寸以体积计算。场地回填：回填面积乘以平均回填厚度；室内回填：主墙间净面积乘以回填厚度，不扣除间隔墙；基础回填：挖方清单项目工程量减去自然地坪以下埋设的基础体积（包括基础垫层及其他构筑物）。如图 1-6 所示。

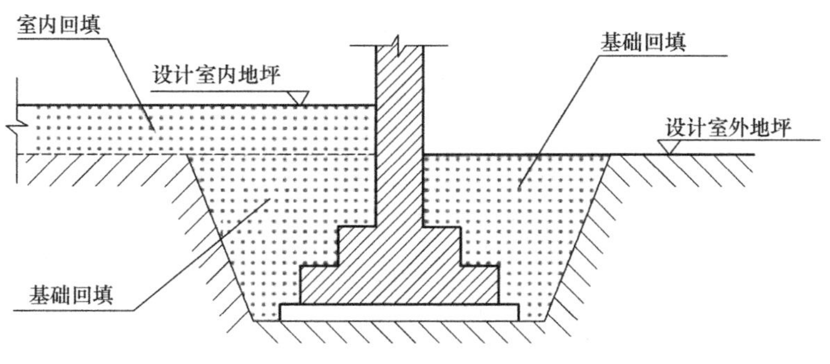

图 1-6　回填示意图

回填土方项目特征包括密实度要求、填方材料品种、填方粒径要求、填方来源及运距，在项目特征描述中需要注意的问题：

1) 填方密实度要求，在无特殊要求情况下，项目特征可描述为满足设计和规范的要求。

2) 填方材料品种可以不描述，但应注明由投标人根据设计要求验方后方可填入，并符合相关工程的质量规范要求。

3) 填方粒径要求，在无特殊要求情况下，项目特征可以不描述。

4) 如需买土回填应在项目特征填方来源中描述，并注明购买土方数量。

（2）余方弃置

按挖方清单项目工程量减利用回填方体积（正数）计算。项目特征包括废弃料品种、运距（由余方点装料运输至弃置点的距离）。

二、消耗量定额计价

1. 干土、湿土、淤泥的划分：

干土、湿土的划分，以地质勘测资料的地下常水位为准。地下常水位以上为干土，以下为湿土。

地下常水位的确定：由地质勘测资料提出或实际测定，凡在地下水位以下挖土，均按湿土计算。在同一槽内或坑内有干湿土时，应分别计算工程量，但使用定额时仍须按槽坑全深计算。可按下述方法进行：第①步：将同一槽坑内干湿土的体积分别计算出来；第②步：将湿土乘以系数后加上干土的体积按该槽坑的全深计算。

地表水排出后，土壤含水率≥25%时为湿土。用以解决雨季自然降水排除（由冬雨季施工增加费解决）后的挖运湿土的问题。

含水率超过液限，土和水的混合物呈现流动状态时为淤泥。用以解决湿土、淤泥的划分问题。温度在0℃及以下，并夹含有冰的土壤为冻土。本章定额中的冻土，指短时冻土和季节冻土。

2. 沟槽、地坑、一般土石方的划分：

底宽（设计图示垫层或基础的底宽，下同）≤7m且底长≥3倍底宽为沟槽；一般情况下，条形基础和地下管线的土石方为沟槽。

底长≤3倍底宽且底面积≤150m^2为基坑；底坑界定需同时满足“且”，一般情况下，独立基础的土石方为地坑。

超出上述范围，又非平整场地的，为一般土石方。注意：是以设计图示垫层或基础的底宽，均不包括工作面的宽度。

3. 土石方运输：

（1）本章土石方运输，按施工现场范围内运输编制。弃土外运以及弃土处理等其他费用，按各地市有关规定执行。汽车在城市市政道路上行驶，无论道路的平整度、开阔度、弯曲度、道路标识等各个方面，都与施工现场内的道路条件大不相同。只要汽车按相关规定洁净出场、规范覆盖，与运输其他货物基本没有区别。因此，自卸汽车、拖拉机运输子目，本章设置了基本运距≤1km和每增加1km（含1km以内）两个子目，虽未设定运距上限，但仅限于施工现场范围内增加运距。弃土外运，以及弃土处理等其他费用，按各地的有关规定执行。

（2）土石方运距，按挖土区重心至填方区（或堆放区）重心间的最短运输距离计算。指挖（填）方区各部分因受重力而产生的合力，这个合力的作用点叫作挖（填）方区重心。按挖土区重心至填方区（或堆放区）重心间的最短距离计算。

（3）人工、人力车、汽车的负载上坡（坡度≤15%）降效因素已综合在相应运输子目中，不另计算。推土机、装载机、铲运机负载上坡时，其降效因素按坡道斜长乘以表1-8规定的系数计算。

负载上坡降效系数 **表 1-8**

坡度（%）	≤10	≤15	≤20	≤25
系数	1.75	2.00	2.25	2.5

劳动定额在确定汽车运输台班产量时已考虑上坡降效因素。而对于人力车，从减少体力消耗和施工安全方面，在确定产量定额时也已考虑适宜的人力推运坡度。从影响推土机、装载机、铲运机作业效率的因素来看与上坡和填筑路的高度有关。负载上坡乘以运距系数，是指增加坡道斜长部分。

例如：计算铲运机运土重车上坡运距，如图 1-7 所示。

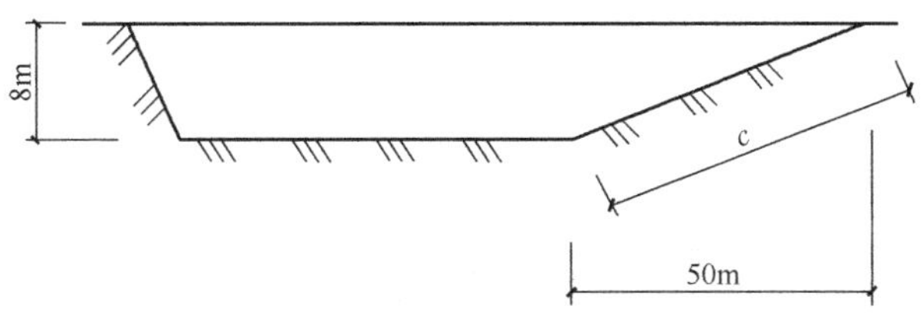

图 1-7 铲运机上坡示意图

$$c=\sqrt{64+2500}=50.6\text{m}$$

坡度系数：8/50=16%（大于 15%，小于 20%，采用系数 2.25）

上坡运距计算：$c\times2.25=50.6\times2.25=114\text{m}$

4. 土石方开挖、运输均按开挖前的天然密实体积计算。土方回填，按回填后的竣工体积计算。不同状态的土石方体积，按表 1-9 换算。定额中的虚土是指经挖动后的土；天然密实土是指未经挖（扰）动的自然土；夯实土是指按规范要求经过分层碾压、夯实的土；松填土是指挖出的自然土，自然堆放未经夯实填在槽、坑中的土。土方回填时，若所有回填均为夯填，应折算为天然密实体积。则：夯填体积为 1，需要天然密实体积为 1.15，松填体积为 1.25，虚方体积为 1.5，如表 1-9 所示，其中“（）”内为推导计算公式。

土石方体积换算系数 **表 1-9**

名称	虚方	松填	天然密实	夯填
土方	1.00(0.67×1.5)	0.83(0.67×1.25)	0.77(0.67×1.15)	0.67(1.00÷1.5)
	1.20(0.80×1.5)	1.00(0.80×1.25)	0.92(0.80×1.15)	0.80(1.00÷1.25)
	1.30(0.87×1.5)	1.08(0.87×1.25)	1.00(0.87×1.15)	0.87(1.00÷1.15)
	1.50(1.00×1.5)	1.25(1.00×1.25)	1.15(1.00×1.15)	1.00
石方	1.00(0.65×1.54)	0.85(0.65×1.31)	0.65(1÷1.54)	—
	1.18(0.76×1.54)	1.00(0.76×1.31)	0.76(1÷1.31)	—
	1.54(1.00×1.54)	1.31(1.00×1.31)	1.00	—
块石	1.75	1.43	1.00	(码方)1.67
砂夹石	1.07	0.94	1.00	—

5. 基础土石方的开挖深度，按基础（含垫层）底标高至设计室外地坪之间的高度计

算。交付施工场地标高与设计室外地坪不同时，应按交付施工场地标高计算。交付施工场地标高即自然地坪标高。基础土石方项目（含平整场地及其他），是指设计室外地坪以下、为实施基础施工所进行的土石方工程。

注意：当垫层上面有防水做法或者垫层下有聚苯板时，需要增加相关防水做法厚度或聚苯板的板厚。比如做法采用：防水混凝土底板；50mm 厚 C20 细石混凝土保护层；卷材防水层；20mm 厚 1∶2.5 水泥砂浆找平层；C15 混凝土垫层 100mm 厚；素土夯实。

6. 基础施工的工作面宽度，按施工组织设计（经过批准，下同）规定计算；施工组织设计无规定时，按下列规定计算：

在基础较深、较小的情况下，所挖槽坑也会深而狭窄，此时基础施工时操作人员无法施展手脚，或某些机具在下面工作受阻力，这时就需要适当增加施工区域空间。直接操作和活动地点的场所称为工作面，指为了满足工人施工及模板、支撑必须保证的操作宽度。

（1）当组成基础材料不同或施工方式不同时，其工作面宽度按表 1-10 计算。

基础施工单边工作面宽度计算　　表 1-10

基础材料	单边工作面宽度（mm）
砖基础	200
毛石、方整石基础	250
混凝土基础（支模板）	400
混凝土基础垫层（支模板）	150
基础垂直面做砂浆防潮层	400（自防水层外表面）
基础垂直面做防水层或防腐层	1000（自防水、防腐层外表面）
支挡土板	100（另加）

注意在计算挖土时，应考虑砖胎膜增加工作面而产生挖土方量增大的情况（经过批准的施工组织设计）。

（2）基础施工需要搭设脚手架时，基础施工的工作面宽度，条形基础按 1.50m 计算（只计算一面），如图 1-8 所示；独立基础按 0.45m 计算（四面均计算），如图 1-9 所示。

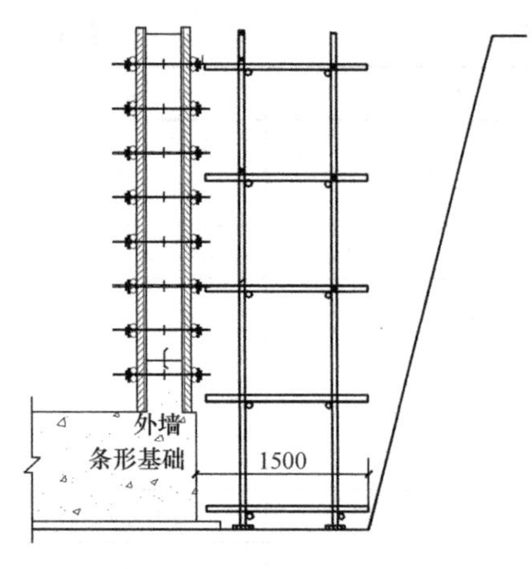

图 1-8　条形基础工作面示意图

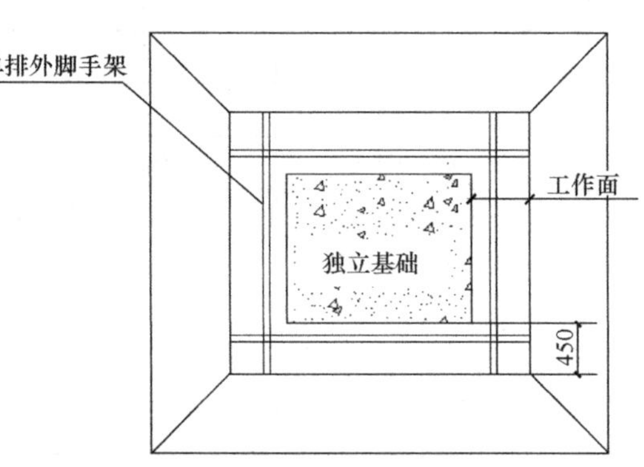

图 1-9　独立基础工作面示意图

条形基础脚手架根据落地双排钢管外脚手架的宽度得来，如图 1-8 所示；独立基础脚手架根据独立柱的脚手架的宽度（0.45×2×4 面=3.6m）得来，如图 1-9 所示。

（3）基坑土方大开挖需做边坡支护时，其工作面宽度均按 2.00m 计算。在做边坡支护时，则考虑施工脚手架以及工人操作中所产生的工作面，如图 1-10 所示。

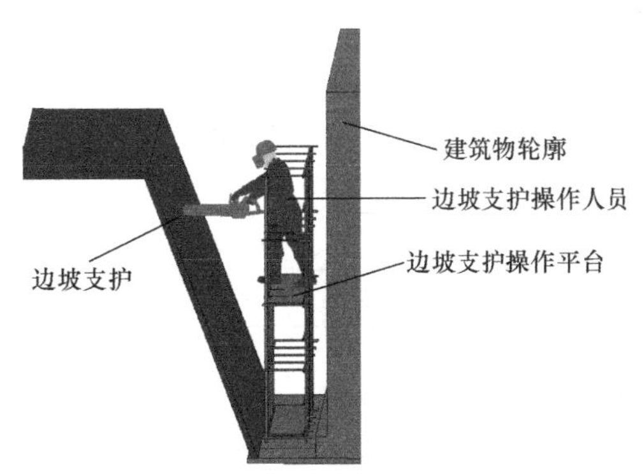

图 1-10　边坡支护工作面示意图

（4）基坑内施工各种桩时，基础施工的工作面宽度均按 2.00m 计算，根据桩基的工作面得来，比如桩基施工机械的移动所产生的工作面。

（5）管道施工的工作面宽度按表 1-11 计算。

管道施工单边工作面宽度计算　　**表 1-11**

管道材料	管道基础宽度（无基础时指管道外径）(mm)			
	≤500	≤1000	≤2500	>2500
混凝土管、水泥管	400	500	600	700
其他管道	300	400	500	600

工作面宽度的含义：

1）构成基础的各个台阶（各种材料），均应按下列相应规定，满足其各自工作面宽度的要求。各个台阶的单边工作面宽度，均指在台阶底坪高程上、台阶外边线至土方边坡之间的水平宽度（图 1-11 中的 C_1、C_2、C_3）。

2）基础的工作面宽度，是指基础的各个台阶（各种材料）要求的工作面宽度的“最大者”（土方边坡最外者），如图 1-11 所示。

3）在考查基础上一个台阶的工作面宽度时，要考虑到由于下一个台阶的厚度所带来的土方放坡宽度（Kh_1），即以垫层上平为“最大者”，如图 1-11 所示。

4）土方的每一面边坡（含直坡），均应为连续坡（边坡上不出现错台）。如图 1-11 所示。

7. 沟槽土石方，按设计图示沟槽长度乘以沟槽断面面积，以体积计算，如图 1-12 所示。

等坡沟槽土方体积的计算公式（1-1），如下：

设，B 为设计图示条形基础（含垫层）的宽度（m）；

C 为基础（含垫层）工作面宽度（m）；

H 为沟槽开挖深度（m）；

L 为沟槽长度（m）；

K 为土方综合放坡系数（等坡）；

V 为沟槽土方体积（m^3）；

则，$V=(B+2\times C+K\times H)\times H\times L$　　(1-1)

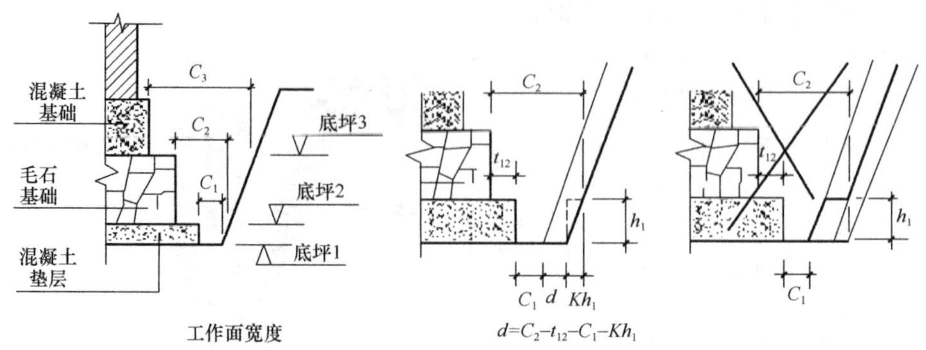

图 1-11 工作面宽度示意图

显然，$S=(B+2\times C+K\times H)\times H$，是等坡沟槽倒梯形断面的断面面积。

若，沟槽为混合土质，如图 1-12 所示。

则，$V_{坚}=(B+2\times C+K\times H_1)\times H_1\times L$

$V_{普}=(B+2\times C+2K\times H_1+K\times H_2)\times H_2\times L$

式中 H_1——坚土深度（m）；

H_2——普通土深度（m）。

（1）条形基础的沟槽长度，按设计规定计算；设计无规定时，按下列规定计算：

1）外墙沟槽，按外墙中心线长度计算。突出墙面的墙垛，按墙垛突出墙面的中心线长度，并入相应工程量内计算。

2）内墙沟槽、框架间墙沟槽，按基础（含垫层）之间垫层（或基础底）的净长度计算，如图 1-13 所示。

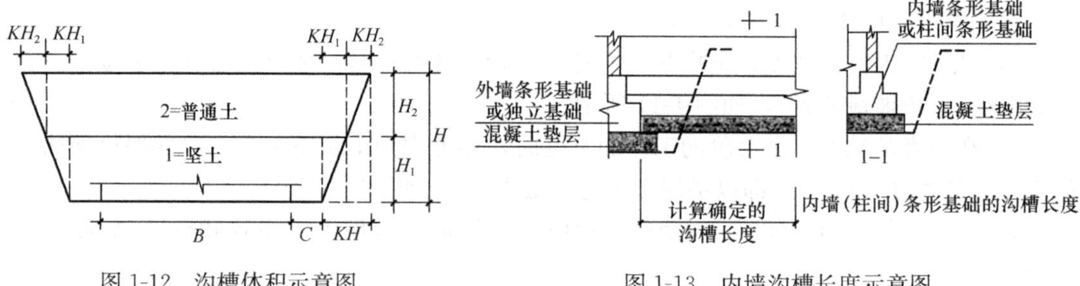

图 1-12 沟槽体积示意图

图 1-13 内墙沟槽长度示意图

（2）管道的沟槽长度，按设计规定计算；设计无规定时，以设计图示管道中心线长度（不扣除下口直径或边长≤1.5m 的井池）计算。下口直径或边长＞1.5m 的井池的土石方，另按地坑的相应规定计算。

（3）沟槽的断面面积，应包括工作面、土方放坡或石方允许超挖量的面积。

8. 地坑土石方，按设计图示基础（含垫层）尺寸，另加工作面宽度、土方放坡宽度或土石方允许超挖量乘以开挖深度，以体积计算，如图 1-14 所示。

（1）矩形等坡地坑土方体积的最直观、最简单的计算公式（1-2），如下：

设，a 为设计图示矩形基础（含垫层）长边的宽度（m）；

b 为设计图示矩形基础（含垫层）短边的宽度（m）；

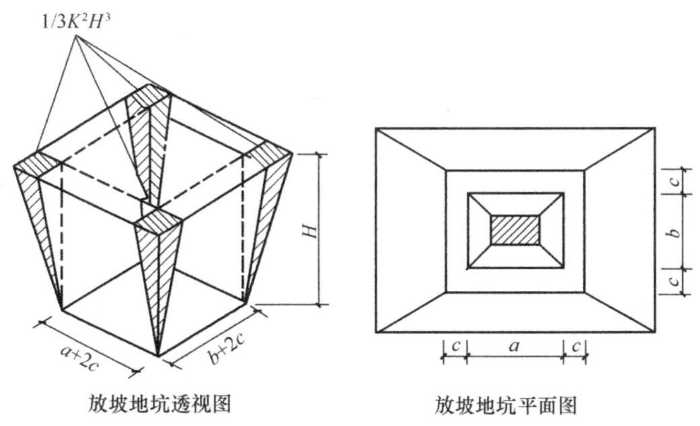

图 1-14　地坑放坡示意图

c 为矩形基础（含垫层）工作面宽度（m）；

H 为地坑开挖深度（m）；

K 为土方综合放坡系数（等坡）；

V 为地坑土方体积（m^3）。

则，　$V=(a+2\times c+K\times H)\times(b+2\times c+K\times H)\mathrm{H}+1/3\times K^2\times H^3$　　(1-2)

正方形（矩形的特殊情况）等坡地坑的土方体积，也可用棱台体积公式计算。圆形等坡地坑的土方体积，可用圆锥体积公式计算（即上底为“0”）。

计算地坑土方体积，不仅计算结果准确，而且公式中的数据直接来自于施工图纸或工程量计算规则，不需要任何中间计算，计算过程简便。

(2) 地坑的土方体积，也可以利用梯形体（两底平行、四个侧面均为梯形）的体积计算公式（1-3）计算。

即，　$V=1/6\left[A_1\times B_1+(A_1+A_2)\times(B_1+B_2)+A_2\times B_2\right]\times H$　　(1-3)

式中　A_1，B_1——分别为长方形地坑的下底（包括工作面、放坡等宽度）的两个挖土长度（m），$A_1=a+2\times c$，$B_1=b+2\times c$；

c——矩形基础（含垫层）工作面宽度（m）；

A_2，B_2——分别为长方形地坑的上底（包括工作面、放坡等宽度）的两个挖土长度（m），$A_2=a+2\times c+2\times K\times H$，$B_2=b+2\times c+2\times K\times H$，$K$ 为土方综合放坡系数（等坡）；

H——为地坑开挖深度（m）；

V——地坑土方体积（m^3）。

计算地坑土方体积，首先要计算出地坑上底的两个边长，然后才能利用公式，很显然，这要比直接利用公式（1-3）计算来得繁琐。

(3) 地坑的土方体积，还可以利用拟柱体（两底平行、棱的顶点都在两平行平面内）的体积计算公式（1-4）计算。

即，　$V=1/6\,(S_{上}+4\times S_{中}+S_{下})\times H$　　(1-4)

计算地坑土方体积，首先要计算出地坑上、中、下三个底面积才能利用公式，很显然，这比利用公式（1-3）计算繁琐，比直接利用公式（1-2）计算来得更加繁琐。

(4) 矩形等坡地坑的土方体积，若采用下列计算方法，理论上是错误的：

体积=中截面面积×深度　　(少算 3%~5%)

体积=(上底面积+下底面积)/2×深度　　(多算 6%~10%)

体积=1/3[上底面积+(上底面积×下底面积)1/2+下底面积]×深度　　(少算<1‰)

用棱台体积公式计算误差率很小，几乎接近于正确，但要首先计算出基坑上、下两个底面的面积才能利用公式。

9. 一般土石方，按设计图示基础（含垫层）尺寸，另加工作面宽度、土方放坡宽度或石方允许超挖量乘以开挖深度，以体积计算。例如，地下车库的土方，实际上就是一个坑底面积大于 150m^2 的大地坑。因此，以上关于矩形等坡地坑的体积计算方法，均适用于矩形等坡的一般土方的体积计算。机械施工坡道的土石方工程量，并入相应工程量内计算，如图 1-15 所示。

图 1-15　基坑机械施工示意图

应按施工组织设计的规定修筑，其土方工程合并在单项土方工程量内，同样按照相应规定进行计价。

10. 本章不包括施工现场障碍物消除、边坡支护、地表水排除以及地下常水位以下施工降水等内容，实际发生时，另按其他章节相应规定计算。

11. 土方工程

(1) 土方项目按干土编制。人工挖、运湿土时，相应项目人工乘以系数 1.18；机械挖、运湿土时，相应项目人工、机械乘以系数 1.15。采取降水措施后，人工挖、运土相应项目人工乘以系数 1.09，机械挖、运土不再乘系数。挖湿土、运湿土都要乘以上列系数。挖湿土时，由于湿土黏附挖掘运输等工具，主要考虑土壤含水率仍比天然含水率高，施工困难等因素，故需要在定额套用时将相应定额子目乘以系数。

(2) 人工挖一般土方、沟槽土方、基坑土方，6m<深度≤7m 时，按深度≤6m 相应子目人工乘以系数 1.25；7m<深度≤8m 时，按深度≤6m 相应子目人工乘以系数 1.25^2；

依此类推。定额中三类土和四类土最大深度为 6m，当 6m＜深度≤7m 时，人工综合工日×1.25；当 7m＜深度≤8m 时，人工综合工日×1.25^2；当 8m＜深度≤9m 时，人工综合工日×1.25^3。

（3）挡土板下人工挖槽坑时，相应子目人工乘以系数 1.43。

（4）桩间挖土不扣除桩体和空孔所占体积，相应子目人工、机械乘以系数 1.50。桩间挖土，系指桩承台外缘向外 1.20m 范围内、桩顶设计标高以上 1.20m（不足时按实计算）至基础（含垫层）底的挖土；相邻桩承台外缘间距离≤4.00m 时，其间（竖向同上）的挖土全部为桩间挖土。施工场地经打桩后，由于土壤被挤压密实，对挖土增加难度，同时也与挖土方定额规定的施工条件不相符合，在挖桩间土时，还需要躲着桩进行施工作业，存在降效，在挖土靠近桩顶时，人工、机械效率降低，特别是实际施工时，桩顶不在一个标高上，这给挖土带来一定的困难。

（5）满堂基础垫层底以下局部加深的槽坑，按槽坑相应规则计算工程量，相应子目人工、机械乘以系数 1.25。局部加深的槽坑与单独挖槽坑工艺相同。注意是满堂基础垫层底以下局部加深的部分，比如基坑、下柱墩和独立基础下卧等做法。换算方法同上。

（6）推土机推运土（不含平整场地）、装载机装运土土层平均厚度≤0.30m 时，相应子目人工、机械乘以系数 1.25。当土层平均厚度≤0.30m 时，工作效率降低，不能达到定额规定的正常情况下的台班产量，故须进行定额换算。

（7）挖掘机在垫板上作业时，相应子目人工、机械乘以系数 1.25。挖掘机下铺设垫板、汽车运输道路上铺设材料时，其费用另行计算。因在垫板上作业时对施工有影响，还需要人工的配合，故须乘以大于 1 的系数。

（8）小型挖掘机，系指斗容量≤0.30m^3 的挖掘机，适用于基础（含垫层）底宽≤1.20m的沟槽土方工程或底面积≤8m^2 的地坑土方工程。

（9）挖掘机（含小型挖掘机）挖土方项目，已综合了挖掘机挖土方和挖掘机挖土后，基底和边坡遗留厚度≤0.3m 的人工清理和修整。使用时不得调整，人工基底清理和边坡修整不另行计算。按照设计要求，无论是机械挖土，还是人工挖土，作为地基的土层持力层是不允许随意扰动基底土的原状结构，采用机械开挖基坑时，为避免破坏基底土，应在基底标高以上预留 200～300mm 厚土层人工挖除。

（10）基础土方的放坡：为了防止土壁崩塌，保持边坡的稳定，这时需要加大挖土上口宽度，使挖土面保持一定的坡度。土壁的稳定与土壤类别，含水量和挖土深度有关。

1）土方放坡的起点深度和放坡坡度，按施工组织设计计算；施工组织设计无规定时，按表 1-12 计算。

土方放坡起点深度和放坡坡度　　**表 1-12**

土壤类别	起点深度（＞m）	放坡坡度			
		人工挖土	机械挖土		
			基坑内作业	基坑上作业	沟槽上作业
一、二类土	1.20	1∶0.50	1∶0.33	1∶0.75	1∶0.50
三类土	1.50	1∶0.33	1∶0.25	1∶0.67	1∶0.33
四类土	2.00	1∶0.25	1∶0.10	1∶0.33	1∶0.25

机械开挖土方，从设计室外地坪算起至基础底，机械一直在室外地坪上作业（不下坑），为坑上作业；反之，机械一直在坑内作业，并设有机械上下坡道（或采用其他措施运送机械），为坑内作业；开始挖时没有形成坑，机械在室外地坪上作业，但继续作业时，机械随坑加深移至坑内，也为坑内作业。如按退挖方式施工时，应按坑内作业考虑。

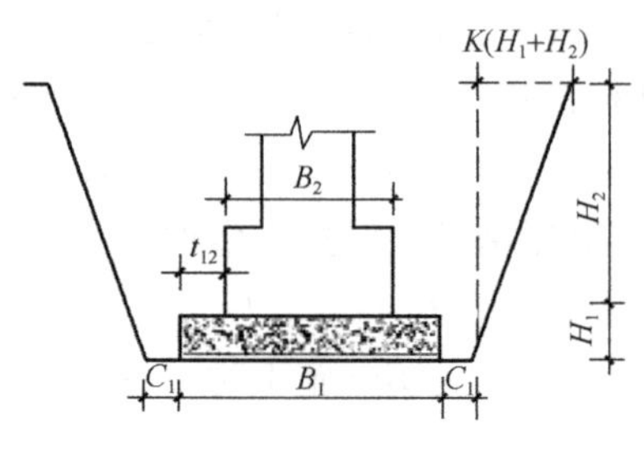

图 1-16 放坡起点示意图

2）基础土方放坡，自基础（含垫层）底标高算起，如图 1-16 所示。

根据施工现场土方开挖的实际情况，同时为了简化计算，故基础土方放坡，自基础（含垫层）底标高算起。土方开挖实际未放坡、或实际放坡小于本章相应规定时，仍应按规定的放坡系数计算土方工程量。

3）混合土质的基础土方，其放坡的起点深度和放坡系数，按不同土类厚度加权平均计算。

混合土质的综合放坡系数（数值在 1∶0.50～1∶0.25 之间），其计算公式为：

$$K=(K_1\times H_1+K_2\times H_2)/H$$

式中 K——综合放坡系数（取值在普通土和坚土之间）；

K_1、K_2——分别为不同土质的放坡系数；

H——槽坑放坡总深度；

H_1、H_2——分别为不同土质的放坡深度。

4）计算基础土方放坡时，不扣除放坡交叉处的重复工程量。

5）基础土方支挡土板时，土方放坡不另计算。

（11）挖淤泥流砂，以实际挖方体积计算。淤泥指池塘、沼泽、水田及沟坑等排水后呈膏质状态的土壤，分黏性淤泥与不黏附工具的砂性淤泥。流砂指含水饱和，因受地下水影响而呈流动状态的粉砂土、黏质粉土。

（12）人工挖（含爆破后挖）冻土，按设计图示尺寸，另加工作面宽度，以体积计算。

12. 石方工程

1）爆破岩石的允许超挖量分别为：极软岩、软岩 0.20m，较软岩、较硬岩、坚硬岩 0.15m。石方开挖不计算放坡，允许考虑超挖量。

2）岩石爆破后人工清理基底与修整边坡，按岩石爆破的规定尺寸（含工作面宽度和允许超挖量），以面积计算。因将其工作量按占坑底面积的一定比重、综合进了检底子目，形成了检底修边综合子目。因此，要以基坑底面积计算。

13. 回填及其他

1）场区（含地下室顶板以上）回填，相应子目人工、机械乘以系数 0.90。回填，也需要压实，也有相应的质量要求，但施工难度小于换填，故须乘以小于 1 的系数。

2）基础（地下室）周边回填材料时，执行“第二章地基处理与边坡支护工程”相应子目，人工、机械乘以系数 0.90。回填，也需要压实，也有相应的质量要求，但施工难度小于换填，故须乘以小于 1 的系数。

3）平整场地，系指建筑物所在现场厚度≤30cm 以内的就地挖、填及平整。挖填土方厚度>±30cm 时，全部厚度按一般土方相应规定另行计算，但仍应计算平整场地。平整场地，按设计图示尺寸，以建筑物首层建筑面积计算。建筑物地下室结构外边线突出首层结构外边线时，其突出部分的建筑面积合并计算。即使场地已达“三通一平”状态，仍需计取此项。即任何情况下，总包单位均应全额计算一次平整场地，这是由于为施工放线服务，挖土单位只粗略进行放线，总包单位需要进行抄平和放线，故总包需计算此费用。

目前带地下室的建筑越来越多，而且地下室的土石方大开挖一般都由甲方分包，无论单独分包单位先行开挖而后放线，还是总包单位先行放线而后开挖，总包单位一定在施工放线之后才能进行建筑物主体施工，施工放线就要平整场地。建筑物首层外围，若计算1/2 面积，或不计算建筑面积的构造需要配置基础且需要与主体结构同时施工时，计算了1/2 面积的（如：主体结构外的阳台、有柱混凝土雨篷等），应补齐全面积；不计算建筑面积的（如：装饰性阳台等），应按其基准面积合并于首层建筑面积内，一并计算平整场地。

基准面积，是指同类构件计算建筑面积（含 1/2 面积）时所依据的面积。如，主体结构外阳台的建筑面积，以其结构底板水平投影面积为基准，计算 1/2 面积，那么，配置基础的装饰性阳台也按其结构底板水平投影面积计算平整场地等。

4）基底钎探，按垫层（或基础）底面积计算。按探眼布置的通常规律，测算了每定额单位的探眼数量。

5）原土夯实与碾压，按设计或施工组织设计规定的尺寸，以面积计算。无规定时，不计算。

14. 回填，按下列规定，以体积计算：

（1）沟槽、基坑回填，按挖方体积减去设计室外地坪以下建筑物、基础（含垫层）的体积计算。

槽坑回填土体积＝挖土体积－设计室外地坪以下埋设的垫层、基础体积（也应包括筏板混凝土在聚苯板、垫层上面有防水做法时所占有的体积）

（2）管道沟槽回填，按挖方体积减去管道基础和管道折合回填体积表 1-13 计算。

管道折合回填体积（单位：m^3/mm）　　**表 1-13**

管道	公称直径（mm 以内）					
	500	600	800	1000	1200	1500
混凝土管及钢筋混凝土管道	—	0.33	0.60	0.92	1.15	1.45
其他材质管道	—	0.22	0.46	0.74	—	—

管道公称直径因材料品种及管壁厚度不同而导致管道折合回填体积数值的不同。以直径 1000mm 其他材质管道为例：在每米回填体积中，须扣除 0.74m^3 的管道体积。

管道沟槽回填体积＝挖土体积－管道回填体积（表 1-13）

（3）房心（含地下室内）回填，按主墙间净面积（扣除连续底面积＞2m^2 的设备基础等面积）乘以平均回填厚度计算。

房心（含地下室内）回填体积＝房心面积×回填土设计厚度

（4）场区（含地下室顶板以上）回填，按回填面积乘以平均回填厚度计算。

场区（含地下室顶板以上）回填体积＝回填面积×平均回填厚度

15. 土方运输，以天然密实体积计算。挖土总体积减去回填土（折合天然密实体积），总体积为正，则为余土外运；总体积为负，则为取土回运。由于土石方开挖、运输，均按开挖前的天然密实体积计算。土方回填，按回填后的竣工体积计算。因此，上式中，回填土总体积，应折算为天然密实体积。

即：余土运输体积＝挖土总体积－回填土总体积

＝挖土总体积－回填土（折合天然密实）总体积

若所有回填均为夯填，则：

余土运输体积＝挖土总体积－夯填土总体积×1.15

上式计算结果，为正值时，为余土外运；为负值时，为取土内运。

三、市场化计价

土方工程包括土方外运、桩间土外运、土方二次挖运、槽边土方回填（乙供土）、车库顶土方回填（乙供土）等。

1. 土方外运

参考单价：12～19 元/m^3。

工程量计算规则：按实方计算；开挖外轮廓线以甲乙双方签字确认的开挖方案控制，实际开挖超过双方确认的轮廓线，若无事先签证确认以开挖轮廓线为准，实际开挖小于轮廓线按实计算；原始地貌标高以测绘院进行的红外线扫描标高为准。

施工内容：含基础土方开挖、装、运、卸、边坡修整及其他一切费用。按承包人要求对基底标高控制；原始地貌以测绘院进行的红外线扫描标高为准，投标单位自行到现场复核，单价中综合考虑标高相关费用；结算时若承包人安排测绘院进行完成面扫描，分包人需配合并认可数据。

2. 桩间土外运

参考单价：15～22 元/m^3。

工程量计算规则：按实方计算；开挖外轮廓线以甲乙双方签字确认的开挖方案控制，实际开挖超过双方确认的轮廓线，若无事先签证确认以开挖轮廓线为准，实际开挖小于轮廓线按实计算；原始地貌标高以测绘院进行的红外线扫描标高为准；桩间土深度由双方签证确定。

施工内容：含基础土方开挖、装、运、卸及其他一切费用（处置场地由分包人自行负责），按承包人要求对基底标高控制；包含桩头外运（若现场采用灌注桩、CFG、管桩桩长超长时考虑桩间土；若现场采用水泥土复合管桩时不考虑桩间土）；原始地貌以测绘院进行的红外线扫描标高为准，投标单位自行到现场复核，单价中综合考虑标高事宜；结算时若承包人安排测绘院进行完成面扫描，分包人需配合并认可数据。

3. 土方二次挖运

参考单价：15～21 元/m^3。

工程量计算规则：按实方计算；二次开挖工程范围为基坑大面垫层底标高以下需开挖的柱墩、集水坑、后浇带下卧部分的土方。

施工内容：土方开挖、装、运、卸及其他一切费用，包含分层分段多次开挖（电梯基坑、柱墩、后浇带）。

4. 土方外运输

参考单价：2～2.5 元/km。

工程量计算规则：按实方计算；二次开挖工程范围为基坑大面垫层底标高以下需开挖的柱墩、集水坑、后浇带下卧部分的土方。

施工内容：若承包人指定土场运距考虑每公里运费。

5. 槽边土方回填（乙供土）

参考单价：9～12 元/m^3。

工程量计算规则：按实方计算；内倒方量由甲乙双方签证确定。

施工内容：主楼及周边车库范围内的土方回填；含装、运、卸、规范标准压实及其他一切费用，如灰土回填，含拌和机械费用。

6. 车库顶土方回填（乙供土）

参考单价：8～11 元/m^3。

工程量计算规则：按实方计算；内倒方量由甲乙双方签证确定。

施工内容：车库顶种植土回填；含装、运、卸、规范标准压实及其他一切费用。

7. 槽边土方回填（甲供土）

参考单价：9～10 元/m^3。

工程量计算规则：按实方计算；内倒方量由甲乙双方签证确定。

施工内容：主楼及周边车库范围内的土方回填；含装、运、卸、压实及其他一切费用。

8. 土方内倒

参考单价：8～11 元/m^3。

工程量计算规则：按实方计算；内倒方量由甲乙双方签证确定。

施工内容：含基础土方开挖、装、运、卸、堆土及其他一切费用；原始地貌以测绘院进行的红外线扫描标高为准，投标单位自行到现场复核，单价中综合考虑标高事宜。

注意：还有合同约定内倒按车计算，此时需要换算成天然密实体积进行计算。

9. 场地清表

参考单价：1～1.5 元/m^2。

工程量计算规则：按现场实际。

施工内容：施工现场场地清表（清表层草及树苗约 100mm），含清表垃圾装、运、卸及其他一切费用（垃圾处置地点乙方自行考虑）。

10. 建筑垃圾外运

参考单价：18～20 元/m^3。

工程量计算规则：按照虚方进行计算。

施工内容：由指定地点将建筑垃圾外运（甲方不负责处理地点，乙方自行负责）；含装、运、卸及其他一切费用。

11. 房心土回填土方回运（乙供土）

参考单价：7.5～9.5 元/m^3。

工程量计算规则：按照回填完毕的实方进行计算。

施工内容：乙方外购土方运送至甲方指定地点。

12. 人工配合机械清槽

参考单价：5～9 元/m^2。

工程量计算规则：按照实际工程量进行计算。

施工内容：人工配合机械清槽（场内土方转运）。注意：规范要求为300mm，现场一般为100～150mm。

13. 基底钎探

参考单价：3.5～6元/眼。

工程量计算规则：实际完成的工程量，经现场实测实量，以眼计算。

施工内容：包括钎探布点、钎探、人工钎探记录、人工灌砂（此单价综合包含所有在内）和钎探机，不包括现场用电。

14. 竣工清理

参考单价：1.5～2.2元/m^2。

工程量计算规则：按建筑面积计算。

施工内容：竣工验收前的所有清理工作，达到竣工验收标准。

第二节　地基处理与边坡支护工程

一、工程量清单计价

地基处理与边坡支护工程包括地基处理、基坑与边坡支护。对项目特征中“地层情况”的描述按土壤分类表和岩石分类表的土石划分，并根据岩土工程勘察报告按单位工程各地层所占比例（包括范围值）进行描述或分别列项；对无法准确描述的地层情况，可注明由投标人根据岩土工程勘察报告自行决定报价。

1. 地基处理

地基处理包括换填垫层、铺设土工合成材料、预压地基、强夯地基、振冲密实（不填料）、振冲桩（填料）、砂石桩、水泥粉煤灰碎石桩、深层搅拌桩、粉喷桩、夯实水泥土桩、高压喷射注浆桩、石灰桩、灰土（土）挤密桩、柱锤冲扩桩、注浆地基、褥垫层等项目。

根据实际工程需要，本节重点讲解换填垫层和褥垫层两部分内容。

（1）换填垫层

填料加固指地基土的地基承载力不能满足上部基础的荷载，需要加固地基土的情况。包括：将地基土挖出，换填加固材料，或在地基土上直接填料加固，以及抛石挤淤等。

1）填料加固与垫层的区分：

加固的换填材料与垫层，均处于建筑物与地基之间，均起传递荷载的作用。它们的不同之处在于：垫层，平面尺寸比基础略大（一般≤200mm），总是伴随着基础发生，总体厚度较填料加固小（一般≤500mm），垫层与槽（坑）边有一定的间距（不呈满填状态）。

2）填料加固用于软弱地基整体或局部大开挖后的换填，其平面尺寸由建筑物地基的整体或局部尺寸，以及地基的承载能力决定，总体厚度较大（一般>500mm），一般呈满填状态。

工程量按设计图示尺寸以体积计算。换填垫层是挖除基础底面下一定范围内的软弱土层或不均匀土层，回填其他性能稳定、无侵蚀性、强度较高的材料，并夯压密实形成的垫层。项目特征应描述：材料种类及配比、压实系数、掺加剂品种。

（2）褥垫层

以平方米计量，按设计图示尺寸以铺设面积计算；以立方米计量，按设计图示尺寸以体积计算。褥垫层是保证桩和桩间土的共同作用，在 CFG 复合地基中解决地基不均匀的一种方法。如建筑物一边在岩石地基上，一边在黏土地基上时，可采用在岩石地基上加褥垫层（级配砂石）来解决。

水泥粉煤灰碎石桩（CFG 桩）工程实践表明，褥垫层合理厚度为 100～300mm，考虑施工时的不均匀性，褥垫层厚度可取 150～300mm，当桩径及桩距大时宜取高值。CFG 桩褥垫层材料宜用中砂、粗砂、级配砂石和碎石，最大粒径不宜大于 30mm。

2. 基坑与边坡支护

基坑与边坡支护包括地下连续墙、咬合灌注桩、圆木桩、预制钢筋混凝土板桩、型钢桩、钢板桩、锚杆（锚索）、土钉、喷射混凝土（水泥砂浆）、钢筋混凝土支撑、钢支撑等项目。

根据实际工程需要，本节重点讲解锚杆（锚索）、土钉和喷射混凝土（水泥砂浆）三部分内容。

（1）锚杆（锚索）

以米计量，按设计图示尺寸以钻孔深度计算；以根计量，按设计图示数量计算，如图 1-17所示。

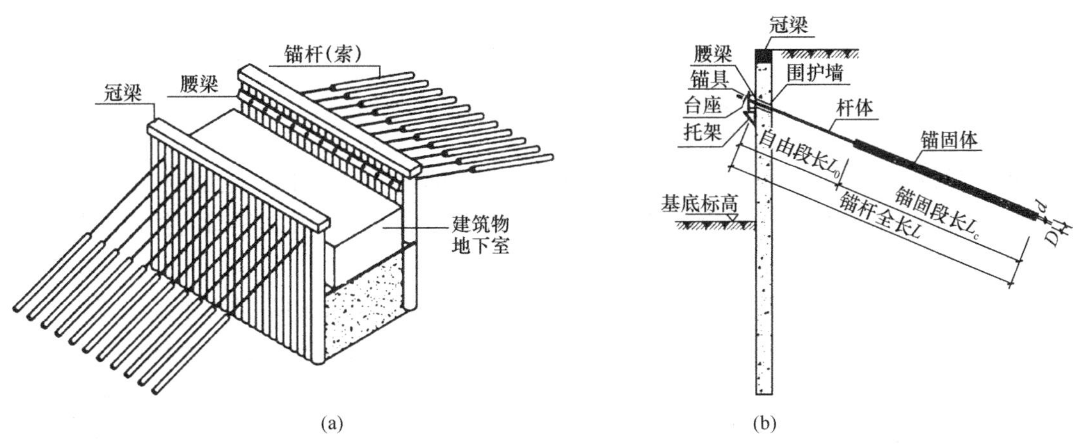

图 1-17　锚杆示意图

（a）锚杆的实际应用；（b）锚杆组成

锚杆由锚头、自由端和锚固段三部分组成，锚固段为由水泥浆或水泥砂浆将杆体与土体粘结在一起而形成的锚固体，包括钢筋锚杆和钢绞线预应力锚杆。

锚杆布置应符合下列原则：锚杆的水平间距不宜小于 1.5m；对多层锚杆，锚杆的竖向间距不宜小于 2.0m；锚杆锚固段起点位置的上覆土层厚度不宜小于 4.0m。锚杆的倾角应根据地层分布、环境要求及施工工艺确定，宜取 15°～25°，且不宜大于 45°，并不应小于 10°。

（2）土钉

以米计量，按设计图示尺寸以钻孔深度计算；以根计量，按设计图示数量计算。

土钉可分为成孔注浆型钢筋土钉与击入式钢管土钉，如图 1-18、图 1-19 所示。土钉的置入方法包括置入、打入或射入等。

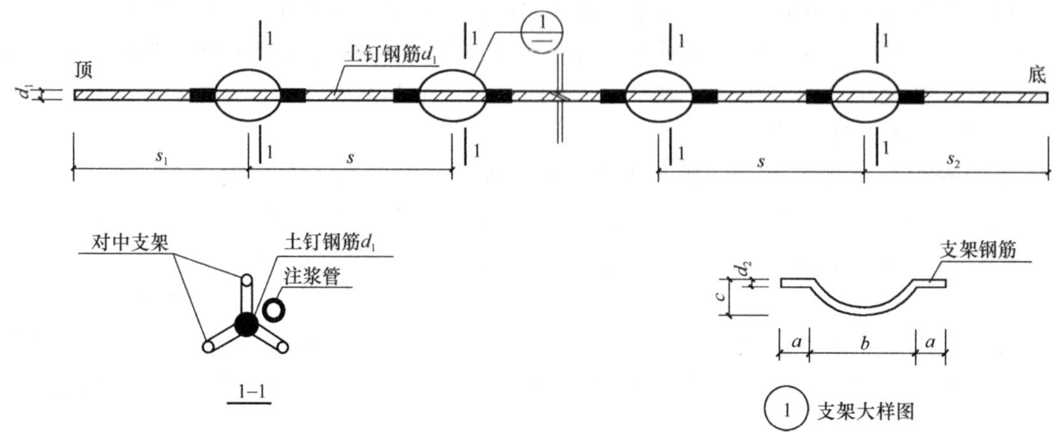

图 1-18　成孔注浆型钢筋土钉构造示意图

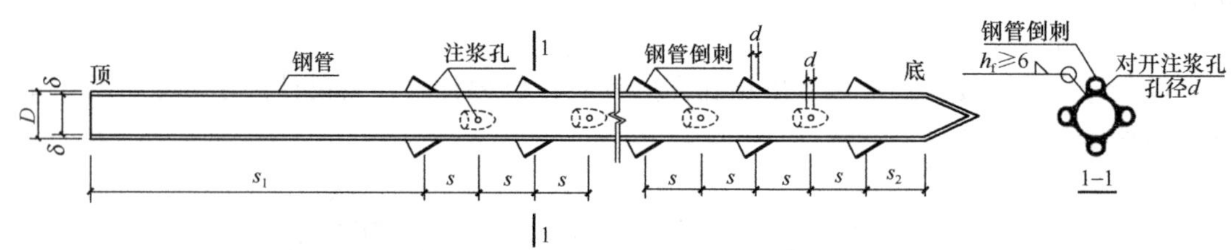

图 1-19　击入式钢管土钉构造示意图

土钉是设置在基坑侧壁土体内的承受拉力与剪力的杆件。例如，成孔后植入钢筋杆体并通过孔内注浆在杆体周围形成固结体的钢筋土钉，将设有出浆孔的钢管直接击入基坑侧壁土中，并在钢管内注浆的钢管土钉。

土钉墙由土钉、喷射混凝土面层、被加固的原位土体及必要的防排水系统组成。土钉墙宜采用洛阳铲人工成孔或机械成孔的钢筋土钉。对不易成孔的松散或稍密砂层以及流塑状态的黏性土层宜采用击入式钢管土钉。土钉墙应按分层开挖、分层施作土钉及混凝土面层的步序进行设计和施工。土钉墙土钉排数、间距、长度、直径等应根据基坑开挖的各工况整体滑动稳定性及土钉承载力计算确定。土钉水平间距和竖向间距宜为 1～2m；当基坑较深、土钉墙坡体范围内土的抗剪强度较低时，土钉间距应取小值，并可小于 1m。土钉长度一般可取开挖深度的 0.5～1.2 倍，软土地区可取开挖深度的 1.5～2.0 倍。土钉不宜超越用地红线，同时不应进入邻近建（构）筑物基础之下。土钉与水平面夹角宜为 5°～20°，应根据土性和施工条件确定。当利用重力向钢筋土钉孔中注浆时，夹角不宜小于 15°。土钉墙墙面的坡率（高宽比）宜取 1∶0.3～1∶0.7，不宜大于 1∶0.2；当基坑较深、土的抗剪强度较低时，宜取较小坡率。

（3）喷射混凝土、水泥砂浆

按设计图示尺寸以面积计算，如图 1-20 所示。

喷射混凝土是将水泥、骨料和水按一定比例拌制的混合料装入喷射机，借助压缩空

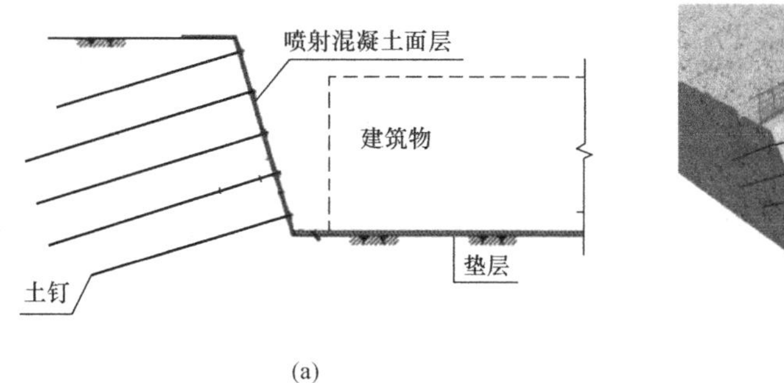

(a)

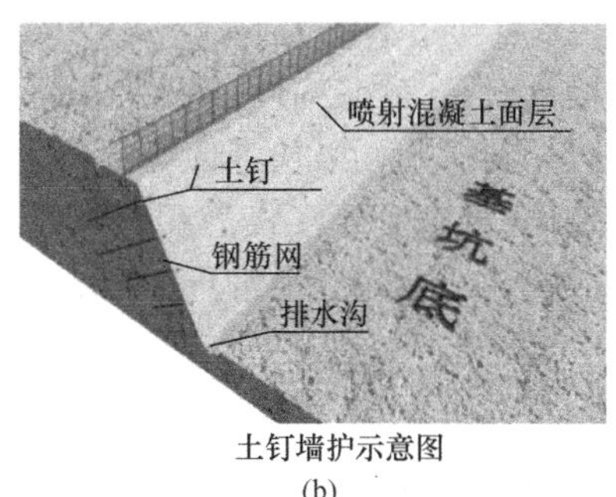

(b)

图 1-20 土钉喷射混凝土构造示意图

(a) 剖面图；(b) 三维图

气，从喷嘴喷出至受喷面所形成的致密均质的一种混凝土。

喷射混凝土面层设计强度等级不宜低于 C20，面层厚度宜取 80～200mm。当面层厚度大于 120mm 时喷射凝土强度等级应适当提高，面层内宜设置两层钢筋网。

二、消耗量定额计价

1. 地基处理

1）填料加固项目适用于软弱土地基挖土后的换填材料加固工程。

2）填料加固夯填灰土就地取土时，应扣除灰土配比中的黏土。见表 1-14。

填料加固定额子目不包括外购土的费用，发生时另行计算。

灰土含量 **表 1-14**

项目			灰土 计量单位：m^3	
			2∶8	3∶7
名称		单位	数量	
材料	石灰	t	0.1620	0.2430
	黏土	m^3	1.3100	1.1500
	水	m^3	0.2000	0.2000

注意：表 1-14 中黏土的含量为虚方。比如 3∶7 灰土垫层（2-1）用土用量为 1.02×1.15（灰土中黏土的含量）×0.77（换算为天然密实系数）后为天然密实体积（用于计算运土）。

当采用灰土就地取土时，将灰土含量中的黏土换算，将材料中的黏土含量修改为 0 即可，见表 1-15。

灰土含量换算后 **表 1-15**

项目			灰土 计量单位：m^3	
			2∶8	3∶7
名称		单位	数量	
材料	石灰	t	0.1620	0.2430
	黏土	m^3	1.3100×0=0	1.1500×0=0
	水	m^3	0.2000	0.2000

3）填料加固，按设计图示尺寸以体积计算。

2. 基坑与边坡支护

砂浆土钉，砂浆锚杆的钻孔，灌浆，按设计文件或施工组织设计规定（设计图示尺寸），以钻孔深度，以长度计算。喷射混凝土护坡区分土层与岩层，按设计文件（或施工组织设计）规定尺寸，以面积计算。钢筋、钢管锚杆按设计图示，以质量计算。锚头制作、安装、张拉、锁定按设计图示，以“套”计算。

三、市场化计价

边坡护坡在市场报价中与混凝土的厚度、土壤和岩石的分类、支护深度以及工程量的多少等因素有关。

1. 喷射混凝土护坡

（1）喷射混凝土

人工＋辅材＋机械：

1）面层厚度为 50mm 时：65～85 元/m^2；

2）面层厚度为 80mm 时：80～110 元/m^2。

主材：混凝土单价（单位：元/m^3）×面层厚度＝元/m^2，其中钢筋根据设计图纸进行钢筋的计算，为钢筋单价（单位：元/t）×计算工程量（单位：t）＝元，也可以采用每平方米的钢筋量来计算出每平方米的钢筋价格，即：钢筋工程量（单位：t/m^2）×钢筋单价（单位：元/t）＝元/m^2。

工程量计算规则：实际完成的工程量，经现场实测实量，以平方米计算。

施工内容：人工修整边坡；喷射混凝土；挂单层钢筋网片；坡顶钢筋加强筋，埋入深度 1m；坡面泄水管制作安装、灌砂封孔。

（2）土钉

人工＋辅材＋机械：65～80 元/m。

工程量计算规则：实际完成的工程量，经现场实测实量，以米计算。

施工内容：成孔，杆体材料，横向采用通长加强筋连接。

（3）基础抗浮锚杆（孔径 180mm）

包工包料参考价格：90～100 元/m。

工程量计算规则：锚杆长度按照图纸图示锚杆成孔深度减去 50mm 以“米”计算。

施工内容：从施工准备到完成满足设计要求工程项目成品的全部工序和成品保护、剩余物料退库、现场清理、工程交付及责任期内的质量缺陷保修等全过程。

2. 褥垫层

（1）级配砂石

参考价格：0.9～1.0 元/m^3。

工程量计算规则：按实际施工图纸图示尺寸，以立方米计算。

施工内容：包含但不限于倒运、拌和、摊铺、夯填等全过程，不包括砂、石子。

（2）天然粗砂

参考价格：0.79～0.8 元/m^3。

工程量计算规则：按实际施工图纸图示尺寸，以立方米计算。

施工内容：包含但不限于倒运、摊铺、夯填等全过程，不包括天然粗砂。

第二章　主　体　工　程

第一节　钢　筋　工　程

一、工程量清单计价

1. 钢筋工程

钢筋工程包括现浇构件钢筋、预制构件钢筋、钢筋网片、钢筋笼、先张法预应力钢筋、后张法预应力钢筋、预应力钢丝、预应力钢绞线、支撑钢筋（铁马）、声测管。

（1）现浇混凝土钢筋、预制构件钢筋、钢筋网片、钢筋笼

其工程量应区分钢筋种类、规格，按设计图示钢筋（网）长度（面积）乘以单位理论质量计算。现浇构件中伸出构件的锚固钢筋应并入钢筋工程量内。除设计（包括规范规定）标明的搭接外，其他施工搭接不计算工程量，在综合单价中综合考虑。

清单项目工作内容中综合了钢筋的焊接（绑扎）连接，钢筋的机械连接单独列项。在工程计价中，钢筋连接的数量可根据《房屋建筑与装饰工程消耗量定额》TY01—31—2015（以下简称“基础定额”）确定。即钢筋连接的数量按设计图示及规范要求计算，设计图纸及规范要求未标明的，按以下规定计算：直径 10mm 以内的长钢筋按每 12m 计算一个钢筋接头；直径 10mm 以上的长钢筋按每 9m 一个接头。

（2）支撑钢筋（铁马），如图 2-1 所示。

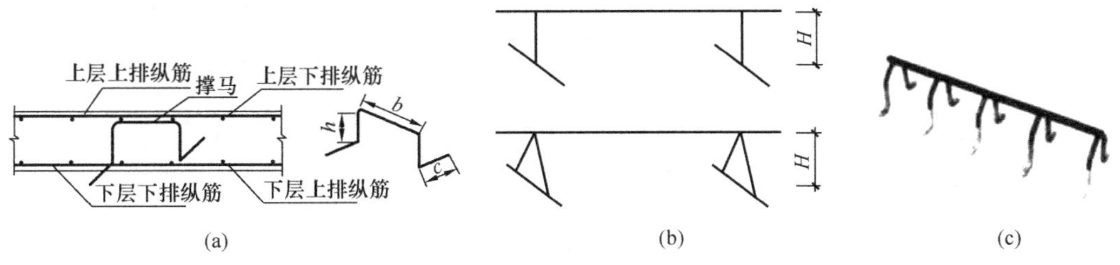

图 2-1　非通长铁马示意图

（a）非通长铁马；（b）通长铁马；（c）成品铁马

制作马凳使用的钢筋，其规格应确保承受荷载不变形，间距应满足钢筋骨架承载要求，马凳位于上下铁之间。

马凳高度＝板厚度－上下钢筋保护层厚度－上层两排钢筋直径之和－下层下排钢筋直径。

当底板厚度超过 1800mm 时，钢筋支架应采用型钢焊制，立柱之间设置斜撑固定，增加架体稳定性，如图 2-2 所示。

图 2-2　厚大底板钢筋支架示意图

应区分钢筋种类和规格，按钢筋长度乘以单位理论质量计算。现浇构件中固定位置的支撑钢筋、双层钢筋用的“铁马”以及螺栓、预埋件、机械连接工程数量，在编制工程量清单时，如果设计未明确，其工程数量可为暂估量，结算时按现场签证数量计算。

2. 螺栓、铁件

螺栓、铁件包括螺栓、预埋铁件和机械连接。

（1）螺栓、预埋铁件，如图 2-3 所示。

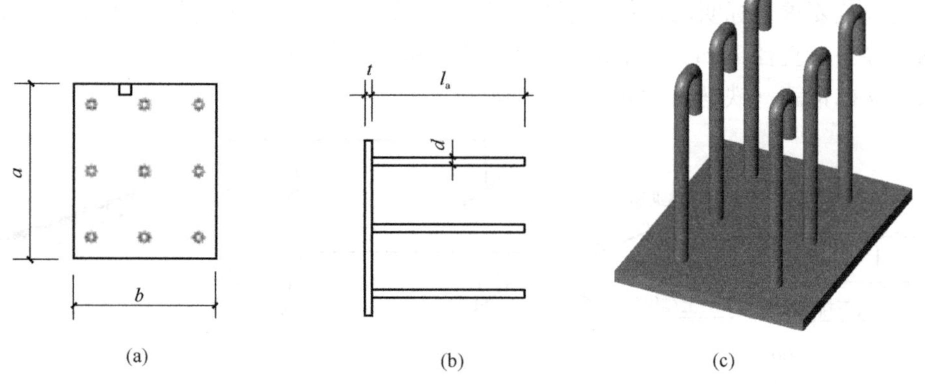

图 2-3　铁件示意图

（a）铁件平面图；（b）铁件剖面图；（c）铁件三维图

按设计图示尺寸以质量计算。清单项目工作内容中综合了螺栓和铁件的制作、运输、安装三项内容。螺栓种类分为普通螺栓和高强螺栓。

（2）机械连接，如图 2-4 所示。

以个计量，按数量计算。编制工程量清单时，如果设计未明确，其工程数量可为暂估量，实际工程量按现场签证数量计算。

清单项目工作内容中综合了钢筋套丝和套筒连接。

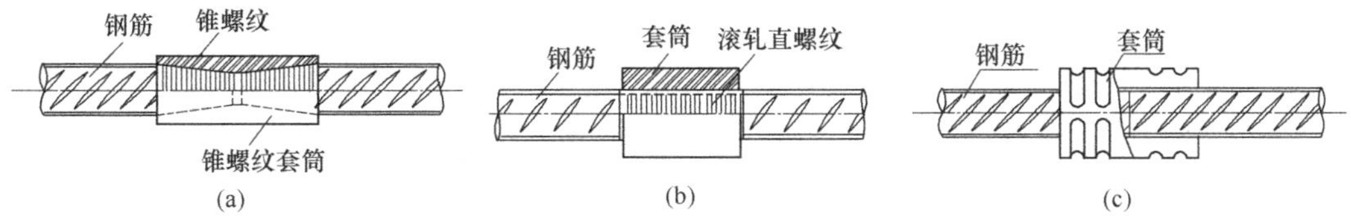

图 2-4　常用套筒连接形式示意图

（a）锥螺纹套筒；（b）直螺纹套筒；（c）冷挤压

二、消耗量定额计价

1. 钢筋工程

（1）钢筋工程按钢筋的不同品种和规格以现浇构件、预制构件，预应力构件以及箍筋分别列项，钢筋的品种、规格比例按常规工程设计综合考虑，如图 2-5 所示。

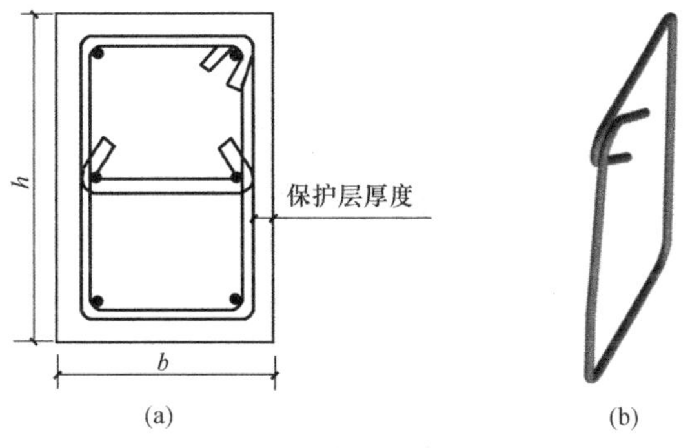

图 2-5　箍筋示意图

（a）剖面图；（b）三维图

（2）除定额规定单独列项计算以外，各类钢筋、铁件的制作成型、绑扎、安装、接头、固定所用人工、材料，机械消耗均已综合在相应项目内；设计另有规定者，按设计要求计算。

（3）钢筋工程中措施钢筋，按设计图纸规定及施工验收规范要求计算，按品种、规格执行相应项目。如采用其他材料时，另行计算。

（4）型钢组合混凝土构件中，钢筋执行现浇构件钢筋相应项目，人工乘以系数 1.50、机械乘以系数 1.15，如图 2-6 所示。

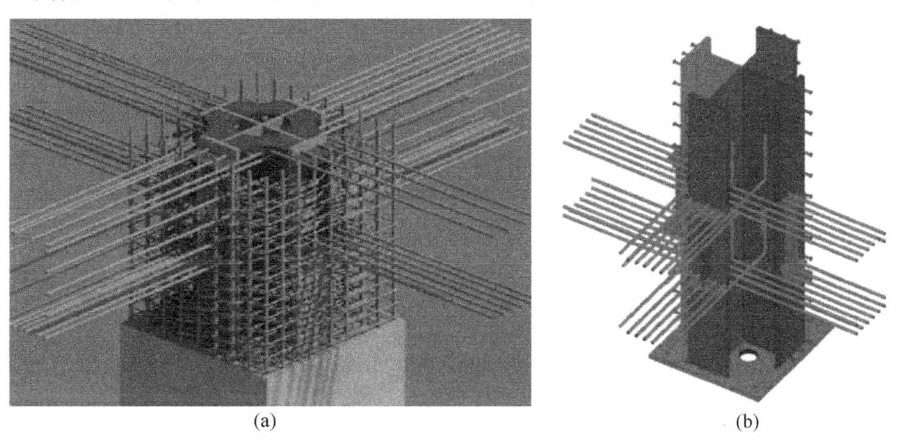

图 2-6　型钢组合节点示意图

（a）型钢组合节点图；（b）钢筋型钢组合大样图

（5）弧形构件钢筋执行钢筋相应项目，人工乘以系数 1.05。

（6）混凝土空心楼板（ADS 空心板）中钢筋网片，执行现浇构件钢筋相应项目，人工乘以系数 1.30，机械乘以系数 1.15。

（7）地下连续墙钢筋笼安放，不包括钢筋笼制作，钢筋笼制作按现浇钢筋制安相应项目执行。

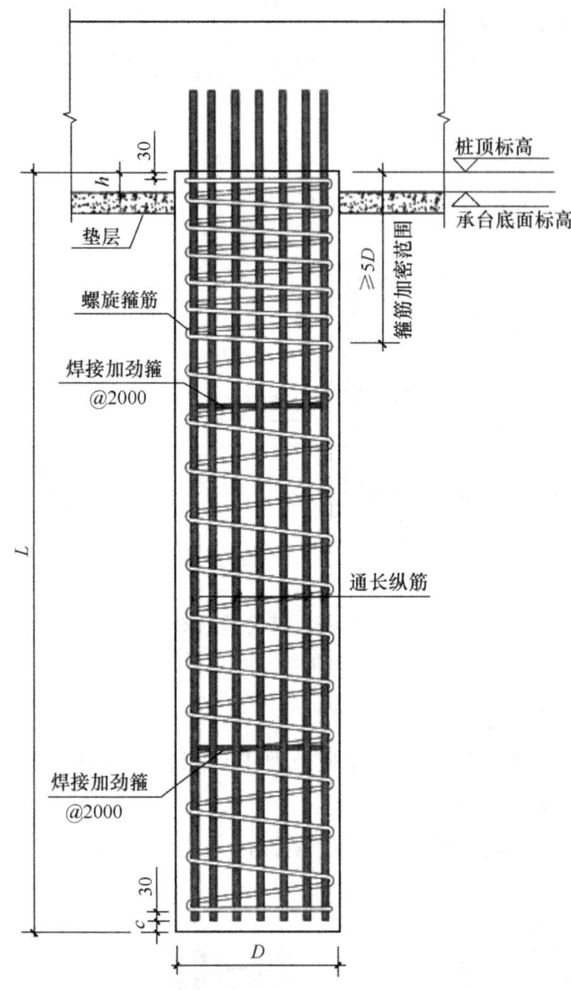

图 2-7　灌注桩钢筋笼示意图

（8）现浇混凝土小型构件，执行现浇构件钢筋相应项目，人工、机械乘以系数 2。

（9）钢筋工程量计算规则：

1）现浇、预制构件钢筋，按设计图示钢筋长度乘以单位理论质量计算。

2）钢筋搭接长度应按设计图示及规范要求计算；设计图示及规范要求未标明搭接长度的，不另计算搭接长度。

3）钢筋的搭接（接头）数量应按设计图示及规范要求计算；设计图示及规范要求未标明的，按以下规定计算：

① 直径 10mm 以内的长钢筋按每 12m 计算一个钢筋搭接（接头）；

② 直径 10mm 以上的长钢筋按每 9m 计算一个搭接（接头）。

4）钢筋网片、混凝土灌注桩钢筋笼、地下连续墙钢筋笼按设计图示钢筋长度乘以单位理论质量计算，如图 2-7 所示。

2. 螺栓、铁件

（1）螺栓、预埋铁件

混凝土构件预埋铁件、螺栓，按设计图示尺寸，以质量计算。固定预埋铁件（螺栓）所消耗的材料按实计算，执行相应项目，如图 2-8 所示。

（2）机械连接

直径 25mm 以上的钢筋连接按机械连接考虑。当设计要求钢筋接头采用机械连接时，按数量计算，不再计算该处的钢筋搭接长度。

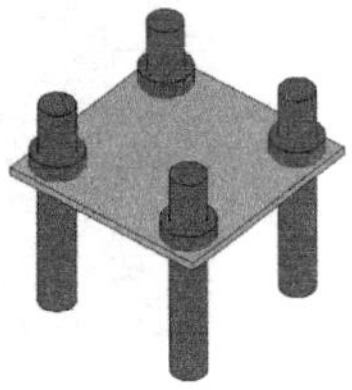

图 2-8　固定预埋铁件示意图

三、市场化计价

影响成本的因素有很多，各工程都有自身的特点，地质的不同，使用功能的不同，设计人员的保守程度不同等诸多原因都可能造成各单位工程会有它单一的特点，所以设计人员在设计的时候也会有其不同的想法。这样在施工过程中就会遇到或简单或复杂的各类问题，施工班组是最基本的执行者，面对一个工程，就会出现“好做”与“不好做”的情况。

1. 钢筋

钢筋直径大小直接影响到人工费和工程量，而所需要的人工却是一样的，即人工费效率不变，支出却增加了。

结构形式（比如办公楼、住宅、别墅和超高层等）的不同也很直观地影响到人工费的开支，比如两种不同的基础，一种是筏板基础，一种是独立基础，假设两种基础所需要的钢筋数量是等同的，那么筏板基础所需要的人工就比独立基础要少，因为筏板基础所需钢筋加工简便，大部分都可以不用加工直接将原材料进场即可，而独立基础就加工费而言，其开支则大得多。

材料的运输方式有多种，如人工扛抬、塔式起重机垂直运输等，同样一捆钢筋，用人工传递的方式要一天，而用塔式起重机则只要短短 30min。充分利用机械运送，可大大节省人工费。

钢筋人工综合单价分为钢筋绑扎（俗称的前台）和钢筋制作（俗称的后台），在计算出钢筋总量后，根据建筑面积得出每平方米钢筋含量（kg/m^2，需要换算成 t/m^2），然后根据单方单价（元/t），最终得出平方米单价（t/m^2×元/t=元/m^2）。

按实际工程净用量结算的单价和建筑面积结算的单价的组成内容及所占比例：其中钢筋制作占单价的 25%，钢筋安装占单价的 30%，钢筋验收合格占单价的 25%，机具设备辅材利润等组成占单价的 20%。

（1）钢筋劳务

参考单价：900～1300 元/t。

工程量计算规则：按照实际工程量进行计算，注意在按照建筑面积计算时，需要考虑是否包括外墙保温的情况。

施工内容：钢筋制作、安装（含二次倒运、运至作业面、成品半成品保护、无塔式起重机配合时的运输、配合验收等全部内容），含小型机械、辅材（绑丝、垫块、焊条）。

（2）电渣压力焊接头

参考单价：1.5～3 元/个。

工程量计算规则：按照实际工程量进行计算，分规格进行结算。

施工内容：含人工、材料、机械设备。

（3）钢筋翻样

参考单价：1.2～3 元/m^2 或者 20～25 元/t。

工程量计算规则：按设计施工图示建筑面积计算或按照料单钢筋重量计算。

施工内容：按照国家建筑施工质量验收规范和提供的图纸、技术交底进行翻样，并保证提供的料单符合国家建筑施工质量验收规范要求。

2. 套筒

参考单价：4.5～6.5 元/个。

工程量计算规则：按照实际工程量进行计算，分规格进行结算。

施工内容：含人工、材料（除主材）、机械设备，钢筋接头的套丝、套丝保护帽和螺母、套丝保护帽安装。

3. 预埋铁件

参考单价：1550～2100 元/t。

工程量计算规则：按照设计图示尺寸以吨计算。

施工内容：预埋件制作、安装，规格型号综合考虑，不含预埋铁件的主材费用。

第二节 混凝土工程

一、工程量清单计价

现浇混凝土工程项目“工作内容”中包括模板工程的内容，同时又在措施项目中单列了现浇混凝土模板工程项目。对此，招标人应根据工程实际情况选用。若招标人在措施项目清单中未编列现浇混凝土模板项目清单，即表示现浇混凝土模板项目不单列，现浇混凝土工程项目的综合单价中应包括模板工程费用。既考虑了各专业的定额编制情况，又考虑了使用者方便计价，对现浇混凝土模板采用两种方式进行编制，即：本规范对现浇混凝土工程项目，一方面“工作内容”中包括模板工程的内容，以立方米计量，与混凝土工程项目一起组成综合单价；另一方面又在措施项目中单列了现浇混凝土模板工程项目，以平方米计量，单独组成综合单价。上述规定包含三层意思：一是招标人应根据工程的实际情况在同一个标段（或合同段）中在两种方式中选择其一；二是招标人若采用单列现浇混凝土模板工程，必须按规范所规定的计量单位、项目编码、项目特征描述列出清单，同时，现浇混凝土项目中不含模板的工程费用；三是招标人若不单列现浇混凝土模板工程项目，不再编列现浇混凝土模板项目清单，意味着现浇混凝土工程项目的综合单价中包括了模板的工程费用。

1. 现浇混凝土基础

现浇混凝土基础包括垫层、带形基础、独立基础、满堂基础、桩承台基础、设备基础等项目，如图 2-9 所示。

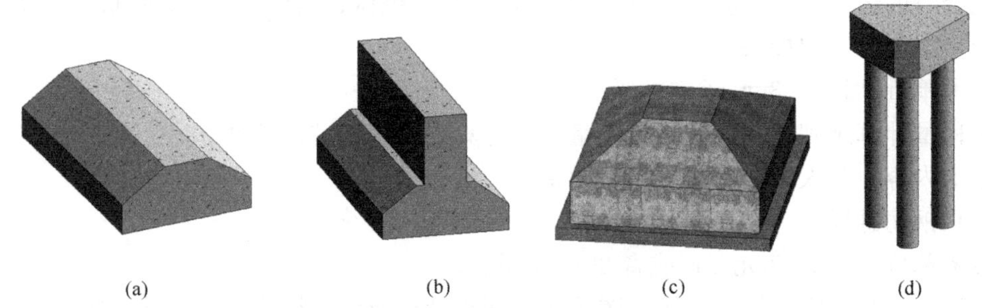

(a) (b) (c) (d)

图 2-9 现浇混凝土基础示意图

（a）无肋式带形基础；（b）肋式带形基础；（c）独立基础；（d）桩承台基础

按设计图示尺寸以体积计算。不扣除构件内钢筋、预埋铁件和伸入承台基础的桩头所占体积。项目特征包括混凝土种类、混凝土的强度等级，其中混凝土的种类指清水混凝土、彩色混凝土等，如在同一地区既使用预拌（商品）混凝土，又允许现场搅拌混凝土时，也应注明（下同）。

垫层项目适用于基础现浇混凝土垫层；有肋带形基础、无肋带形基础应分别编码列项，并注明肋高；箱式满堂基础及框架式设备基础中柱、梁、墙、板按现浇混凝土柱、梁、墙、板分别编码列项；箱式满堂基础底板按满堂基础项目列项，框架设备基础的基础部分按设备基础列项。

2. 现浇混凝土柱

现浇混凝土柱包括矩形柱、构造柱（属于二次结构混凝土）、异形柱等项目。按设计图示尺寸以体积计算。不扣除构件内钢筋、预埋铁件所占体积。柱高按以下规定计算：

（1）有梁板的柱高，应自柱基上表面（或楼板上表面）至上一层楼板上表面之间的高度计算，如图 2-10 所示。

（2）无梁板的柱高，应自柱基上表面（或楼板上表面）至柱帽下表面之间的高度计算，如图 2-11 所示。

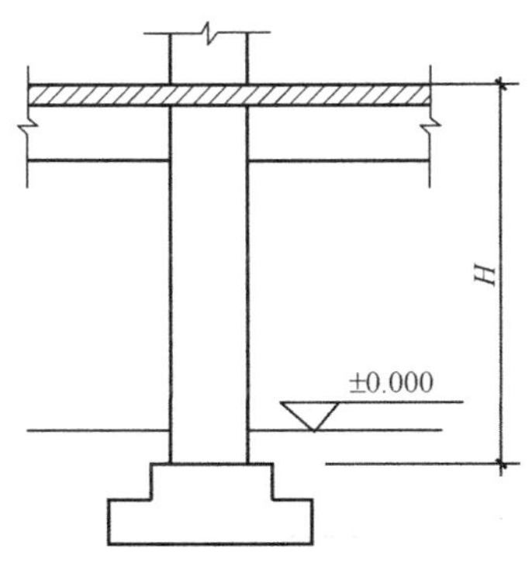

图 2-10 有梁板的柱高示意图

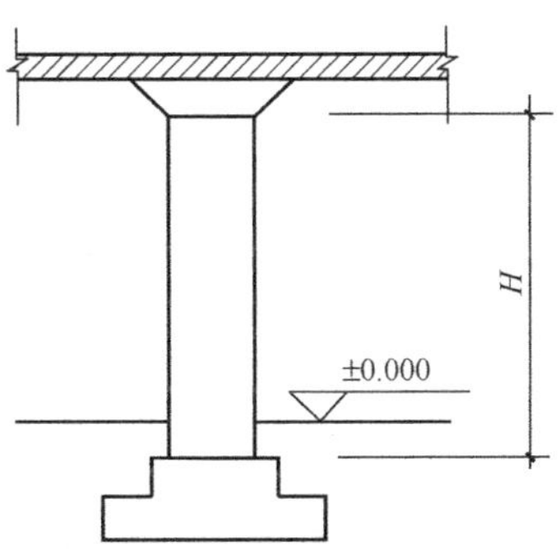

图 2-11 无梁板的柱高示意图

（3）框架柱的柱高应自柱基上表面至柱顶高度计算，如图 2-12 所示。

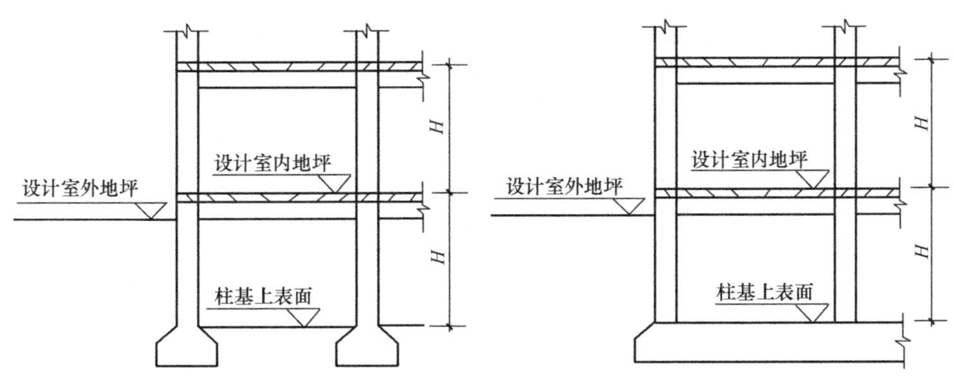

图 2-12 框架柱的柱高示意图

（4）依附柱上的牛腿和升板的柱帽，并入柱身体积计算，如图 2-13 所示。

3. 现浇混凝土梁

现浇混凝土梁包括基础梁、矩形梁、异形梁、圈梁（属于二次结构混凝土）、过梁（属于二次结构混凝土）、弧形梁（拱形梁）等项目。按设计图示尺寸以体积计算。不扣除构件内钢筋、预埋铁件所占体积，伸入墙内的梁头、梁垫并入梁体积内。

梁长的确定：梁与柱连接时，梁长算至柱侧面，如图 2-14 所示；主梁与次梁连接时，次梁长算至主梁侧面，如图 2-15 所示。

注意：计算节点核心区与梁混凝土强度不同时的工程量，需分别计算不同强度等级的混凝土工程量。如图 2-16 所示。

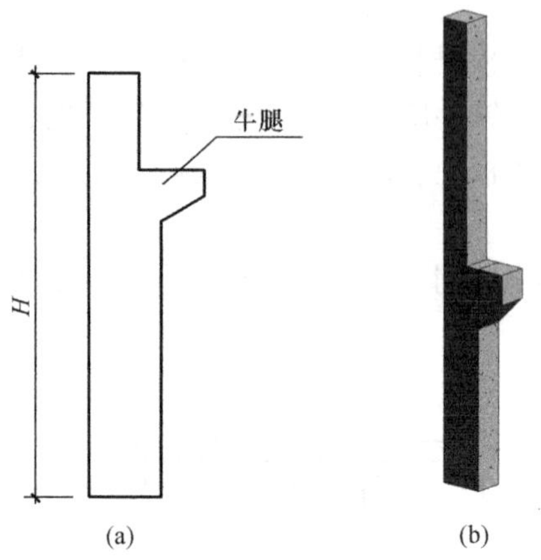

图 2-13　带牛腿的现浇混凝土柱的柱高示意图
(a) 立面图；(b) 三维图

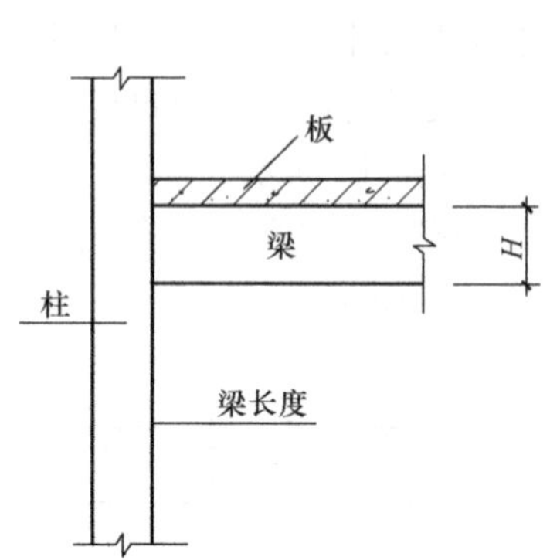

图 2-14　梁与柱连接示意图

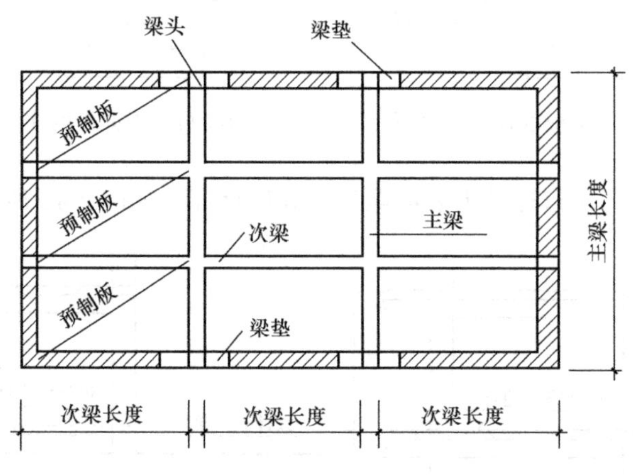

图 2-15　主梁与次梁连接示意图

4. 现浇混凝土墙

现浇混凝土墙包括直形墙、弧形墙、短肢剪力墙、挡土墙。按设计图示尺寸以体积计算。不扣除构件内钢筋、预埋铁件所占体积，扣除门窗洞口及单个面积大于 $0.3m^2$ 的孔洞所占体积，墙垛及突出墙面部分并入墙体体积内计算。

现浇混凝土墙包括直形墙、弧形墙、短肢剪力墙、挡土墙。按设计图示尺寸以体积计算。不扣除构件内钢筋、预埋铁件所占体积，扣除门窗洞口及单个面积大于 $0.3m^2$ 的孔洞所占体积，墙垛及突出墙面部分并入墙体体积内计算。

短肢剪力墙是指截面厚度不大于 300mm、各肢截面高度与厚度之比的最大值大于 4 但不大于 8 的剪力墙；各肢截面高度与厚度之比的最大值不大于 4 的剪力墙按柱项目编码列项。

5. 现浇混凝土板

现浇混凝土板包括梁板、无梁板、平板、拱板、薄壳板、栏板、天沟（檐沟）及挑檐

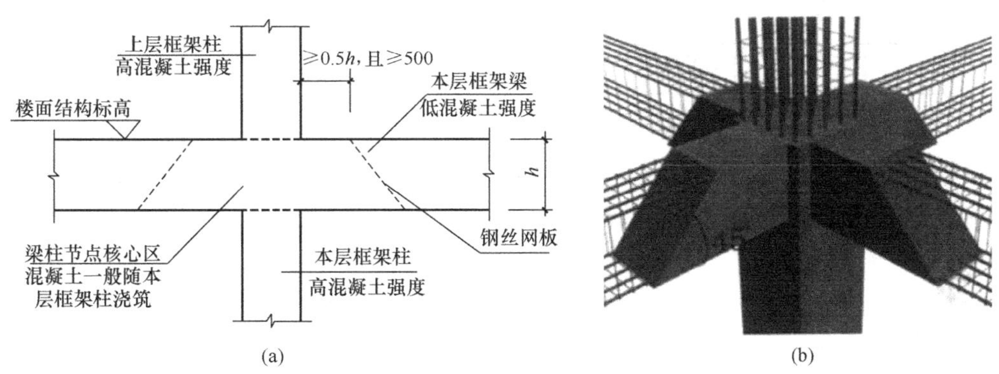

图 2-16　节点核心区与梁混凝土强度不同示意图

（a）立面图；（b）三维图

板、雨篷、悬挑板及阳台板、空心板、其他板等项目。

（1）有梁板、无梁板、平板、拱板、薄壳板、栏板

按设计图示尺寸以体积计算。不扣除构件内钢筋、预埋铁件及单个面积小于或等于 0.3m² 的柱、垛以及孔洞所占体积；压型钢板混凝土楼板扣除构件内压型钢板所占体积，如图 2-17、图 2-18 所示。

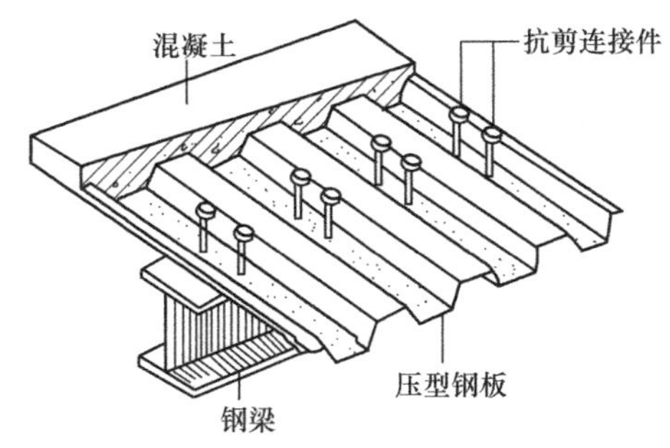

图 2-17　压型钢板混凝土楼板示意图

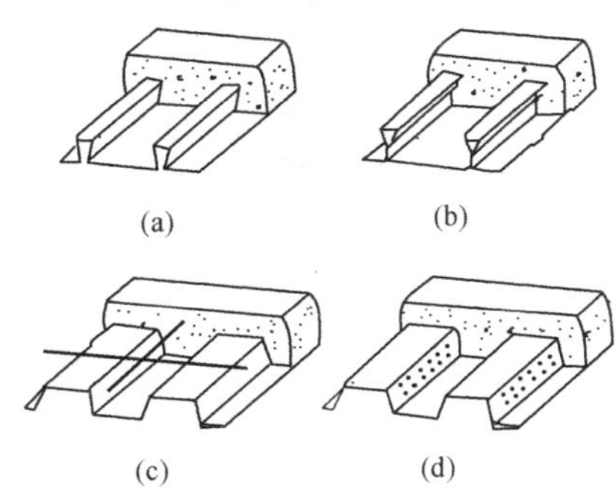

图 2-18　压型钢板组合楼板的基本形式示意图

（a）缩口板；（b）闭口板；（c）光面开口板；（d）带压痕开口板

压型钢板与混凝土组合板：在带有凹凸肋和槽纹的压型钢板上浇筑混凝土而制成的组合板，依靠凹凸肋与钢板紧密地结合在一起，常用于超高层核心筒外部分，如图 2-19 所示。

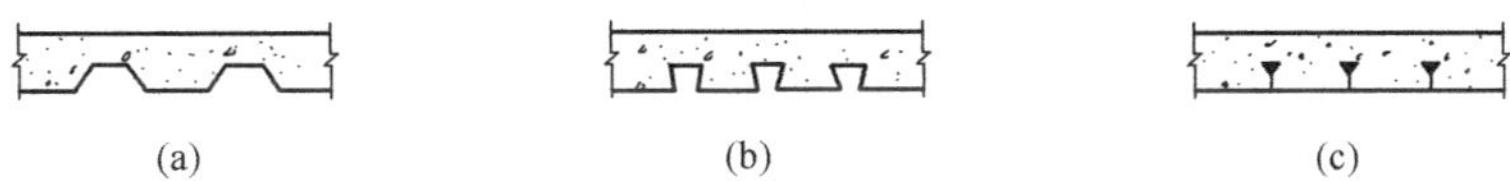

图 2-19　压型钢板混凝土示意图

（a）开口型压型钢板；（b）缩口型压型钢板；（c）闭口型压型钢板

有梁板（包括主、次梁与板）按梁、板体积之和计算，如图 2-20 所示；无梁板按板和柱帽体积之和计算，如图 2-21 所示；各类板伸入墙内的板头并入板体积内计算，如图 2-22所示；薄壳板的肋、基梁并入薄壳体积内计算。

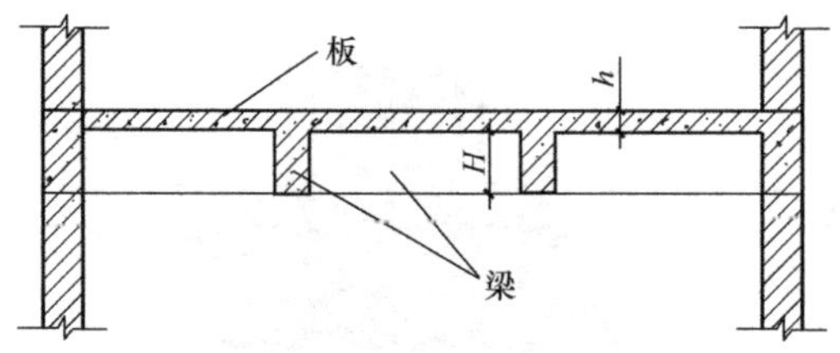

图 2-20　有梁板示意图（包括主、次梁与板）

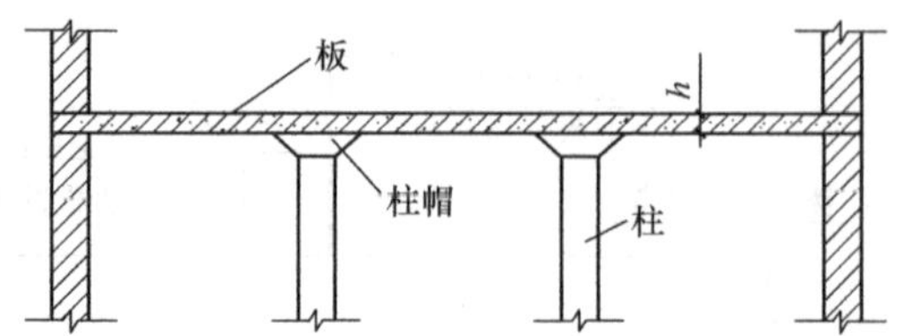

图 2-21　无梁板示意图（包括柱帽）

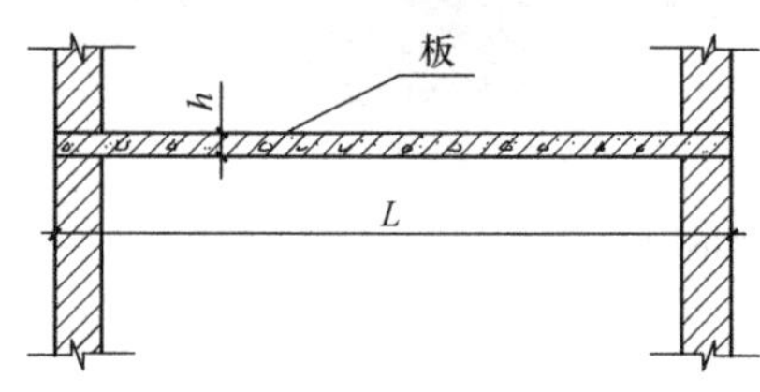

图 2-22　平板示意图

基础定额对有梁板项目与平板项目进行了划分，如图 2-23 所示。

通过柱支座的均按梁考虑，上方两轴范围内为有梁板，通过柱支座的梁为主梁，不通过柱支座的梁为次梁，主次梁与上方板合并计算工程量套用“有梁板”子目。右下方板下没有不通过柱支座的梁，所以为平板，套用“平板”子目，通过柱支座的梁，按其截面分别套用“矩形梁”子目。

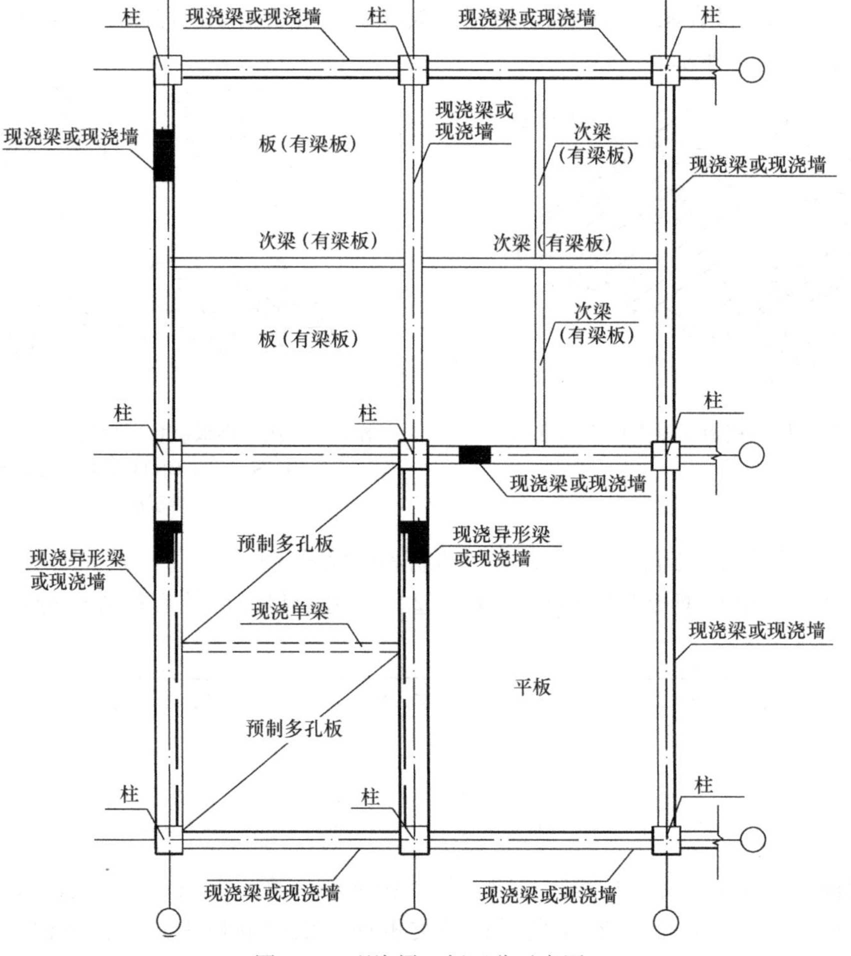

图 2-23　现浇梁、板区分示意图

（2）天沟（檐沟）、挑檐板

按设计图示尺寸以体积计算。

（3）雨篷、悬挑板、阳台板

按设计图示尺寸以墙外部分体积计算。包括伸出墙外的牛腿和雨篷反挑檐的体积。现浇挑檐、天沟板、雨篷、阳台与板（包括屋面板、楼板）连接时，以外墙外边线为分界线；与圈梁（包括其他梁）连接时，以梁外边线为分界线。外边线以外为挑檐、天沟、雨篷或阳台，如图 2-24 所示。

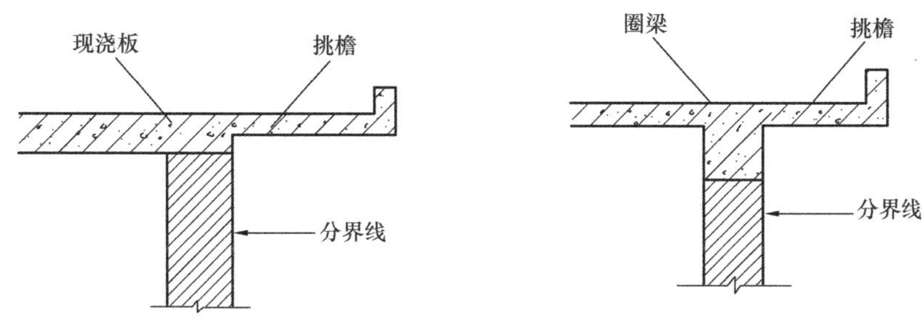

图 2-24　现浇混凝土挑檐板分界线示意图

（4）空心板

按设计图示尺寸以体积计算。空心板（GBF 高强薄壁蜂巢芯板等）应扣除空心部分体积。

6. 现浇混凝土楼梯

现浇混凝土楼梯包括直形楼梯、弧形楼梯。以平方米计量，按设计图示尺寸以水平投影面积计算，不扣除宽度小于或等于 500mm 的楼梯井，伸入墙内部分不计算；或以立方米计量，按设计图示尺寸以体积计算，如图 2-25 所示。

7. 后浇带

后浇带项目适用于梁、墙、板的后浇带。其工程量按设计图示尺寸以体积计算，如图 2-26所示。

后浇带应设在受力和变形较小，收缩应力最大的部位。带宽宜为 700～1000mm。

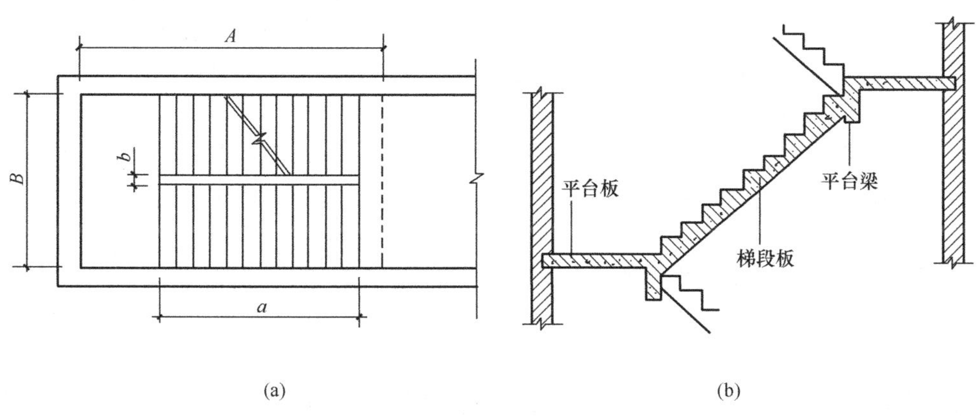

图 2-25　现浇混凝土楼梯示意图（一）

（a）平面图；（b）剖面图

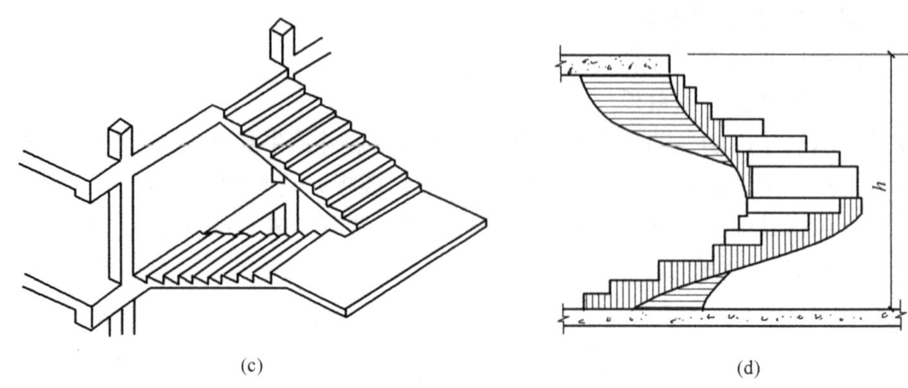

(c)　　(d)

图 2-25　现浇混凝土楼梯示意图（二）

（c）三维图；（d）螺旋楼梯示意图

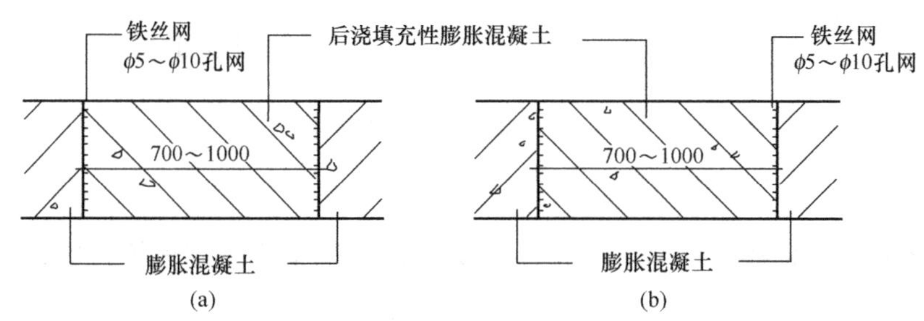

(a)　　(b)

图 2-26　现浇混凝土板后浇带示意图

（a）外墙、底板、顶板后浇带；（b）现浇板后浇带

二、消耗量定额计价

1. 混凝土按预拌混凝土编制，采用现场搅拌时，执行相应的预拌混凝土项目，再执行现场搅拌混凝土调整费项目。现场搅拌混凝土调整费项目中，仅包含了冲洗搅拌机用水量，如需冲洗石子，用水量另行处理。

2. 预拌混凝土是指在混凝土厂集中搅拌，用混凝土罐车运输到施工现场并入模的混凝土（圈梁、过梁及构造柱项目中已综合考虑了因施工条件限制不能直接入模的因素）。

固定泵、泵车项目适用于混凝土送到施工现场未入模的情况，泵车项目仅适用于高度在 15m 以内，固定泵项目适用所有高度，如图 2-27 所示。

3. 混凝土按常用强度等级考虑，设计强度等级不同时可以换算；混凝土各种外加剂统一在配合比中考虑；图纸设计要求增加的外加剂另行计算。定额中已列出常用混凝土强度等级，设计与定额不同时可以换算，但消耗量不变。

4. 毛石混凝土，按毛石占混凝土体积的 20%计算，如设计要求不同时，可以换算。

5. 混凝土结构物实体最小几何尺寸大于 1m，且按规定需进行温度控制的大体积混凝土，温度控制费用按照经批准的专项施工方案另行计算。

测温要求：大体积混凝土应测量上、中、下等不同部位的温度，采用埋设测温传感器是较为准确的方式之一；传感器借助辅助钢筋固定，沿混凝土浇筑体厚度方向，布置表面、底面和中层测温点，其余测点宜按测点间距不大于 600mm 布置，并用塑料布缠裹，避免浇筑

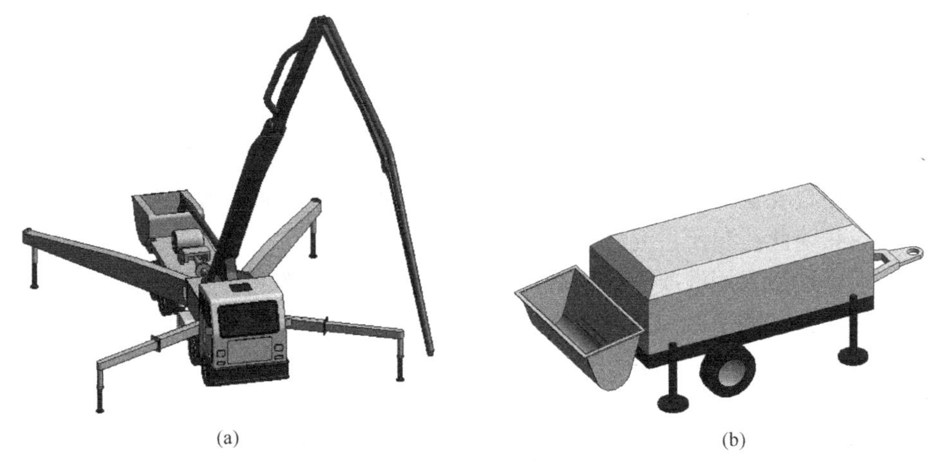

(a)　　(b)

图 2-27 泵送混凝土机械示意图

(a) 泵车；(b) 固定泵

混凝土时污染；测温点位置应满足规范要求；应注意传感器与辅助钢筋间用绝热材料隔开，防止钢筋导热造成测温不准；大体积混凝土浇筑体里表温差、降温速率及环境温度的测试，在混凝土浇筑后，每昼夜不应少于 4 次，入模温度测量，每台班不应少于 2 次。

6. 现浇钢筋混凝土柱、墙项目，均综合了每层底部灌注水泥砂浆的消耗量。

由于混凝土施工规范中规定，混凝土柱、墙、后浇带浇筑时底部必须铺垫水泥砂浆，防止浇筑完混凝土形成柱底空洞或者烂根现象的发生，所以增加了水泥砂浆的用量，减少了混凝土的用量。

7. 斜梁（板）按坡度大于 10°且≤30°综合考虑的。斜梁（板）坡度在 10°以内的执行梁、板项目；坡度在 30°以上、45°以内时人工乘以系数 1.05；坡度在 45°以上、60°以内时人工乘以系数 1.10；坡度在 60°以上时人工乘以系数 1.20。

8. 型钢组合混凝土构件，执行普通混凝土相应构件项目，人工、机械乘以系数 1.20。因劲性混凝土中有型钢，施工操作难度增加。如图 2-28 所示。

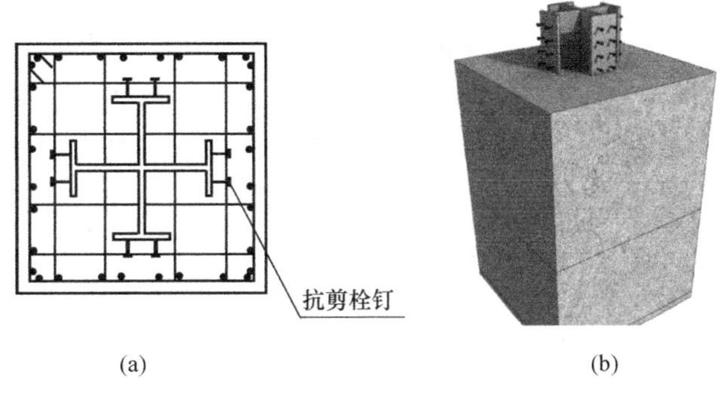

(a)　　(b)

图 2-28 型钢组合混凝土构件示意图

(a) 平面图；(b) 三维图

9. 凸出混凝土柱、梁的线条，并入相应柱、梁构件内。

10. 混凝土工程量除另有规定者外，均按设计图示尺寸以体积计算。不扣除构件内钢筋、预埋铁件及墙、板中 0.3m^2 以内的孔洞所占体积。型钢混凝土中型钢骨架所占体积按（密度）7850kg/m^3 扣除。不扣除≤0.3m^2 的孔洞所占体积是指大面积现浇墙和现浇板的情况。

在施工中，为了铺设管道、管线等安装各种工具，常需要在构件上预留或钻设孔洞。如果这些孔洞的单孔正截面面积在 0.3m^2 以内时，计算的工程量将不扣除这些孔洞所占的体积；但是留设孔洞时所需的用工、材料等费用不另行增加。当单孔正截面面积超过 0.3m^2 时，应扣除此孔洞所占混凝土体积。

举例说明钢筋所占用混凝土体积分析，但是定额中不扣除构件内钢筋所占的体积：

某建筑物建筑面积 10000m^2，含钢量为 60kg/m^2，混凝土含量按 0.5m^3/m^2；

钢筋总重量是：10000×60/1000=600t；

钢筋所占体积是：600÷7.85=76.43m^3。

在图纸净用量和工程实际需要的净用量之间有 76.43m^3 的差距，当混凝土含量按 0.5m^3/m^2 考虑时，则混凝土计算用量为 5000m^3，钢筋所占的混凝土用量为 76.43/5000≈1.53%。

11. 现浇混凝土基础

（1）独立桩承台执行独立基础项目，带形桩承台执行带形基础项目，与满堂基础相连的桩承台执行满堂基础项目。

（2）二次灌浆，如灌注材料与设计不同时，可以换算。

（3）按设计图示尺寸以体积计算，不扣除伸入承台基础的桩头所占体积。

定额未考虑筏板（防水板）混凝土在聚苯板上（防止防水板可能因为沉降引起开裂）的压实系数，当发生时需要根据当地造价管理部门相关规定调整。防水板下应设置易压缩材料形成软垫层，以使受力传递清晰，如果持力层为岩石等硬土层，基础沉降量小，基础与防水板之间的相互影响可以忽略，防水板不设软垫层是可以的。当持力层较软，地基沉降较大时，防水板下不设软垫层，防水板与基础连在一起，其受力状态与筏板基础相类似，若设计时不考虑此不利影响，防水板可能会因承载力不足而开裂，丧失防水板的功能。

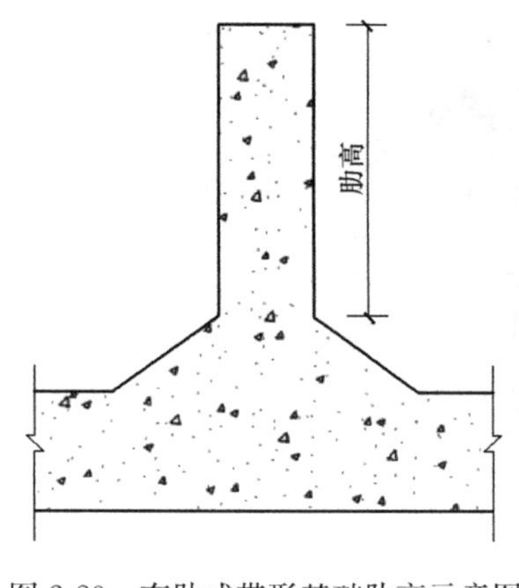

图 2-29 有肋式带形基础肋高示意图

1）带形基础：不分有肋式与无肋式，均按带形基础项目计算，有肋式带形基础，肋高（指基础扩大顶面至梁顶面的高）≤1.2m 时，合并计算；>1.2m 时，扩大顶面以下的基础部分，按无肋带形基础项目计算，扩大顶面以上部分，按墙项目计算，如图 2-29 所示。

2）箱式基础分别按基础、柱、墙、梁、板等有关规定计算。

3）设备基础：设备基础除块体（块体设备基础是指没有空间的实心混凝土形状）以外，其他类型设备基础分别按基础、柱、墙、梁、板等有关规定计算。

12. 现浇混凝土柱

按设计图示尺寸以体积计算。

（1）有梁板的柱高，应自柱基上表面（或楼板上表面）至上一层楼板上表面之间的高度计算，如图 2-30 所示，在计算独立基础工程量时，需要把框架柱部分增大到（截面长边+s×2）和（截面短边+s×2）调整的工程量以及柱墩增加的工程量。

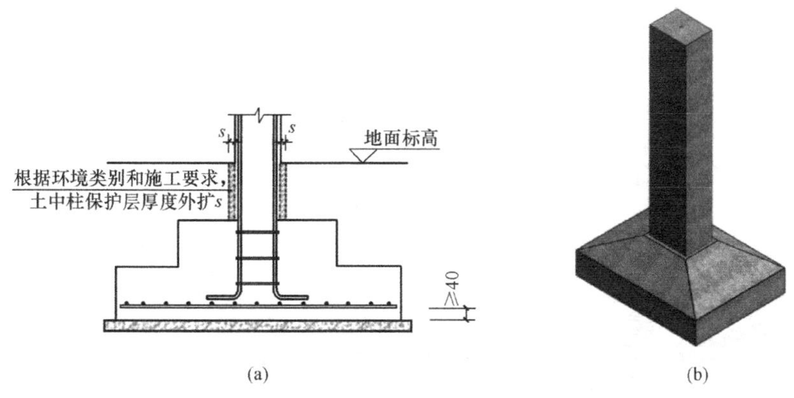

图 2-30 柱基上表面示意图
(a) 剖面图；(b) 三维图

(2) 无梁板的柱高，应自柱基上表面（或楼板上表面）至柱帽下表面之间的高度计算。

(3) 框架柱的柱高，应自柱基上表面至柱顶面高度计算。

(4) 框架柱的柱高，应自柱基上表面至柱顶面高度计算。

(5) 钢管混凝土柱以钢管高度按照钢管内径计算混凝土体积。

13. 现浇混凝土梁

按设计图示尺寸以体积计算，伸入砖墙内的梁头、梁垫并入梁体积内。梁与柱连接时，梁长算至柱侧面；主梁与次梁连接时，次梁长算至主梁侧面。

14. 现浇混凝土墙

(1) 地下室外墙执行直形墙项目。

(2) 按设计图示尺寸以体积计算，扣除门窗洞口及 0.3m^2 以外孔洞所占体积，墙垛及凸出部分并入墙体积内计算。直形墙中门窗洞口上的梁并入墙体积；短肢剪力墙结构砌体内门窗洞口上的梁并入梁体积。

墙与柱连接时墙算至柱边；墙与梁连接时墙算至梁底；墙与板连接时板算至墙侧；未凸出墙面的暗梁暗柱并入墙体积，如图 2-31 所示。

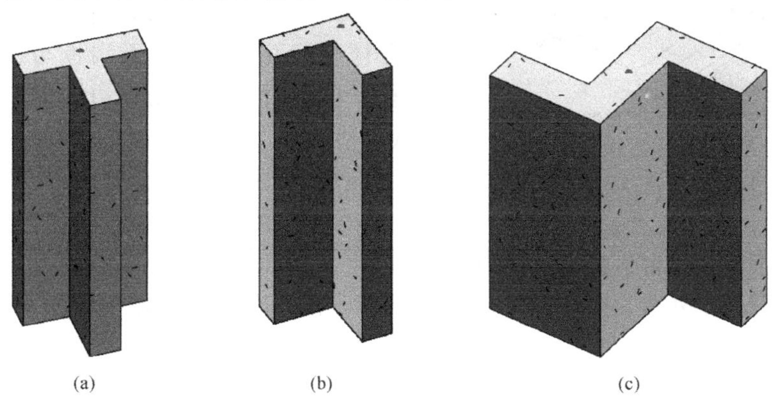

图 2-31 暗柱混凝土示意图
(a) T 形；(b) L 形；(c) Z 形

15. 现浇混凝土板

(1) 压型钢板上浇筑混凝土，执行平板项目，人工乘以系数 1.10，如图 2-32 所示。

图 2-32 压型钢板上浇筑混凝土示意图

(2) 按设计图示尺寸以体积计算，不扣除单个面积 0.3m² 以内的柱、垛及孔洞所占体积。

1) 有梁板包括梁与板，按梁、板体积之和计算。

2) 无梁板按板、柱帽体积之和计算。

3) 各类板伸入砖墙内的板头并入板体积内计算，薄壳板的肋、基梁并入薄壳体积内计算。

(3) 有梁板、无梁板、平板、拱板、薄壳板、栏板：

钢筋桁架楼承板执行现浇平板子目，计算体积时，应扣压型钢板以及因其板面凸凹嵌入板内的凹槽所占的体积，若增加亦应考虑凸出部分，如图 2-33 所示。

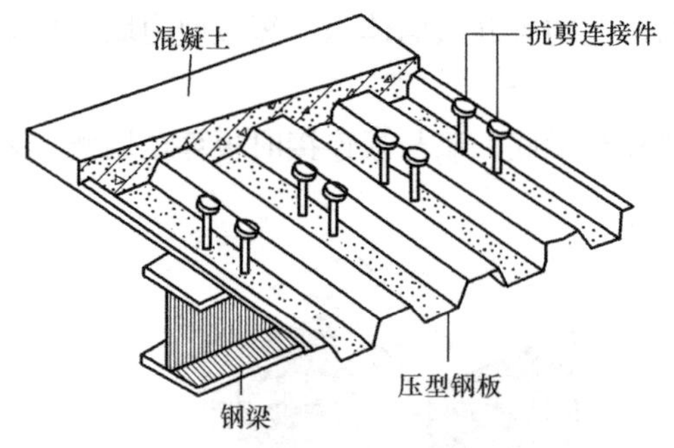

图 2-33 压型钢板板内的凹槽示意图

(4) 天沟（檐沟）、挑檐板：

1) 挑檐，天沟壁高度≤400mm，执行挑檐项目；挑檐、天沟壁高度＞400mm，按全高执行栏板项目。

2) 挑檐、天沟按设计图示尺寸以墙外部分体积计算。挑檐、天沟板与板（包括屋面板）连接时，以外墙外边线为分界线；与梁（包括圈梁等）连接时，以梁外边线为分界线；外墙外边线以外为挑檐、天沟。

(5) 雨篷、悬挑板、阳台板：

1) 阳台不包括阳台栏板及压顶内容。

2) 凸出混凝土外墙、梁外侧＞300mm 的板，按伸出外墙的梁、板体积合并计算，执行悬挑板项目。

3) 栏板按设计图示尺寸以体积计算，伸入砖墙内的部分并入栏板体积计算。

4) 凸阳台（凸出外墙外侧用悬挑梁悬挑的阳台）按阳台项目计算；凹进墙内的阳台，按梁、板分别计算，阳台栏板分别按栏板项目计算。

5）雨篷梁、板工程量合并，按雨篷以体积计算，高度≤400mm 的栏板并入雨篷体积内计算；栏板高度>400mm 时，其超过部分按栏板计算。

（6）空心板：

1）空心板按设计图示尺寸以体积（扣除空心部分）计算。

2）空心楼板筒芯、箱体安装，均按体积计算。

16. 现浇混凝土楼梯

（1）楼梯是按建筑物一个自然层双跑楼梯考虑，如单坡直行楼梯（即一个自然层、无休息平台）按相应项目定额乘以系数 1.2；三跑楼梯（即一个自然层、两个休息平台）按相应项目定额乘以系数 0.9；四跑楼梯（即一个自然层、三个休息平台）按相应项目定额乘以系数 0.75。

当图纸设计板式楼梯梯段底板（不含踏步三角部分）厚度大于 150mm，梁式楼梯梯段底板（不含踏步三角部分）厚度大于 80mm 时，混凝土消耗量按实调整，人工按相应比例调整。

弧形楼梯是指一个自然层旋转弧度小于 180°的楼梯，螺旋楼梯是指一个自然层旋转弧度大于 180°的楼梯。

（2）楼梯（包括休息平台、平台梁、斜梁及楼梯的连接梁）按设计图示尺寸以水平投影面积计算，不扣除宽度小于 500mm 楼梯井，伸入墙内部分不计算。当整体楼梯与现浇楼板无梯梁连接时，以楼梯的最后一个踏步边缘加 300mm 为界。

17. 后浇带

后浇带包括了与原混凝土接缝处的钢丝网用量。

三、市场化计价

1. 垫层

参考单价：5～8 元/m^2。

工程量计算规则：按图纸以水平投影面积计算。

施工内容：含人工、材料（除主材）、机械设备。

2. 满堂基础

参考单价：15～20 元/m^3。

工程量计算规则：按图纸计算数量。

施工内容：含人工、材料（除主材）、机械设备，包含地膜、辊子等零星材料及设备，标准养护 15d。

3. 条形基础、独立基础

参考单价：28～35 元/m^3。

工程量计算规则：按图纸计算数量。

施工内容：含人工、材料（除主材）、机械设备，包含地膜、辊子等零星材料及设备，标准养护 15d。

4. 主体结构

参考单价：40～50 元/m^3。

工程量计算规则：按图纸计算数量。

施工内容：含人工、材料（除主材）、机械设备，包含地膜、辊子、水鞋等零星材料及设备，标准养护 15d，地膜铺贴及撕毁用工，墙面养护、粘贴地膜材料均包含在此单价中。

5. 核心区钢丝网板

参考单价：5～6 元/m。

工程量计算规则：经现场实测实量以米计算。

施工内容：钢丝网板的绑扎、人工运输、安装、焊接。

第三章　二次结构工程

第一节　砌筑工程

一、工程量清单计价

砌筑工程包括砖砌体、砌块砌体、石砌体、垫层。根据实际工程需要，本章重点讲解砖砌体、砌块砌体和垫层。

清单工程量计算规则中的墙体类型分为：外墙、内墙、女儿墙、内外山墙、框架间墙、围墙。根据砖墙的定额子目分类可以看出，很多地区没有区分外墙、内墙、女儿墙，所以可以结合地区定额特点进行描述。

1. 砖砌体

砖砌体包括砖基础、砖砌挖孔桩护壁、实心砖墙、多孔砖墙、空心砖墙、空斗墙、空花墙、填充墙、实心砖柱、多孔砖柱、砖检查井、零星砌砖、砖散水（地坪）、砖地沟（明沟）。

根据实际工程需要重点讲解零星砌砖部分。

按零星项目列项的有：框架外表面的镶贴砖部分，空斗墙的窗间墙、窗台下、楼板下、梁头下等的实砌部分，台阶、台阶挡墙、梯带、锅台、炉灶、蹲台、池槽、池槽腿、砖胎模、花台、花池、楼梯栏板、阳台栏板、地垄墙、小于或等于 0.3m^2 的孔洞填塞等。

工程量的计算分四种情况：以立方米计量，按设计图示尺寸截面积乘以长度计算；以平方米计量，按设计图示尺寸水平投影面积计算；以米计量，按设计图示尺寸长度计算；以个计量，按设计图示数量计算。砖砌锅台与炉灶可按外形尺寸以个计算，砖砌台阶可按水平投影面积以平方米计算，小便槽、地垄墙可按长度计算，其他工程以立方米计算。

砖胎膜设置圈梁及构造柱，如图 3-1 及表 3-1 所示。

砖胎膜设置圈梁及构造参考表　　　　**表 3-1**

序号	砖胎模高度	厚度要求	构造柱要求	圈梁要求
1	H≤600mm	120mm	—	—
2	600mm<H≤1200mm	240mm	—	—
3	1200mm<H≤1800mm	240mm	每 3000mm 设置一道	—
4	H>1800mm	370mm	每 3000mm 设置一道	每 1500mm 设置一道

2. 砌块砌体

砖块砌体包括砌块墙、砌块柱等项目。项目特征应描述：砌块品种、规格、强度等级；墙体类型；砂浆强度等级。砖块砌体的有关说明如下：

图 3-1 砖胎膜砌筑示意图

（1）砌体内加筋、墙体拉结的制作、安装，应按“混凝土及钢筋混凝土工程”中相关项目编码列项。

（2）砌块排列应上、下错缝搭砌，如果搭错缝长度满足不了规定的压搭要求，应采取压砌钢筋网片的措施，具体构造要求按设计规定。若设计无规定时，应注明由投标人根据工程实际情况自行考虑；钢筋网片按“混凝土及钢筋混凝土工程”中相应编码列项。

（3）砌块砌体中工作内容包括了勾缝。

（4）砌体垂直灰缝宽大于 30mm 时，采用 C20 细石混凝土灌实。灌注的混凝土应按“混凝土及钢筋混凝土工程”相关项目编码列项。

（5）工程量计算规则：

按设计图示尺寸以体积计算。扣除门窗、洞口、嵌入墙内的钢筋混凝土柱、梁、圈梁、挑梁、过梁及凹进墙内的壁龛、管槽、暖气槽、消火栓箱所占体积，不扣除梁头、板头、垫木、木楞头、沿缘木、木砖、门窗走头、砌块墙内加固钢筋、木筋、铁件、钢管及单个面积≤$0.3m^2$ 的孔洞所占的体积。凸出墙面的腰线、挑檐、压顶、窗台线、虎头砖、门窗套的体积亦不增加。凸出墙面的砖垛并入墙体体积内计算。

1）墙长度：外墙按中心线、内墙按净长计算。

2）墙高度：

① 外墙：斜（坡）屋面无檐口天棚者算至屋面板底；有屋架且室内外均有天棚者算至屋架下弦底另加 200mm；无天棚者算至屋架下弦底另加 300mm，出檐宽度超过 600mm 时按实砌高度计算；与钢筋混凝土楼板隔层者算至板顶；平屋面算至钢筋混凝土板底。

② 内墙：位于屋架下弦者算至屋架下弦底；无屋架者算至天棚底另加 100mm；有钢筋混凝土楼板隔层者算至楼板顶；有框架梁时算至梁底，如图 3-2 所示。

对填充墙与相邻的柱、墙连接处，由于材料的收缩，常会出现粉刷层产生裂缝。

③ 女儿墙：从屋面板上表面算至女儿墙顶面（如有混凝土压顶时算至压顶下表面）。

④ 内、外山墙：按其平均高度计算。

3）框架间墙：不分内外墙按墙体净尺寸以体积计算，如图 3-3 所示。

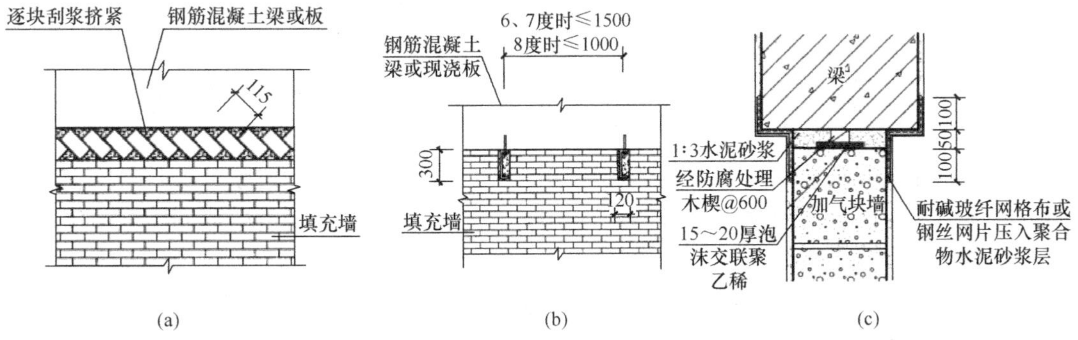

图 3-2　隔墙上端做法示意图

（a）斜砌做法；（b）铁件做法；（c）水泥砂浆做法

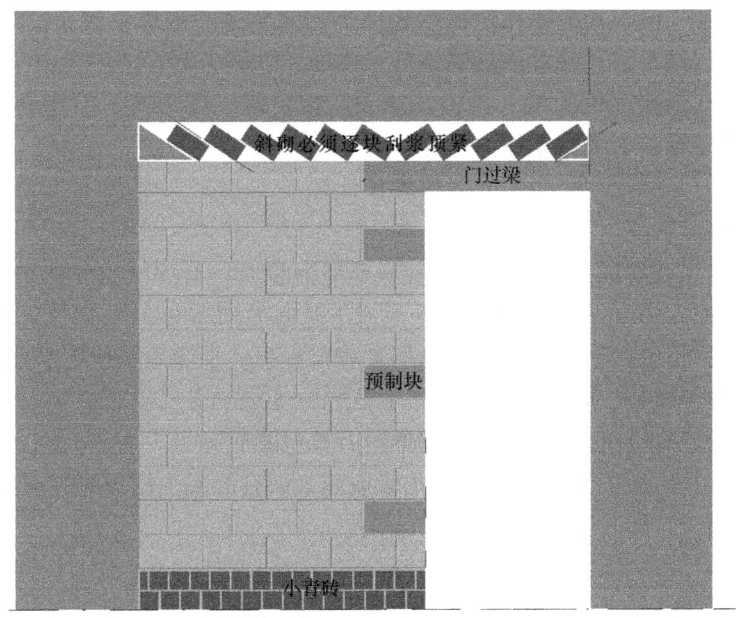

图 3-3　框架间墙砌筑示意图

4）围墙：高度算至压顶上表面（如有混凝土压顶时算至压顶下表面），围墙柱并入围墙体积内。

3. 垫层

除混凝土垫层外，没有包括垫层要求的清单项目应按该垫层项目编码列项。其工程量按设计图示尺寸以立方米计算。

垫层是承受地面荷载并均匀传递给基层的构造层。垫层一般有混凝土垫层，砂石人工级配垫层，天然级配砂石垫层，灰、土垫层，碎石，碎砖垫层，三合土垫层，炉渣垫层等材料垫层。垫层的选择与面层材料、荷载要求等有关。

二、消耗量定额计价

1. 定额中砖、砌块和石料按标准或常用规格编制，设计规格与定额不同时，砌体材料和砌筑（粘结）材料用量应作调整换算，砌筑砂浆按干混预拌砌筑砂浆编制。定额所列砌筑砂浆种类和强度等级，砌块专用砌筑胶粘剂品种，如设计与定额不同时，应作调整换算。

2. 定额中的墙体砌筑层高是按 3.6m 编制的，如超过 3.6m 时，其超过部分工程量的定额人工乘以系数 1.3。

3. 定额中各类砖、砌块及石砌体的砌筑均按直形砌筑编制，如为圆弧形砌筑者，按相应定额人工用量乘以系数 1.10，砖、砌块、石砌体及砂浆（胶粘剂）用量乘以系数 1.03 计算。

4. 砖砌体钢筋加固，砌体内加筋、灌注混凝土，墙体拉结筋的制作、安装，以及墙基、墙身的防潮、防水、抹灰等，按本定额其他相关章节的项目及规定执行。

5. 砖墙、砌块墙按设计图示尺寸以体积计算。

（1）扣除门窗、洞口、嵌入墙内的钢筋混凝土柱、梁、圈梁、挑梁、过梁及凹进墙内的壁龛、管槽、暖气槽、消火栓箱所占体积，不扣除梁头、板头，檩头、垫木、木楞头、沿缘木、木砖、门窗走头、砖墙内加固钢筋、木筋、铁件、钢管及单个面积≤0.3m^2 的孔洞所占的体积。凸出墙面的腰线、挑檐、压顶、窗台线、虎头砖、门窗套的体积亦不增加。凸出墙面的砖垛并入墙体体积内计算。

（2）墙长度：外墙按中心线，内墙按净长计算。

（3）墙高度：

1）外墙：斜（坡）屋面无檐口天棚者算至屋面板底；有屋架且室内外均有天棚者算至屋架下弦底另加 200mm；无天棚者算至屋架下弦底另加 300mm，出檐宽度超过 600mm 时按实砌高度计算；有钢筋混凝土楼板隔层者算至板顶；平屋顶算至钢筋混凝土板底。

2）内墙：位于屋架下弦者，算至屋架下弦底；无屋架者算至天棚底另加 100mm；有钢筋混凝土楼板隔层者算至楼板底；有框架梁时算至梁底。

3）女儿墙：从屋面板上表面算至女儿墙顶面（如有混凝土压顶时算至压顶下表面）。

4）内、外山墙：按其平均高度计算。

（4）墙厚度：

1）标准砖以 240mm×115m×53mm 为准，其砌体厚度按表 3-2 计算。

标准砖砌体计算厚度 **表 3-2**

砖数（厚度）	$\frac{1}{4}$	$\frac{1}{2}$	$\frac{3}{4}$	1	$1\frac{1}{2}$	2	$2\frac{1}{2}$	3
计算厚度（mm）	53	115	178	240	365	490	615	740

其中 365＝240（长）＋115（宽）＋10（灰缝）。

2）使用非标准砖时，其砌体厚度应按砖实际规格和设计厚度计算；如设计厚度与实际规格不同时，按实际规格计算。

（5）框架间墙：不分内外墙按墙体净尺寸以体积计算。

（6）围墙：高度算至压顶上表面（如有混凝土压顶时算至压顶下表面），围墙柱并入围墙体积内。

6. 砖砌体

（1）地下混凝土构件所用砖模及砖砌挡土墙套用砖基础项目。

（2）零星砌体系指台阶，台阶挡墙，梯带，锅台，炉灶，蹲台，池槽，池槽腿，花台，花池，楼梯栏板，阳台栏板，地垄墙，≤0.3m^2 的孔洞填塞，突出屋面的烟囱，屋面伸缩缝砌体，隔热板砖墩等。

（3）贴砌砖项目适用于地下室外墙保护墙部位的贴砌砖；框架外表面的镶贴砖部分，套用零星砌体项目。

（4）零星砌体按设计图示尺寸以体积计算。

7. 砌块砌体

（1）加气混凝土类砌块墙项目已包括砌块零星切割改锯的损耗及费用。

（2）多孔砖、空心砖及砌块砌筑有防水、防潮要求的墙体时，若以普通（实心）砖作为导墙砌筑的，导墙与上部墙身主体需分别计算，导墙部分套用零星砌体项目。

根据《砌体结构工程施工质量验收规范》GB 50203—2011 规定：当采用加气混凝土填充墙施工时，除多水房间外可不需要在墙底部另砌烧结普通砖或多孔砖，现浇混凝土坎台（主要是考虑有利于提高多水房间填充墙墙底的防水效果，高度宜为 150mm 是考虑踢脚线（板）便于遮盖填充墙底有可能产生的收缩裂缝）等。

（3）砌体砌筑设置导墙时，砖砌导墙需单独计算，厚度与长度按墙身主体，高度以实际砌筑高度计算，墙身主体的高度相应扣除。

（4）填充墙应沿框架柱全高每隔 500～600mm 设 2ϕ6 拉筋（墙厚大于 240mm 时宜设3ϕ6 拉筋）。拉筋伸入墙内的长度，6、7 度时宜沿墙全长贯通，8 度时应全长贯通。墙体拉结筋的连接：采用绑扎搭接连接时，搭接长度 55d 且不小于 400mm，如图 3-4 所示。

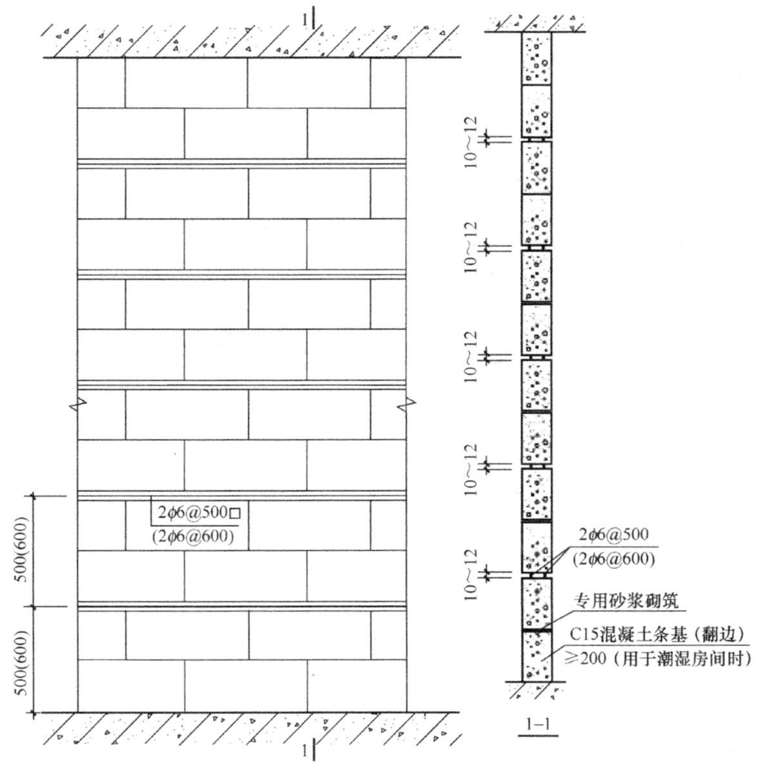

图 3-4　填充墙拉结筋示意图

8. 垫层

人工级配砂石垫层是按中（粗）砂 15%（不含填充石子空隙），砾石 85%（含填充砂）的级配比例编制的。垫层工程量按设计图示尺寸以体积计算。

三、市场化计价

1. 砖胎膜

参考单价：0.4～0.78 元/块或 240～260 元/m^3。

工程量计算规则：按照实际工程量计算。

施工内容：现场砌砖胎模范围内所有施工，含人工、材料（除主材）、机械设备。

2. 砌块砌体

(1) 参考单价：40～60 元/m^2。

工程量计算规则：按墙体图纸尺寸扣除门窗洞口，孔洞外的工程量及所施工的实际墙体工程量。

(2) 参考单价：220～320 元/m^3。

工程量计算规则：设计图示尺寸以体积计算。

施工内容：包工包辅材不包料，乙方自己提供施工用的小型机械，材料运输清理，排砖，割砖，搅灰，砌筑，堵脚手架眼，防腐木楔制安。

第二节　混凝土工程

一、工程量清单计价

现浇混凝土二次结构中一般包括构造柱、圈梁、过梁、压顶等在主体结构中未包括的混凝土工程，如图 3-5 所示。

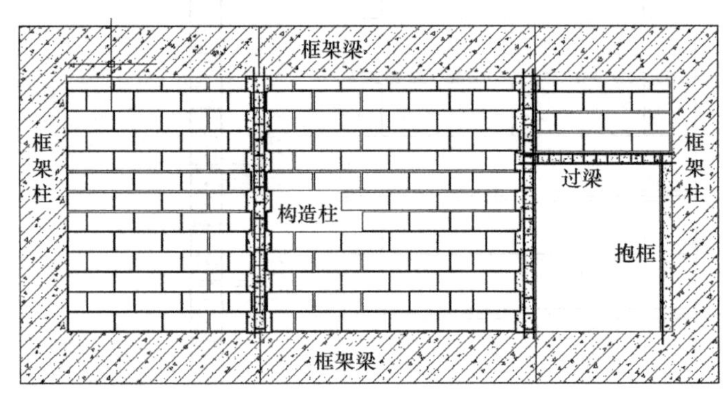

图 3-5　二次结构示意图

构造柱、水平系梁纵向钢筋采用绑扎搭接时，全部纵筋可在同一连接区段搭接，钢筋搭接长度 $50d$。

1. 现浇混凝土柱

(1) 构造柱按全高计算，嵌接墙体部分并入柱身体积，如图 3-6 所示。

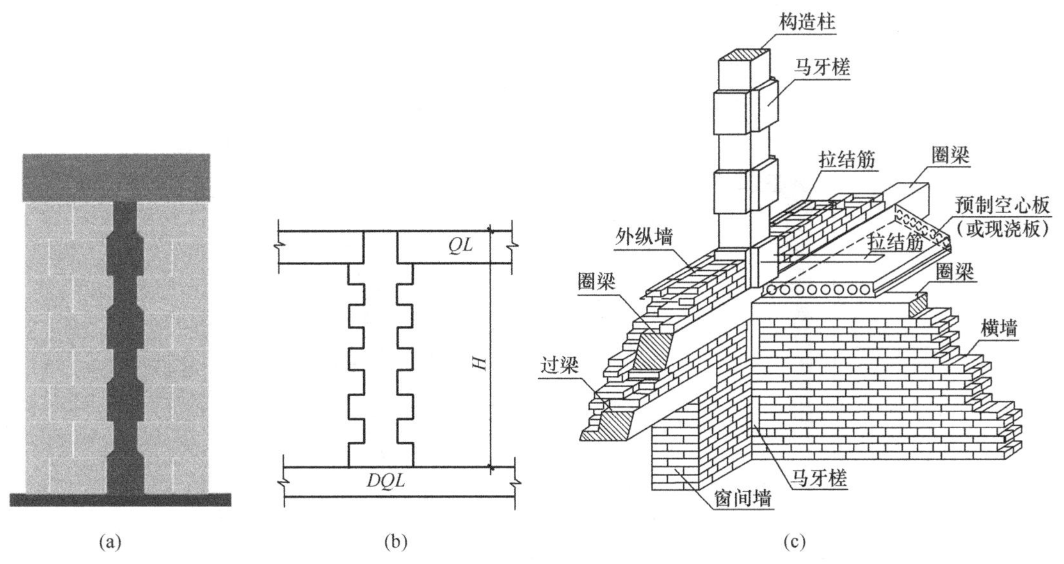

图 3-6　构造柱示意图

(a) 构造柱立面示意图；(b) 构造柱柱高示意图；(c) 构造柱马牙槎示意图

墙体与构造柱连接处宜砌成马牙槎。马牙槎伸入墙体 60～100mm，槎高 200～300mm，并应为砌体材料高度的整倍数，马牙槎应先退后进，构造柱纵向钢筋搭接长度范围内的箍筋间距不大于 200mm 且不少于 4 根箍筋。

当砌体填充墙的墙段长度大于 5m 时或墙长大于 2 倍层高时，墙顶宜与梁底或板底拉结，墙体中部应设钢筋混凝土构造柱；当填充墙转角或端部无框架柱时应在其转角或端部设置构造柱；当填充墙洞口宽度大于 2.4m 时应在洞口两侧分别设置构造柱，如图 3-7 所示。

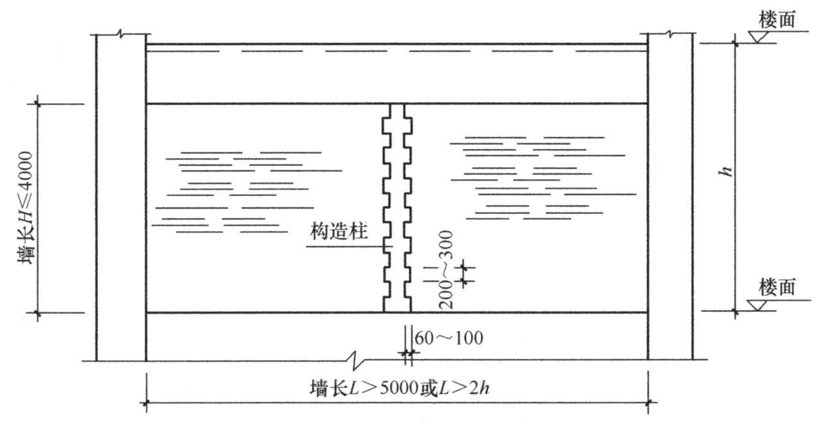

图 3-7　构造柱布置示意图

(2) 当门窗洞口宽度小于 2100mm 时，洞口边应设置钢筋混凝土抱框；当门窗洞口宽度大于等于 2100mm 时，洞口边应两侧设置构造柱，如图 3-8 所示。设计人员可根据工程具体情况选择门洞口做法。当有门窗洞口的填充墙尽端至门窗洞口边距离小于 240mm

时，宜采用钢筋混凝土门窗框。

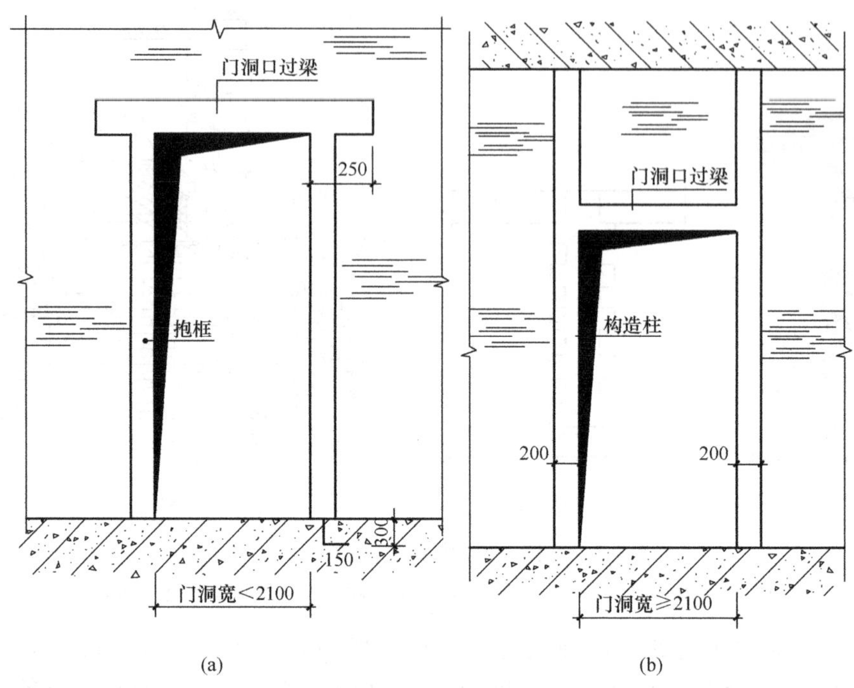

图 3-8 抱框示意图

（a）门洞口小于 2100mm；（b）门洞口≥2100mm

2. 现浇混凝土梁

（1）当砌体填充墙的墙高超过 4m 时，宜在墙体半高处设置与柱连接且沿墙全长贯通的现浇钢筋混凝土水平系梁，梁截面高度不小于 60mm，填充墙高不宜超过 6m，如图 3-9 所示。

（2）窗台压顶的高度不小于 60mm，伸入墙体不少于 300mm；宽度超过 300mm 的洞口上部，应设置钢筋混凝土过梁；门窗细石混凝土预制块尺寸为 120×120×墙宽，如图 3-10 所示。

3. 现浇混凝土其他构件

现浇混凝土其他构件包括散水与坡道、室外地坪、电缆沟与地沟、台阶、扶手和压顶、化粪池和检查井、其他构件。现浇混凝土小型池槽、垫块、门框等，应按其他构件项目编码列项。架空式混凝土台阶，按现浇楼梯计算。

（1）散水、坡道、室外地坪，按设计图示尺寸以面积计算。不扣除单个面积小于或等于 0.3m^2 的孔洞所占面积。不扣除构件内钢筋、预埋铁件所占体积。

（2）电缆沟、地沟，按设计图示以中心线长度计算。

（3）台阶。以平方米计量，按设计图示尺寸水平投影面积计算；或以立方米计量，按设计图示尺寸以体积计算。

（4）扶手、压顶。以米计量，按设计图示的中心线延长米计算；或以立方米计量，按设计图示尺寸以体积计算。

（5）化粪池、检查井。以立方米计量，按设计图示尺寸以体积计算；或以座计量，按设计图示数量计算。

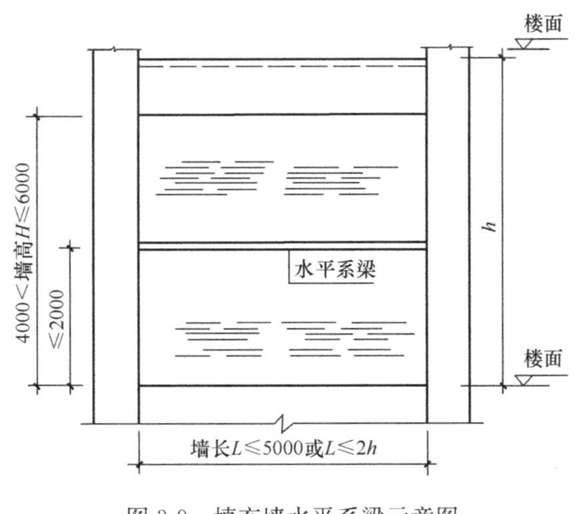

图 3-9　填充墙水平系梁示意图

图 3-10　窗洞口二次结构示意图

（6）其他构件，主要包括现浇混凝土小型池槽、垫块、门框等，按设计图示尺寸以体积计算。

二、消耗量定额计价

植筋不包括植入的钢筋制作、化学螺栓，钢筋制作，按钢筋制安相应项目执行，化学螺栓另行计算；使用化学螺栓，应扣除植筋胶的消耗量。

1. 现浇混凝土柱

（1）独立现浇门框按构造柱项目执行。

（2）构造柱按全高计算，嵌接墙体部分（马牙槎）并入柱身体积。

2. 现浇混凝土梁

与主体结构不同时浇筑的厨房、卫生间等处墙体下部的现浇混凝土翻边执行圈梁相应项目，如图 3-11 所示。

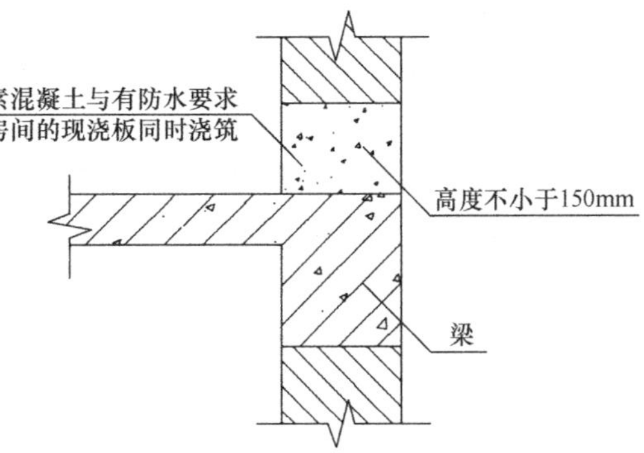

图 3-11　二次结构混凝土翻边示意图

3. 现浇混凝土其他构件

（1）散水混凝土按厚度 60mm 编制，如设计厚度不同时，可以换算；散水包括了混凝土浇筑、表面压实抹光及嵌缝内容，未包括基础夯实垫层内容。

（2）台阶混凝土含量是按 1.22m^3/10m^2 综合编制的，如设计含量不同时，可以换算；台阶包括了混凝土浇筑及养护内容，未包括基础夯实、垫层及面层装饰内容，发生时执行其他章节相应项目。

（3）小型构件是指单件体积 0.1m^3 以内且本节未列项目的小型构件。

（4）外形尺寸体积在 1m^3 以内的独立池槽执行小型构件项目，1m^3 以上的独立池槽及与建筑物相连的梁、板、墙结构式水池，分别执行梁、板、墙相应项目。

三、市场化计价

1. 构造柱、圈梁、过梁、压顶混凝土

参考单价：260～360 元/m^3。

工程量计算规则：按实际工程量，以立方米计算。

施工内容：人工、材料（除主材，指混凝土）、机械设备。

2. 构造柱、圈梁、过梁、压顶钢筋

参考单价：12～18 元/m。

工程量计算规则：按实际工程量计算，注意水平钢筋比竖向钢筋价格低。

施工内容：人工、材料（除主材，指钢筋）、机械设备。

3. 植筋

参考单价：直径 $\phi6$ 为 0.55～0.6 元/根。

直径 $\phi8$ 为 0.65～0.7 元/根。

直径 $\phi10$ 为 0.85～0.9 元/根。

工程量计算规则：按实际工程量以根计算，并区分钢筋规格。

施工内容：施工用的小型机具、设备、结构植筋胶等一切小型材料，其中钢筋下料未包括在参考价格内，按照 0.15～0.2 元/根另行计算。

4. 砌体及二次结构

参考单价：420～480 元/m^3。

工程量计算规则：按设计图示尺寸以立方米计算。

施工内容：含砌筑工程的所有施工内容，砌体结构的所有施工工序及通气砖砌排烟道、烟道堵缺、烟道堵缺后的局部找平、管道井封堵、植筋（含除钢筋材料以外的所有费用，含试验费）、二次结构、小型砌体、台阶、设备基础、过人洞封堵、通风及消防箱预留洞封堵等零星混凝土二次结构、空调洞装饰盖、卫生间等部位反坎采用定型化钢模等。

5. 内墙钉钢丝网（不同材料交接处）

参考单价：1.2～1.6 元/m。

工程量计算规则：按实际工程量，以米计算。

施工内容：人工、材料（除主材，含钉子等辅材）。

6. 内墙钉钢丝网（满挂钢丝网）

参考单价：4.5～5 元/m^2。

工程量计算规则：按实际工程量，以平方米计算。

施工内容：人工、材料（除主材，含钉子等辅材）。

第三节　屋面及防水工程

一、工程量清单计价

屋面及防水工程包括瓦、型材及其他屋面，屋面防水及其他，墙面防水、防潮，楼

（地）面防水、防潮。

防水卷材是将沥青类或高分子类防水材料浸渍在胎体上，制作成的防水材料产品，以卷材形式提供，称为防水卷材。

涂膜防水是在自身有一定防水能力的结构层表面涂刷一定厚度的防水涂料，经常温胶联固化后，形成一层具有一定坚韧性的防水涂膜的防水方法。涂膜防水涂料主要品种有聚氨酯类防水涂料、丙烯酸类防水涂料、橡胶沥青类防水涂料、氯丁橡胶类防水涂料、有机硅类防水涂料以及其他防水涂料等品种，其作用是构成涂膜防水的主要材料，使建筑物表面与水隔绝，对建筑物起到防水与密封作用，同时还起到美化建筑物的装饰作用。

止水带按材料分为橡胶止水带、塑料（PVC）止水带、氯丁橡胶片止水带、钢板止水带、紫铜板止水带，如图 3-12 所示。

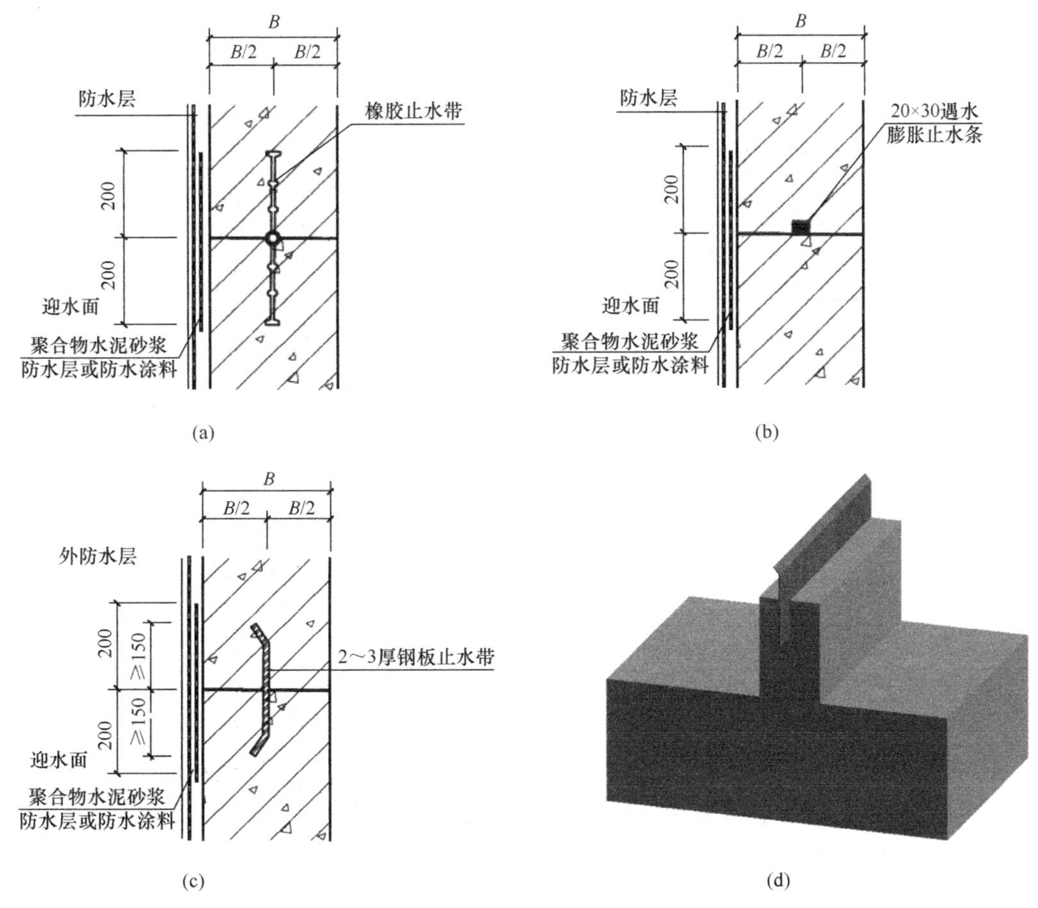

图 3-12　止水带示意图

（a）橡胶止水带；（b）膨胀止水条；（c）钢板止水带；（d）钢板止水带施工效果

1. 瓦、型材屋面及其他屋面

瓦、型材及其他屋面包括瓦屋面、型材屋面、阳光板屋面、玻璃钢屋面、膜结构屋面。瓦屋面若是在木基层上铺瓦，项目特征不必描述粘结层砂浆的配合比，瓦屋面铺防水层，按屋面防水项目编码列项。型材屋面、阳光板屋面、玻璃钢屋面的柱、梁、屋架，按金属结构工程、木结构工程中相关项目编码列项。

(1) 瓦屋面、型材屋面。按设计图示尺寸以斜面积计算。不扣除房上烟囱、风帽底座、风道、小气窗、斜沟等所占面积，小气窗的出檐部分不增加面积。

瓦屋面斜面积按屋面水平投影面积乘以屋面延尺系数。延尺系数可根据屋面坡度的大小确定。如表 3-3 和图 3-13 所示。

屋面坡度系数　　表 3-3

坡度		角度 θ	延尺系数 C(A=1)	隅延尺系数 D(A=1)	坡度		角度 θ	延尺系数 C(A=1)	隅延尺系数 D(A=1)
B(A=1)	B/2A				B(A=1)	B/2A			
1	1/2	45°	1.1442	1.7320	0.4	1/5	21°48′	1.077	1.4697
0.75		36°52′	1.2500	1.6008	0.35		19°47′	1.0595	1.4569
0.7		35°	1.2207	1.5780	0.3		16°42′	1.0440	1.4457
0.666	1/3	33°40′	1.2015	1.5632	0.25	1/8	14°02′	1.0380	1.4362
0.65		33°01′	1.1927	1.5564	0.2	1/10	11°19′	1.0198	1.4283
0.6		30°58′	1.662	1.5362	0.15		8°32′	1.0112	1.4222
0.577		30°	1.1545	1.5274	0.125	1/16	7°08′	1.0078	1.4197
0.55		28°49′	1.143	1.5174	0.1	1/20	5°42′	1.0050	1.4178
0.5	1/4	26°34′	1.1180	1.5000	0.083	1/24	4°45′	1.0034	1.4166
0.45		24°14′	1.0966	1.4841	0.066	1/30	3°49′	1.0022	1.4158

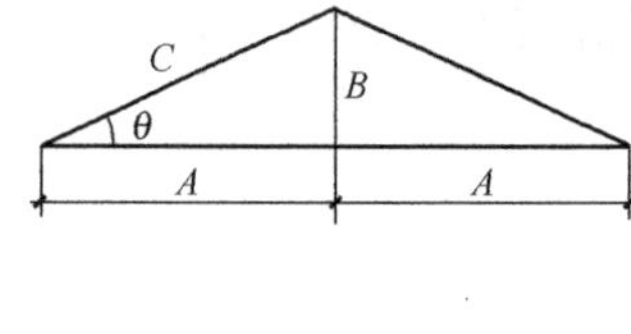

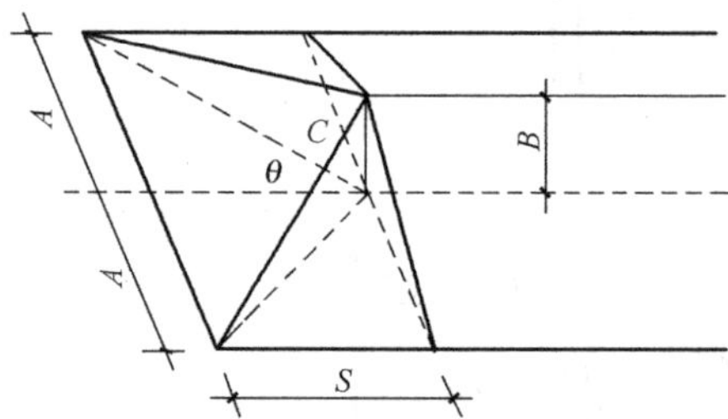

图 3-13　屋面坡度系数示意图

(2) 阳光板、玻璃钢屋面。按设计图示尺寸以斜面积计算。不扣除屋面面积小于或等于 0.3m² 孔洞所占面积。

阳光板品种指聚碳酸酯板，又称 PC 板、阳光板。分为格构式蜂窝板和单层平板，多层板厚为 8～10mm，单层板厚为 3～10mm。玻璃钢品种指玻璃纤维增强聚酯板，又称 FRP 板、树脂板，该子目还可以适用中空安全玻璃屋面。玻璃纤维增强聚酯板分为波形板和平板，板厚为 1.5～2.0mm。

(3) 膜结构屋面。按设计图示尺寸以需要覆盖的水平投影面积计算，如图 3-14 所示。

2. 屋面防水及其他

屋面防水及其他包括屋面卷材防水、屋面涂膜防水、屋面刚性层、屋面排水管、屋面排（透）气管、屋面（廊、阳台）泄（吐）水管、屋面天沟及檐沟、屋面变形缝。屋面找平层按楼地面装饰工程“平面砂浆找平层”项目编码列项。

(1) 屋面卷材防水、屋面涂膜防水。按设计图示尺寸以面积计算。斜屋顶（不包括平屋顶找坡）按斜面积计算，平屋顶按水平投影面积计算，不扣除房上烟囱、风帽底座、风道、屋面小气窗和斜沟所占面积。屋面的女儿墙、伸缩缝和天窗等处的弯起部分，并入屋面工程量内。屋面防水搭接及附加层用量不另行计算，在综合单价中考虑。

（2）屋面刚性防水，按设计图示尺寸以面积计算。不扣除房上烟囱、风帽底座、风道等所占的面积。

（3）屋面排水管，按设计图示尺寸以长度计算。如设计未标注尺寸，以檐口至设计室外散水上表面垂直距离计算，如图 3-15 所示。

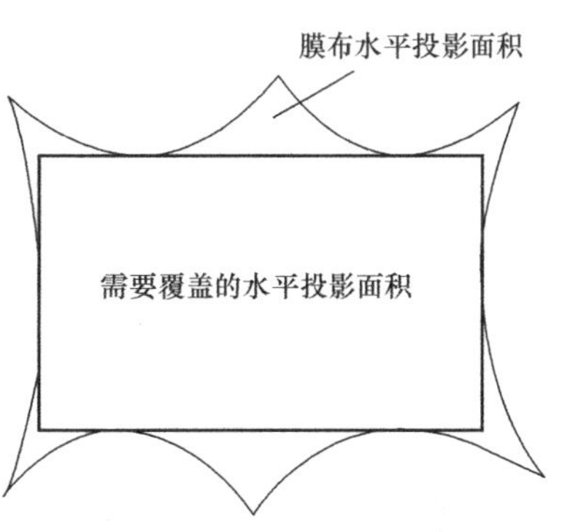

图 3-14　膜结构屋面示意图

虹吸式雨水排放系统是利用具有虹吸作用的雨水斗将雨水排放的方式由一般重力流方式改变为压力流方式，可比一般重力流方式多吸纳大量的雨水，因而具有

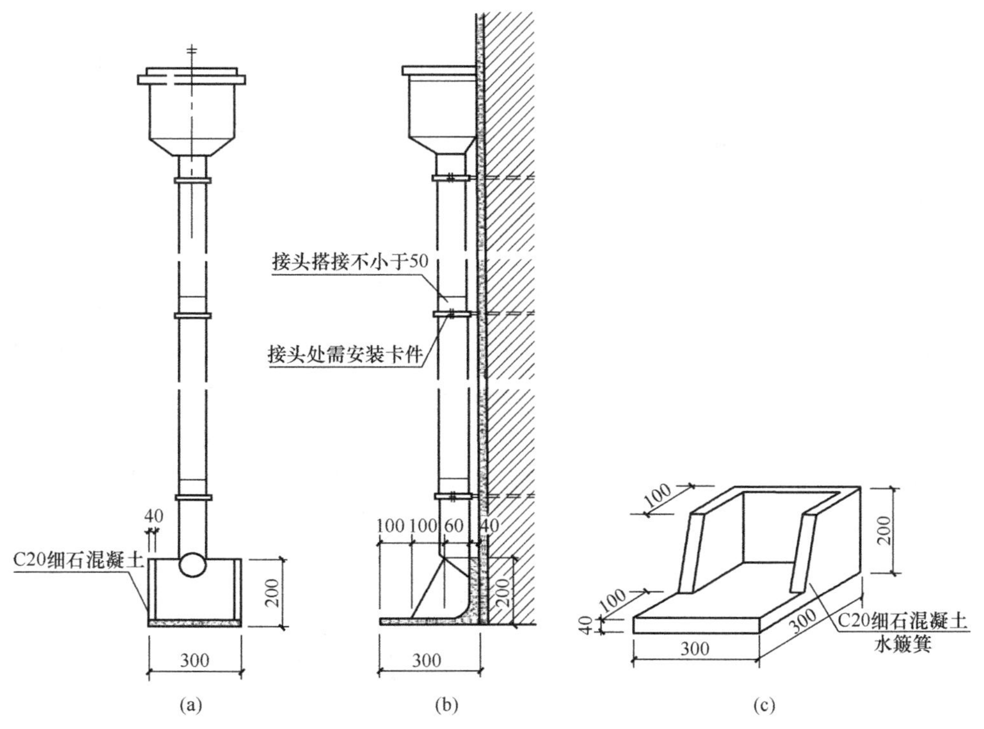

图 3-15　雨水管示意图

（a）正立面；（b）侧立面；（c）水簸箕尺寸

加大汇水面积，减少水落口，缩小管径，可采用无坡度的水平管等多种优点。虹吸式雨水排放系统一般由给排水工程师和供应商配合设计，然后向建筑师提出配合设计资料，由建筑师在屋面平面图上设计屋面排水方式和雨水斗的位置。如图 3-16 所示。

当屋面面积在 5000m² 以上，做内排水并且在屋面溢流时不会造成损害时，可采用虹吸式雨水排放系统。

（4）屋面排（透）汽管，按设计图示尺寸以长度计算。

排汽屋面是通过在保温层中设置纵横贯通的排汽通道，通过排汽孔与大气（室外或室内）连通来实现排汽功能的。

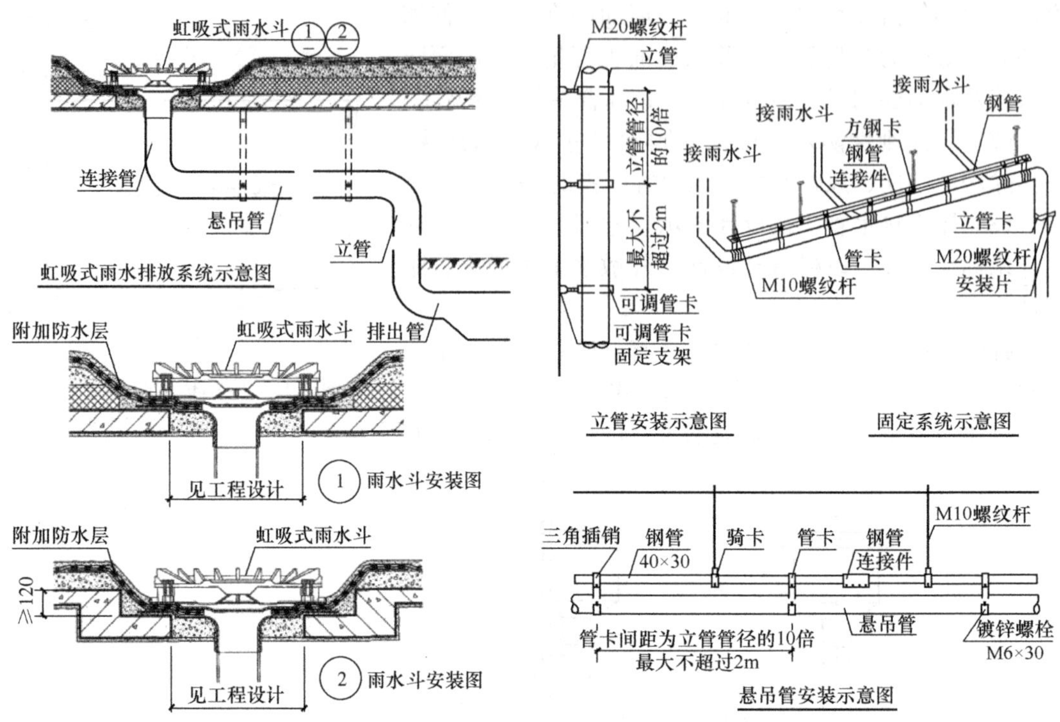

图 3-16　虹吸式雨水排放系统安装示意图

排汽道间距宜为 6m 纵横设置，通常应与保温层上的找平层的分格缝重合，在保温层中预留槽做排汽道时，其宽度一般为 20～40mm；在保温层中埋置打孔细管（塑料管或镀锌钢管）做排汽道时，管径 25mm；排汽孔设置在排汽道纵横交叉点，即屋面面积每 36m^2 设置 1 个排汽孔，可采用外排式和内排式。在建筑屋面周边也可采用檐口或侧墙部位留排汽孔的方法，如图 3-17 所示。

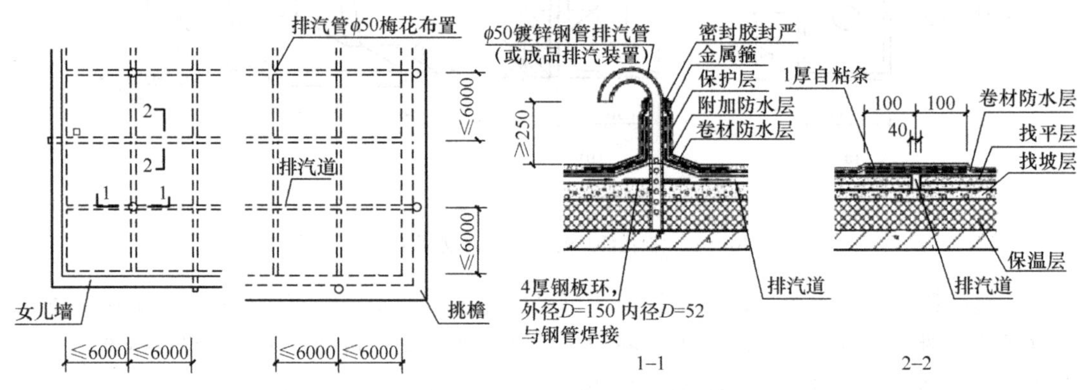

图 3-17　排汽道、排汽管平面布置示意图

1）不上人屋面通气管应高出屋面 300mm，屋顶有隔热层应从隔热层板面算起。

2）上人屋面通气管应高出屋面 2m，但是必须大于当地最大积雪厚度。

3）当 PVC-U 管道高度大于 1.5m 时，应做合理稳固的支撑，可使用砖墙砌筑保护。

（5）屋面（廊、阳台）泄（吐）水管，按设计图示数量计算，以“根（个）”计量。

（6）屋面天沟、檐沟，按设计图示尺寸以面积计算。铁皮和卷材天沟按展开面积计算。

（7）屋面变形缝，按设计图示以长度计算，如图 3-18 所示。

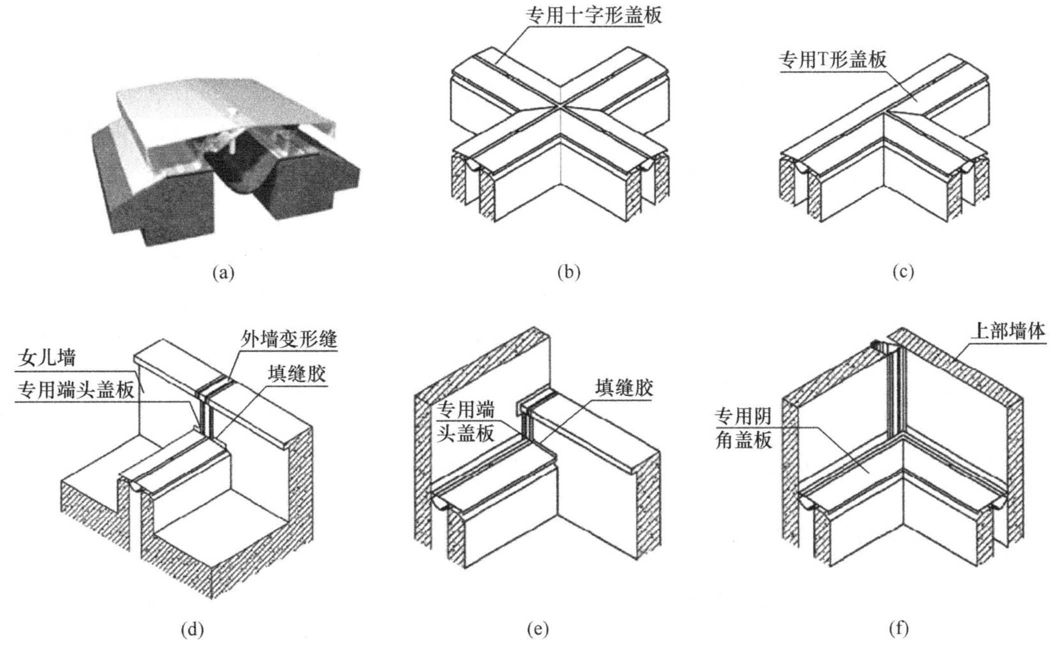

图 3-18　屋面变形缝示意图

（a）屋面变形缝施工效果；（b）屋面平缝十字相交；（c）屋面平缝 T 形相交；
（d）屋面平缝与外墙平缝相交；（e）屋面角缝与外墙平缝相交；（f）屋面角缝与外墙角缝相交

3. 墙面防水、防潮

墙面防水、防潮包括墙面卷材防水、墙面涂膜防水、墙面砂浆防水（防潮）、墙面变形缝。墙面找平层按本墙、柱面装饰与隔断、幕墙工程“立面砂浆找平层”项目编码列项。

（1）墙面卷材防水、墙面涂膜防水、墙面砂浆防水（潮）。按设计图示尺寸以面积计算。墙面防水搭接及附加层用量不另行计算，在综合单价中考虑。

（2）墙面变形缝。按设计图示尺寸以长度计算。墙面变形缝，若做双面，工程量乘系数 2。如图 3-19 所示。

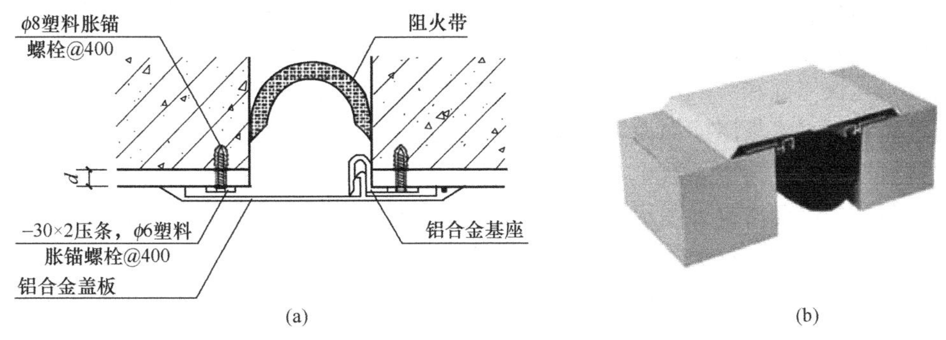

图 3-19　墙面变形缝示意图

（a）铝合金盖板平面图；（b）施工效果图

4. 楼（地）面防水、防潮

楼（地）面防水、防潮包括楼（地）面卷材防水、楼（地）面涂膜防水、楼（地）面砂浆防水（防潮）、楼（地）面变形缝。

（1）楼（地）面卷材防水、楼（地）面涂膜防水、楼（地）面砂浆防水（潮），按设计图示尺寸以面积计算。楼（地）面防水搭接及附加层用量不另行计算，在综合单价中考虑。

1）楼（地）面防水：按主墙间净空面积计算，扣除凸出地面的构筑物、设备基础等所占面积，不扣除间壁墙及单个面积小于或等于 0.3m^2 柱、垛、烟囱和孔洞所占面积。

2）楼（地）面防水反边高度小于或等于 300mm 算作地面防水，反边高度大于 300mm 按墙面防水计算。

楼（地）面防水反边高度一般设计图纸都会有明确的规定，根据《住宅室内防水工程技术规范》JGJ 298—2013 规定：卫生间防水墙面的设防高度，当卫生间有非封闭式洗浴设施时，其墙面防水层高度应不小于 1.8m。其余情况下宜在距楼、地面面层 1.2m 范围内设防水层。墙面防潮，当墙面采用防潮做法时，楼地面防水层沿墙面上翻，高度应不小于 150mm。

（2）楼（地）面变形缝。按设计图示尺寸以长度计算。

二、消耗量定额计价

本章中瓦屋面、金属板屋面、采光板屋面、玻璃采光顶、卷材防水、水落管、水口、水斗、沥青砂浆填缝、变形缝盖板、止水带等项目是按标准或常用材料编制，设计与定额不同时，材料可以换算，人工、机械不变；屋面保温等项目执行基础定额“保温、隔热、防腐工程”相应项目，找平层等项目执行“楼地面装饰工程”相应项目。

1. 屋面工程

（1）各种屋面和型材屋面（包括挑檐部分）均按设计图示尺寸以面积计算（斜屋面按斜面面积计算）不扣除房上烟囱、风帽底座、风道、小气窗、斜沟和脊瓦等所占面积，小气窗的出檐部分也不增加。

（2）西班牙瓦、瓷质波形瓦、英红瓦屋面的正斜脊瓦、檐口线，按设计图示尺寸以长度计算。黏土瓦若穿铁丝钉圆钉，每 100m^2 增加 11 工日，增加镀锌低碳钢丝（22 号）3.5kg，圆钉 2.5kg；若用挂瓦条，每 100m^2 增加 4 工日，增加挂瓦条（尺寸 25mm×30mm）300.3m，圆钉 2.5kg。

（3）金属板屋面中一般金属板屋面，执行彩钢板和彩钢夹心板项目；装配式单层金属压型板屋面区分檩距不同执行定额项目。

（4）采光板屋面和玻璃采光顶屋面按设计图示尺寸以面积计算；不扣除面积≤0.3m^2 孔洞所占面积。采光板屋面如设计为滑动式采光顶，可以按设计增加 U 形滑动盖帽等部件，调整材料、人工乘以系数 1.05。

（5）膜结构屋面按设计图示尺寸以需要覆盖的水平投影面积计算，膜材料可以调整含量。膜结构屋面的钢支柱、锚固支座混凝土基础等执行其他章节相应项目。

（6）25%＜坡度≤45%及人字形、锯齿形、弧形等不规则瓦屋面，人工乘以系数 1.3；坡度＞45%的，人工乘以系数 1.43。

2. 防水及其他

（1）防水工程量计算规则

1）屋面防水，按设计图示尺寸以面积计算（斜屋面按斜面面积计算），不扣除房上烟囱、风帽底座、风道、屋面小气窗等所占面积，上翻部分也不另计算；屋面的女儿墙、伸缩缝和天窗等处的弯起部分，按设计图示尺寸计算；设计无规定时，伸缩缝、女儿墙、天窗的弯起部分按 500mm 计算，计入立面工程量内。

2）楼地面防水、防潮层按设计图示尺寸以主墙间净面积计算，扣除凸出地面的构筑物、设备基础等所占面积，不扣除间壁墙及单个面积≤0.3m^2 柱、垛、烟囱和孔洞所占面积，平面与立面交接处，上翻高度≤300mm 时，按展开面积并入平面工程量内计算，高度>300mm 时，按立面防水层计算。

3）墙基防水、防潮层，外墙按外墙中心线长度，内墙按墙体净长度乘以宽度，以面积计算。

4）墙的立面防水、防潮层，不论内墙、外墙，均按设计图示尺寸以面积计算。

5）基础底板的防水、防潮层按设计图示尺寸以面积计算，不扣除桩头所占面积。桩头处外包防水按桩头投影外扩 300mm 以面积计算，地沟处防水按展开面积计算，均计入平面工程量，执行相应规定，如图 3-20 所示。

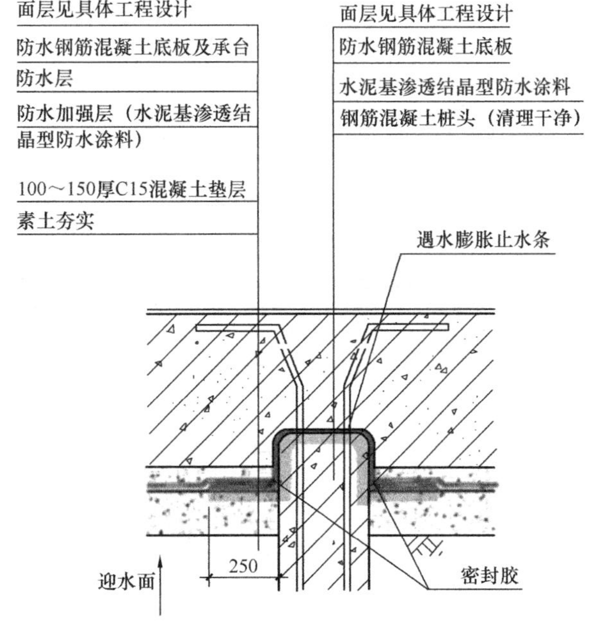

图 3-20　桩头处防水及附加层示意图

6）屋面、楼地面及墙面、基础底板等，其防水搭接、拼缝、压边、留用量已综合考虑，不另行计算，卷材防水附加层按设计铺贴尺寸以面积计算。

7）屋面分格缝，按设计图示尺寸，以长度计算。

（2）防水定额说明

1）细石混凝土防水层，使用钢筋网时，执行基础定额“第五章 混凝土及钢筋混凝土工程”相应项目。

2）平（屋）面以坡度≤15%为准，15%<坡度≤25%的，按相应项目的人工乘以系数 1.18；25%<坡度≤45%及人字形、锯齿形、弧形等不规则屋面或平面，人工乘以系数 1.3；坡度>45%的，人工乘以系数 1.43。

3）防水卷材、防水涂料及防水砂浆，定额以平面和立面列项，实际施工桩头、地沟、零星部位时，人工乘以系数 1.43；单个房间楼地面面积≤8m^2 时，人工乘以系数 1.3。

4）卷材防水附加层套用卷材防水相应项目，人工乘以系数 1.43。防水附加层施工前须将基层修补、清理干净，在外墙相交处的阴阳角部位施工防水附加层，防水附加层从转角平伸各不小于 250mm（防水附加层搭接长度为 500mm，两边各搭接 250mm；防水卷材上翻 250mm），如图 3-21 所示。

SBS 卷材材料规格取定为 21.86m×0.915m，长向搭接 160mm，短向搭接 110mm，

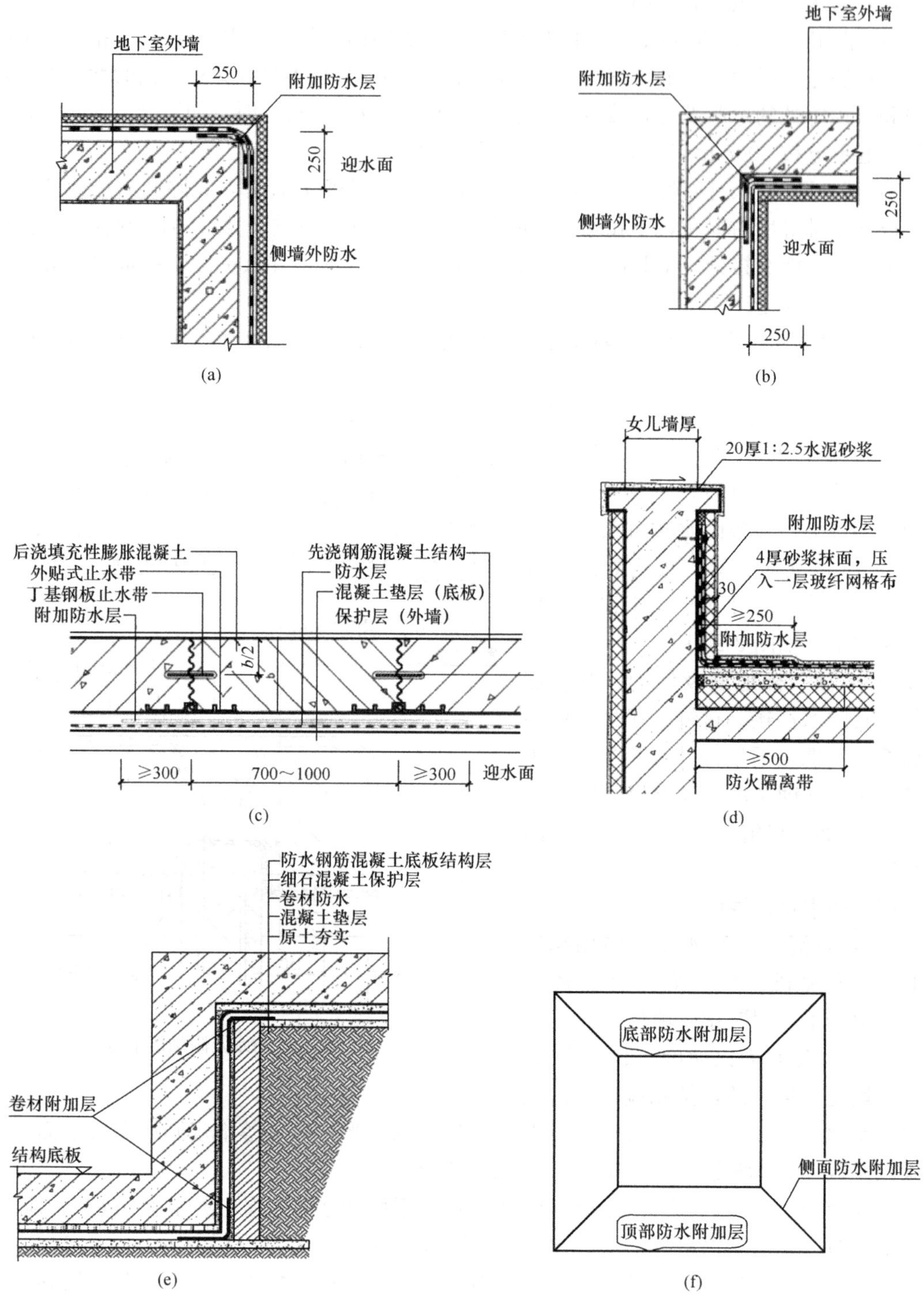

图 3-21　防水附加层示意图

(a) 外墙阳角附加层；(b) 外墙阴角附加层；(c) 底板和外墙后浇带附加层；(d) 屋面阴角附加层；(e) 高低跨附加层；(f) 集水坑附加层（12 条边）

玻璃纤维布规格为22.22m×0.9m。

卷材定额用量={[(10m²×层数)/(卷材有效长×卷材有效宽)]×每卷卷材面积}×(1+损耗率)。

卷材损耗率为1%。

定额含量为一层时：

卷材定额含量={10/[(0.915−0.11)×(21.86−0.16)]}×21.86×0.915×(1+1%)

=10/17.47×21.86×0.915×1.01

=11.449×1.01

=11.5635m²

5）立面是以直形为依据编制的，弧形者，相应项目的人工乘以系数1.18。

6）冷粘法以满铺为依据编制的，点、条铺粘者按其相应项目的人工乘以系数0.91，胶粘剂乘以系数0.7。

三、市场化计价

1. 防水卷材

防水卷材包括SBS防水卷材、APP防水卷材、自粘聚合物改性沥青防水卷材、耐穿刺改性沥青防水卷材等。

参考单价：11～12元/m²。

工程量计算规则：按设计图示尺寸以面积计算。

施工内容：包括材料运输、铺贴、养护等所有工作内容，不包括防水卷材主材费用。

2. HDPE自粘胶膜防水卷材

参考单价：10～11元/m²。

工程量计算规则：按设计图示尺寸以面积计算。

施工内容：包括材料运输、铺贴、养护等所有工作内容，不包括防水卷材主材费用。

3. 聚氨酯防水涂料

防水涂料包括聚氨酯防水涂料、JS防水涂料、水泥基渗透结晶防水涂料。

参考单价：8～9元/m²。

工程量计算规则：按设计图示尺寸以长度计算。

施工内容：包括材料运输、铺贴、养护等所有工作内容，不包括防水涂料主材费用。

4. 止水钢板

参考单价：15～19元/m。

工程量计算规则：按设计图示尺寸以长度计算。

施工内容：包括止水钢板的切割、焊接、材料运输、固定等所有工作内容，不包括止水钢板主材费用。

5. 排汽管

参考单价：4.5～5.5元/个。

工程量计算规则：按设计图示尺寸以个计算。

施工内容：排汽管品种、规格、接缝、嵌缝材料种类等综合考虑，不包括排汽管主材费用。

6. 铝合金板盖缝板

参考单价：9.5～10.5 元/m。

工程量计算规则：按设计图示尺寸以长度计算。

施工内容：翻包网格布、背衬、密封膏、沥青麻丝、B1 级改性聚苯板填缝，密封膏封严、水泥钉或射钉等，不包括铝合金板盖缝板主材费用。

7. 屋面排水管

参考单价：12～17 元/m。

工程量计算规则：按设计图示尺寸以长度计算。

施工内容：包清工，包辅材及机械，按图纸要求施工，安装落水管所需全部工作内容。不包括排水管和雨水斗主材费用。

8. 桩头防水（包工包料）

遇水膨胀止水条；聚合物防水砂浆；满喷水泥基渗透结晶型防水涂料，桩四周封口。

参考单价：35～40 元/个。

工程量计算规则：按设计图示尺寸以个计算。

施工内容：基层清理、刷结合剂、附加层、卷材铺贴、封边、保护、试水、防水压条等；综合各类工艺。

9. 水簸箕（包工包料）

参考单价：15～16 元/个。

工程量计算规则：按设计图示尺寸以个计算。

施工内容：包工包料。

10. 屋面细石混凝土保护层

参考单价：16～19 元/m^2。

工程量计算规则：按设计图示尺寸以面积计算。

施工内容：40mm 厚 C20 细石混凝土分格嵌缝 6m×6m，缝宽 20mm，深 40mm，油膏嵌缝，随捣随抹平，内加 ϕ4 双向间距 150mm 钢筋网，不包括钢筋和混凝土主材费用。

第四节　保温、隔热工程

一、工程量清单计价

保温、隔热、防腐工程包括保温及隔热、防腐面层、其他防腐。保温隔热装饰面层，按装饰工程中相关项目编码列项；仅做找平层按楼地面装饰工程“平面砂浆找平层”或墙、柱面装饰与隔断、幕墙工程“立面砂浆找平层”项目编码列项。池槽保温隔热应按其他保温隔热项目编码列项。

1. 保温、隔热

保温、隔热包括保温隔热屋面、保温隔热天棚、保温隔热墙面、保温柱及梁、隔热楼地面、其他保温隔热。项目特征中保温隔热方式是指内保温、外保温、夹心保温。

（1）保温隔热屋面。按设计图示尺寸以面积计算。扣除面积大于 0.3m^2 孔洞及占位面积。

在计算平均厚度时，需要注意以下情况：

1）计算最低点的平均厚度（采用多个找坡情况，计算思路与混凝土相同，具体分析详见第3）条中两个分解图），如图3-22所示。

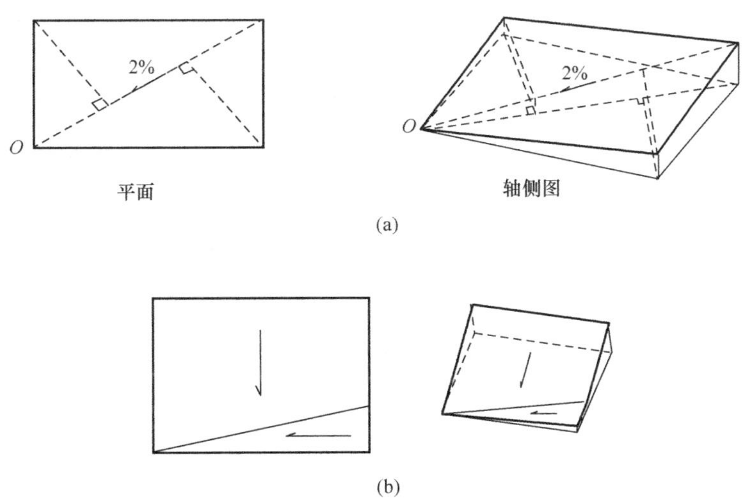

图3-22　找坡层示意图

（a）第一种（一般常用于卫生间向地漏处找坡时采用）；

（b）第二种（此情况，屋面工程中常用）

2）计算不同区域的加权平均厚度（最薄处的厚度需要调整，以满足最高点不出现高差的情况）。

找坡层厚度计算应满足两个条件，如图3-23所示。

①每个区域找坡层的最高处，必须要以屋脊线的高度为基准点，如图3-24所示。

②不同坡宽的各个区域的坡度必须要一致，不然会出现不在同一个平面内的情况，如图3-25所示。

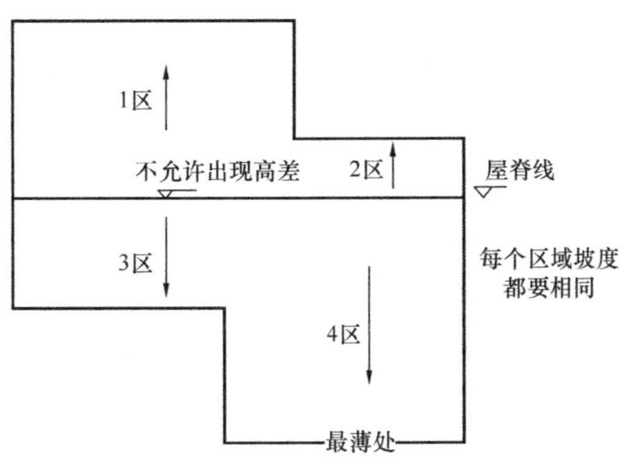

图3-23　找坡层区域不同时最薄处示意图

图3-23中4个不同区域的坡宽的找坡层截面，按照坡宽的长短顺序叠合在一起，可以看出坡宽短的找坡，最薄处的厚度要依序大于坡宽长的找坡最薄处厚度，也就是坡宽短的区域平均厚度，要依序大于坡宽长的区域平均厚度。

控制屋面最厚处厚度的计算方法，是在保证屋面坡度不变和控制屋面最薄处厚度的前提下，能保证屋面在同一坡面内，屋脊处高度统一，各区段之间不存在高低不平、厚薄不

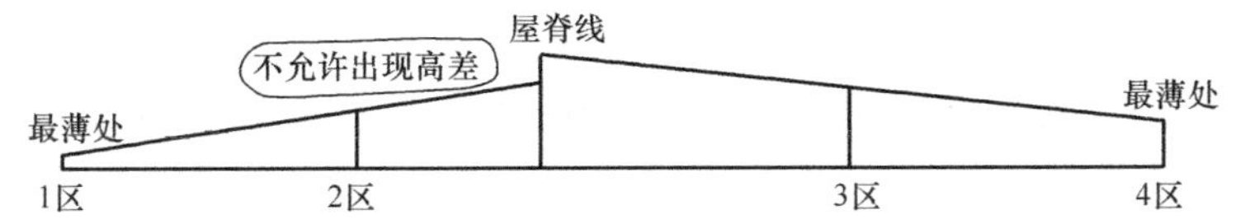

图3-24　高差出现示意图（坡宽长度由大到小为：4区>1区>3区>2区）

均的现象，从而避免了各区段交接处裂缝渗漏等情况的出现。

3）当出现以上两种情况时，需要根据以上两条说明分别分析计算。

如图 3-26 所示中的找坡层分解开，就是以上三个形状的组合，即长方体、三棱台和三棱锥，如图 3-27 所示。

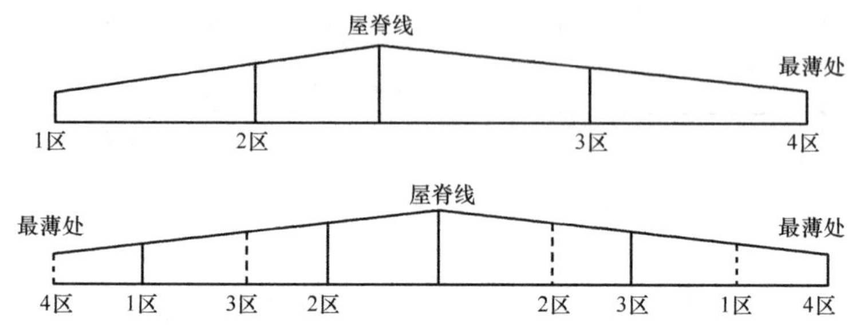

图 3-25　最薄处区域示意图

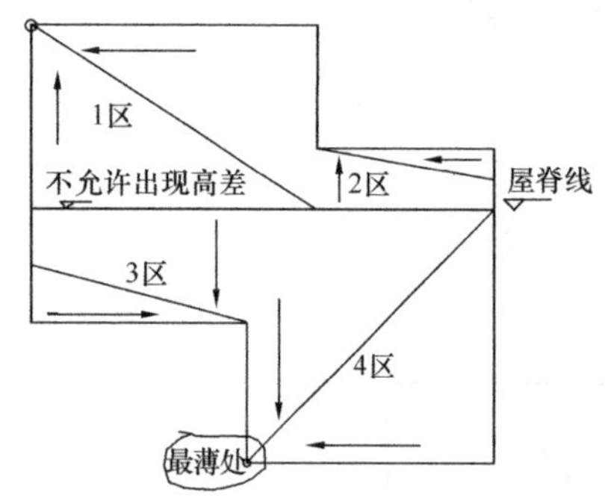

图 3-26　多个找坡层区域不同时最薄处示意图

（2）保温隔热天棚。按设计图示尺寸以面积计算。扣除面积大于 0.3m² 柱、垛、孔洞所占面积，与天棚相连的梁按展开面积，计算并入天棚工程量内。柱帽保温隔热应并入天棚保温隔热工程量内。

（3）保温隔热墙面。按设计图示尺寸以面积计算。扣除门窗洞口以及面积大于 0.3m² 梁、孔洞所占面积；门窗洞口侧壁以及与墙相连的柱，并入保温墙体工程量。

（4）保温柱、梁。保温柱、梁适用于不与墙、天棚相连的独立柱、梁。按设计图示尺寸以面积计算。

1）柱按设计图示柱断面保温层中心线展开长度乘保温层高度以面积计算，扣除面积大于 0.3m² 梁所占面积；

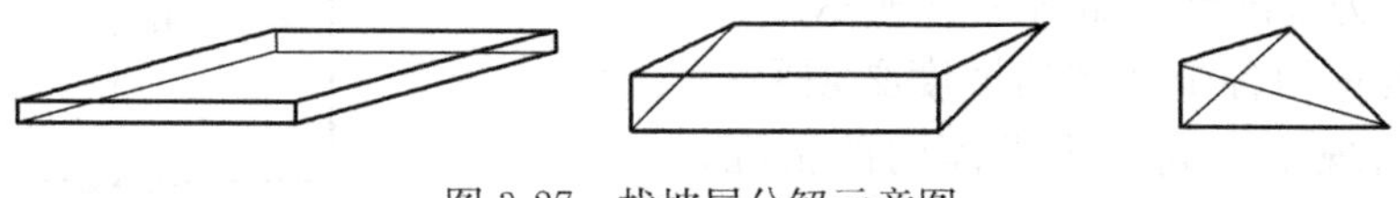

图 3-27　找坡层分解示意图

2）梁按设计图示梁断面保温层中心线展开长度乘保温层长度以面积计算。

（5）隔热楼地面。按设计图示尺寸以面积计算。扣除面积大于 0.3m² 柱、垛、孔洞所占面积。

（6）其他保温隔热。按设计图示尺寸以展开面积计算。扣除面积大于 0.3m² 孔洞及占位面积。

2. 防腐面层

防腐面层包括防腐混凝土面层、防腐砂浆面层、防腐胶泥面层、玻璃钢防腐面层、聚氯乙烯板面层、块料防腐面层、池及槽块料防腐面层。防腐踢脚线，应按楼地面装饰工程“踢脚线”项目编码列项。

（1）防腐混凝土面层、防腐砂浆面层、防腐胶泥面层、玻璃钢防腐面层、聚氯乙烯板面层、块料防腐面层。按设计图示尺寸以面积计算。

1）平面防腐：扣除凸出地面的构筑物、设备基础等以及面积大于 0.3m^2 孔洞、柱垛所占面积。

2）立面防腐：扣除门、窗洞口以及面积大于 0.3m^2 孔洞、梁所占面积。门、窗、洞口侧壁、垛凸出部分按展开面积计算。

（2）池、槽块料防腐面层。按设计图示尺寸以展开面积计算。

3. 其他防腐

其他防腐包括隔离层、砌筑沥青浸渍砖、防腐涂料。项目特征中浸渍砖砌法指平砌、立砌。

（1）隔离层。按设计图示尺寸以面积计算。

1）平面防腐：扣除凸出地面的构筑物、设备基础等以及面积大于 0.3m^2 孔洞、柱、垛所占面积。

2）立面防腐：扣除门、窗、洞口以及面积大于 0.3m^2 孔洞、梁所占面积，门、窗、洞口侧壁、垛凸出部分按展开面积并入墙面积内。

（2）砌筑沥青浸渍砖。按设计图示尺寸以体积计算。

（3）防腐涂料。按设计图示尺寸以面积计算。

1）平面防腐：扣除凸出地面的构筑物、设备基础等以及面积大于 0.3m^2 孔洞、柱、垛所占面积。

2）立面防腐：扣除门、窗、洞口以及面积大于 0.3m^2 孔洞、梁所占面积，门、窗、洞口侧壁、垛凸出部分按展开面积并入墙面积内。

二、消耗量定额计价

1. 保温隔热工程

（1）保温隔热工程量计算规则：

1）屋面保温隔热层工程量按设计图示尺寸以面积计算。扣除大于 0.3m^2 孔洞所占面积。其他项目按设计图示尺寸以定额项目规定的计量单位计算。

2）天棚保温隔热层工程量按设计图示尺寸以面积计算。扣除面积大于 0.3m^2 柱、垛、孔洞所占面积，与天棚相连的梁按展开面积计算，其工程量并入天棚内。

3）墙面保温隔热层工程量按设计图示尺寸以面积计算。扣除门窗洞口及面积大于 0.3m^2 梁、孔洞所占面积；门窗洞口侧壁以及与墙相连的柱，并入保温墙体工程量内。墙体及混凝土板下铺贴隔热层不扣除木框架及木龙骨的体积。其中外墙按隔热层中心线长度计算，内墙按隔热层净长度计算。

4）柱、梁保温隔热层工程量按设计图示尺寸以面积计算。柱按设计图示柱断面保温层中心线展开长度乘以高度以面积计算，扣除面积大于 0.3m^2 梁所占面积。梁按设计图示梁断面保温层中心线展开长度乘以保温层长度以面积计算。

5）楼地面保温隔热层工程量按设计图示尺寸以面积计算。扣除柱垛及单个大于 0.3m^2 孔洞所占面积。

6）其他保温隔热层工程量按设计图示尺寸以展开面积计算。扣除面积大于 0.3m^2 孔洞及占位面积。

7）大于0.3m^2孔洞侧壁周围及梁头，连系梁等其他零星工程保温隔热工程量，并入墙面的保温隔热工程量内。

8）柱帽保温隔热层，并入天棚保温隔热层工程量内。

9）保温层排汽管按设计图示尺寸以长度计算，不扣除管件所占长度，保温层排汽孔以数量计算。

10）防火隔离带工程量按设计图示尺寸以面积计算。

（2）保温隔热定额说明：

1）保温层的保温材料配合比、材质、厚度与设计不同时，可以换算。

2）弧形墙墙面保温隔热层，按相应项目的人工乘以系数1.1。

3）柱面保温根据墙面保温定额项目人工乘以系数1.19，材料乘以系数1.04。

4）墙面岩棉板保温、聚苯乙烯板保温及保温装饰一体板保温如使用钢骨架，钢骨架按基础定额“第十二章　墙、柱面装饰与隔断、幕墙工程”相应项目执行。

5）抗裂保护层工程如采用塑料膨胀螺栓固定时，每一平方米增加：人工0.03工日，塑料膨胀螺栓6.12套。

6）保温隔热材料应根据设计规范，达到国家规定要求的等级标准。

2. 防腐工程

（1）防腐工程量计算规则：

1）防腐工程面层、隔离层及防腐油漆工程量均按设计图示尺寸以面积计算。

2）平面防腐工程量应扣除凸出地面的构筑物、设备基础等以及面积大于0.3m^2孔洞、柱、垛等所占面积，门洞、空圈、暖气包槽、壁龛的开口部分不增加面积。

3）立面防腐工程量应扣除门、窗、洞口以及面积大于0.3m^2孔洞、梁所占面积，门、窗、洞口侧壁、垛凸出部分按展开面积并入墙面内。

4）池、槽块料防腐面层工程量按设计图示尺寸以展开面积计算。

5）砌筑沥青浸渍砖工程量按设计图示尺寸以面积计算。

6）踢脚板防腐工程量按设计图示长度乘以高度以面积计算，扣除门洞所占面积，并相应增加侧壁展开面积。

7）混凝土面及抹灰面防腐按设计图示尺寸以面积计算。

（2）防腐定额说明：

1）各种胶泥、砂浆、混凝土配合比以及各种整体面层的厚度，如设计与定额不同时，可以换算。定额已综合考虑了各种块料面层的结合层、胶结料厚度及灰缝宽度。

2）花岗石面层以六面剁斧的块料为准，结合层厚度为15mm，如板底为毛面时，其结合层胶结料用量按设计厚度调整。

3）整体面层踢脚板按整体面层相应项目执行，块料面层踢脚板按立面砌块相应项目人工乘以系数1.2。

4）环氧自流平洁净地面中间层（刮腻子）按每层1mm厚度考虑，如设计要求厚度不同时，按厚度可以调整。

5）卷材防腐接缝、附加层、收头工料已包括在定额内，不再另行计算。

6）块料防腐中面层材料的规格、材质与设计不同时，可以换算。

三、市场化计价

1. 外墙保温

参考单价：26～35 元/m^2。

工程量计算规则：按设计图示尺寸以平方米计算，注意砌体墙面和混凝土墙面的价格是不同的。

施工内容：60mm 厚挤塑聚苯板保温层，配套胶粘剂粘贴，辅锚栓固定；3～5mm 厚抹面胶浆，中间压入一层耐碱玻璃纤维网格布。包清工，包辅材及机械。

2. 外墙保温（包工包料）

参考单价：68～80 元/m^2。

工程量计算规则：按设计图示尺寸以平方米计算，注意砌体墙面和混凝土墙面的价格是不同的。

施工内容：专用界面剂一道＋20mm 厚胶粉聚苯颗粒＋5mm 厚抹面胶浆压网格布（或 10mm 厚砂浆粘贴 90mm 厚发泡陶瓷保温板）。

3. 地下室外墙保护层铺贴

参考单价：3.5～4.5 元/m^2。

工程量计算规则：按设计图示尺寸以平方米计算。

施工内容：适用于地下室外墙防水保护层的情况，包清工，包辅材及机械。

4. 屋面保温

参考单价：3～5 元/m^2。

工程量计算规则：按设计图示尺寸以平方米计算。

施工内容：铺设 75mm 厚挤塑板保温；500mm 宽防火隔离带。包清工，包辅材及机械。

5. 屋面水泥珍珠岩找坡层

参考单价：12～13 元/m^2。

工程量计算规则：按设计图示尺寸以平方米计算。

施工内容：1∶8（重量比）水泥珍珠岩找坡层 2%，最薄处 40mm。包清工，包辅材及机械，不包括水泥珍珠岩。

6. 屋面陶粒混凝土找坡层

参考单价：15～16 元/m^3。

工程量计算规则：按设计图示尺寸以立方米计算。

施工内容：最薄处 20mm 厚，重量比 1∶1.2∶2.4（水泥∶陶粒∶砂）陶粒混凝土，按设计找坡 0.5%，振捣密实，满足做防水要求。包清工，包辅材及机械，不包括水泥、陶粒、砂。

7. 屋面水平排汽管安装

参考单价：4.5～5.5 元/m。

工程量计算规则：按排汽道纵横间距不大于 6m 计算。

施工内容：包清工，包辅材及机械，按图纸要求施工，安装水平排汽管所需全部工作内容。不包括排汽管主材费用。

8. 无机保温砂浆

参考单价：16～18 元/m^2。

工程量计算规则：按设计图示尺寸以平方米计算。

施工内容：用于供暖空间与非供暖空间墙面及分户墙，包清工，包辅材及机械。

第五节　门　窗　工　程

一、工程量清单计价

门窗工程包括木门、金属门、金属卷帘（闸）门、厂库房大门及特种门、其他门等。木质门应区分镶板木门、企口木板门、实木装饰门、胶合板门、夹板装饰门、木纱门、全玻门（带木质扇框）、木质半玻门（带木质扇框）。金属门应区分金属平开门、金属推拉门、金属地弹门、全玻门（带金属扇框）、金属半玻门（带扇框）。特种门应区分冷藏门、冷冻间门、保温门、变电室门、隔声门、防射线门、人防门、金库门等项目，分别编码列项。

项目特征描述时，当工程量是按图示数量以樘计量的，项目特征必须描述洞口尺寸或框、扇外围尺寸；以平方米计量的，项目特征可不描述洞口尺寸或框、扇外围尺寸。

1. 木门

木门包括木质门、木质门带套、木质连窗门、木质防火门、木门框、门锁安装。木质门应区分镶板木门、企口木板门、实木装饰门、胶合板门、夹板装饰门、木纱门、全玻门（带木质扇框）、木质半玻门（带木质扇框）等项目，分别编码列项。木门五金应包括：折页、插销、门碰珠、弓背拉手、搭机、木螺钉、弹簧折页（自动门）、管子拉手（自由门、地弹门）、地弹簧（地弹门）、角铁、门轧头（地弹门、自由门）等，如图 3-28 所示。

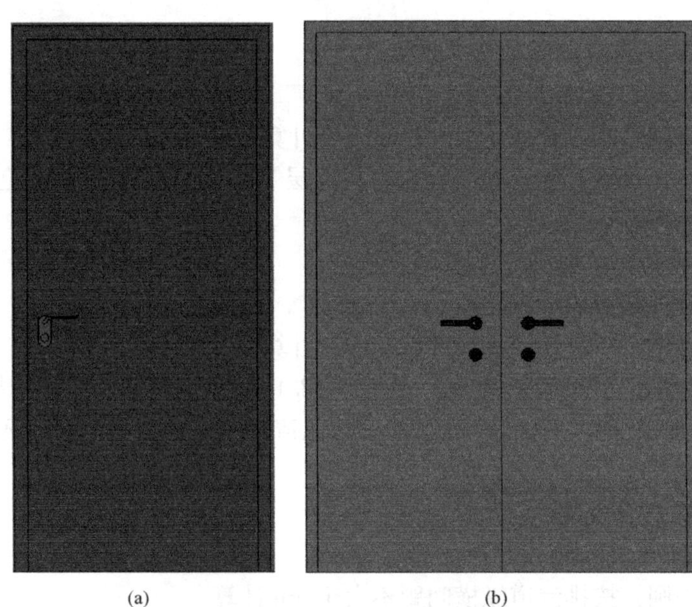

(a)　(b)

图 3-28　木门示意图

(a) 单扇木门；(b) 木质防火门

(1) 木质门、木质门带套、木质连窗门、木质防火门，工程量以樘计量，按设计图示数量计算；以平方米计量，按设计图示洞口尺寸以面积计算。木质门带套计量按洞口尺寸以面积计算，不包括门套的面积，但门套应计算在综合单价中。

(2) 木门框以樘计量，按设计图示数量计算；以米计量，按设计图示框的中心线以延长米计算。木门框项目特征除了描述门代号及洞口尺寸、防护材料的种类，还需描述框截面尺寸。

(3) 门锁安装按设计图示数量计算。

2. 金属门

金属门包括金属（塑钢）门、彩板门、钢质防火门、防盗门。金属门应区分金属平开门、金属推拉门、金属地弹门、全玻门（带金属扇框）、金属半玻门（带扇框）等项目，分别编码列项。

铝合金门五金包括：地弹簧、门锁、拉手、门插、门角、螺钉等。金属门五金包括 L 形执手插锁（双舌）、执手锁（单舌）、门轨头、地锁、防盗门机、门眼（猫眼）、门碰珠、电子锁（磁卡锁）、闭门器、装饰拉手等。所以，金属门门锁安装不需要单独列项，已包含在金属门工作内容中。

各金属门项目工程量计算分两种情况：以樘计量，按设计图示数量计算；以平方米计量，按设计图示洞口尺寸以面积计算（无设计图示洞口尺寸，按门框、扇外围以面积计算）。

3. 金属卷帘（闸）门

金属卷帘（闸）门包括金属卷帘（闸）门、防火卷帘（闸）门。工程量以樘计量，按设计图示数量计算；以平方米计量，按设计图示洞口尺寸以面积计算。

防火卷帘与墙体的安装固定可采用预埋钢板焊接或用胀锚螺栓连接。墙体应为钢筋混凝土墙，如系轻型砌块墙则在洞口两侧做钢筋混凝土构造柱。

4. 厂库房大门、特种门

厂库房大门、特种门包括木板大门、钢木大门、全钢板大门、防护铁丝门、金属格栅门、钢质花饰大门。特种门应区分冷藏门、冷冻间门、保温门、变电室门、隔声门、防射线门、人防门、金库门等项目，分别编码列项。

工程量以平方米计量时，无设计图示洞口尺寸，应按门框、扇外围以面积计算。

(1) 木板大门、钢木大门、全钢板大门工程量以樘计量，按设计图示数量计算；以平方米计量，按设计图示洞口尺寸以面积计算。

(2) 防护铁丝门工程量以樘计量，按设计图示数量计算；以平方米计量，按设计图示门框或扇以面积计算。

(3) 金属格栅门工程量以樘计量，按设计图示数量计算；以平方米计量，按设计图示洞口尺寸以面积计算。

(4) 钢质花饰大门工程量以樘计量，按设计图示数量计算；以平方米计量，按设计图示门框或扇以面积计算。

(5) 特种门工程量以樘计量，按设计图示数量计算；以平方米计量，按设计图示洞口尺寸以面积计算，如图 3-29 所示。

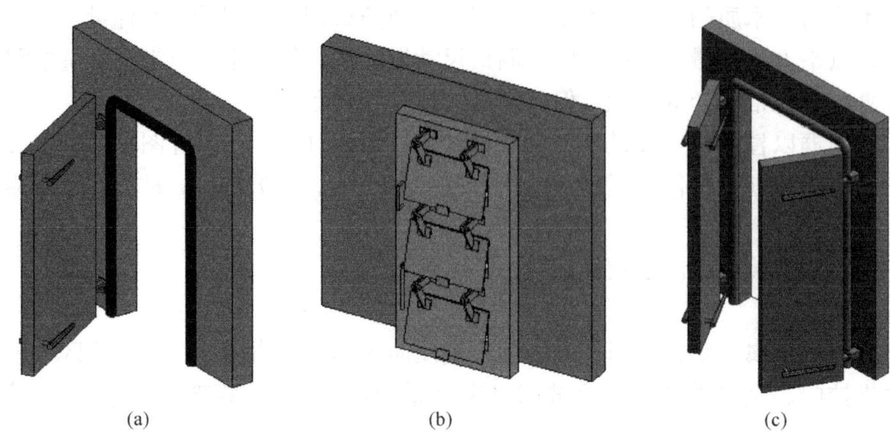

(a) (b) (c)

图 3-29 人防门示意图

(a) 单扇密闭门；(b) 悬摆式防爆波活门；(c) 双扇密闭门

5. 其他门

其他门包括平开电子感应门、旋转门、电子对讲门、电动伸缩门、全玻自由门、镜面不锈钢饰面门、复合材料门。

工程量以樘计量，按设计图示数量计算；以平方米计量，按设计图示洞口尺寸以面积计算（无设计图示洞口尺寸，按门框、扇外围以面积计算）。

6. 木窗

木窗包括木质窗、木飘（凸）窗、木橱窗、木纱窗。木质窗应区分木百叶窗、木组合窗、木天窗、木固定窗、木装饰空花窗等项目，分别编码列项。

(1) 木质窗工程量以樘计量，按设计图示数量计算；以平方米计量，按设计图示洞口尺寸以面积计算。

(2) 木飘（凸）窗、木橱窗工程量以樘计量，按设计图示数量计算；以平方米计量，按设计图示尺寸以框外围展开面积计算。木橱窗、木飘（凸）窗以樘计量，项目特征必须描述框截面及外围展开面积。

(3) 木纱窗工程量以樘计量，按设计图示数量计算；以平方米计量，按框的外围尺寸以面积计算。

7. 金属窗

金属窗包括金属（塑钢、断桥）窗、金属防火窗、金属百叶窗、金属纱窗、金属格栅窗、金属（塑钢、断桥）橱窗、金属（塑钢、断桥）飘（凸）窗、彩板窗、复合材料窗。应区分金属组合窗、防盗窗等项目，分别编码列项。

对于金属橱窗、飘（凸）窗以樘计量，项目特征必须描述框外围展开面积。在工程量计算时，当以平方米计量，无设计图示洞口尺寸的，可按窗框外围以面积计算。

(1) 金属（塑钢、断桥）窗、金属防火窗、金属百叶窗、金属格栅窗工程量，以樘计量，按设计图示数量计算；以平方米计量，按设计图示洞口尺寸以面积计算。

(2) 金属纱窗工程量以樘计量，按设计图示数量计算；以平方米计量，按框的外围尺寸以面积计算。

(3) 金属（塑钢、断桥）橱窗、金属（塑钢、断桥）飘（凸）窗工程量以樘计量，按设计图示数量计算；以平方米计量，按设计图示尺寸以框外围展开面积计算。

(4) 彩板窗、复合材料窗工程量以樘计量，按设计图示数量计算；以平方米计量，按设计图示洞口尺寸或框外围以面积计算。

8. 门窗套

门窗套包括木门窗套、金属门窗套、石材门窗套、门窗木贴脸、硬木筒子板、饰面夹板筒子板。木门窗套适用于单独门窗套的制作、安装。在项目特征描述时，当以樘计量，项目特征必须描述洞口尺寸、门窗套展开宽度；当以平方米计量，项目特征可不描述洞口尺寸、门窗套展开宽度；当以米计量，项目特征必须描述门窗套展开宽度、筒子板及贴脸宽度。

(1) 木门窗套、木筒子板、饰面夹板筒子板、金属门窗套、石材门窗套、成品木门窗套工程量以樘计量，按设计图示数量计算；以平方米计量，按设计图示尺寸以展开面积计算；以米计量，按设计图示中心以延长米计算。

(2) 门窗贴脸工程量以樘计量，按设计图示数量计算；以米计量，按设计图示尺寸以延长米计算。

9. 窗台板

窗台板包括木窗台板、铝塑窗台板、石材窗台板、金属窗台板。工程量按设计图示尺寸以展开面积计算。

10. 窗帘、窗帘盒、窗帘轨

包括窗帘、木窗帘盒、饰面夹板（塑料窗帘盒）、铝合金窗帘盒、窗帘轨。在项目特征描述中，当窗帘是双层，项目特征必须描述每层材质；当窗帘以米计量，项目特征必须描述窗帘高度和宽度。

(1) 窗帘工程量以米计量，按设计图示尺寸以成活后长度计算；以平方米计量，按图示尺寸以成活后展开面积计算。

(2) 木窗帘盒、饰面夹板（塑料窗帘盒）、铝合金属窗帘盒、窗帘轨，按设计图示尺寸以长度计算。

二、消耗量定额计价

成品金属门窗、金属卷帘（闸）、特种门、其他门安装项目包括五金安装人工，五金材料费包括在成品门窗价格中。

成品全玻璃门扇安装项目中仅包括地弹簧安装的人工和材料费，设计要求的其他五金另按门特殊五金相应项目。

1. 木门

(1) 木门工程量计算规则：

1) 成品木门框安装按设计图示框的中心线长度计算。

2) 成品木门扇安装按设计图示扇面积计算。

3) 成品套装木门安装按设计图示数量计算。

4) 木质防火门安装按设计图示洞口面积计算。

(2) 木门定额说明：

1) 成品套装门安装包括门套和门扇的安装。

2）成品木门（扇）安装项目中五金配件的安装仅包括合页安装人工和合页材料费，设计要求的其他五金另按门特殊五金相应项目执行。

2. 金属门、窗

（1）金属门、窗工程量计算规则：

1）铝合金门窗（飘窗、阳台封闭窗除外），塑钢门窗均按设计图示门、窗洞口面积计算。

2）门连窗按设计图示洞口面积分别计算门、窗面积，其中窗的宽度算至门框的外边线。

3）纱门纱窗扇按设计图示扇外围面积计算。

4）飘窗、阳台封闭窗按设计图示框型材外边线尺寸以展开面积计算。

5）钢质防火门、防盗门按设计图示门洞口面积计算。

6）防盗窗按设计图示窗框外围面积计算。

7）彩板钢门窗按设计图示门、窗洞口面积计算。彩板钢门窗附框按框中心线长度计算。

（2）金属门、窗定额说明：

1）铝合金成品门窗安装项目按隔热断桥铝合金型材考虑，当设计为普通铝合金型材时，按相应项目执行，其中人工乘以系数 0.8。

2）金属门连窗，门、窗应分别执行相应项目。

3）彩板钢窗附框安装执行彩板钢门附框安装项目。

3. 金属卷帘（闸）

（1）金属卷帘（闸）工程量计算规则：

金属卷帘（闸）按设计图示卷帘门宽度乘以卷帘门高度（包括卷帘箱高度）以面积计算。电动装置安装按设计图示套数计算。

（2）金属卷帘（闸）定额说明：

1）金属卷帘（闸）项目是按卷帘侧装（即安装在洞口内侧或外侧）考虑的，当设计为中装（即安装在洞口中）时，按相应项目执行，其中人工乘以系数 1.1。

2）金属卷帘（闸）项目是按不带活动小门考虑的，当设计为带活动小门时，按相应项目执行，其中人工乘以系数 1.07，材料调整为带活动小门金属卷帘（闸）。

3）防火卷帘（闸）（无机布基防火卷帘除外）按镀锌钢板卷帘（闸）项目执行，并将材料中的镀锌钢板卷帘换为相应的防火卷帘。

4. 厂库房大门、特种门

（1）厂库房大门、特种门工程量计算规则：

厂库房大门、特种门按设计图示门洞口面积计算。

（2）厂库房大门、特种门定额说明

1）厂库房大门项目是按一、二类木种考虑的，如采用三、四类木种时，制作按相应项目执行，人工和机械乘以系数 1.3；安装按相应项目执行，人工和机械乘以系数 1.35。

2）厂库房大门的钢骨架制作以钢材重量表示，已包括在定额中，不再另列项计算。

3）厂库房大门门扇上所用铁件均已列入定额，墙、柱、楼地面等部位的预埋铁件按设计要求另按相应项目执行。

4）冷藏库门、冷藏冻结间门、防辐射门安装项目包括筒子板制作安装。

5）厂库房大门项目均包括五金铁件安装人工，五金铁件材料费另按相应项目计算，当设计与定额取定不同时，按设计规定计算。

5. 其他门

（1）其他门工程量计算规则

1）全玻有框门扇按设计图示扇边框外边线尺寸以扇面积计算。

2）全玻无框（条夹）门扇按设计图示扇面积计算，高度算至条夹外边线，宽度算至玻璃外边线。

3）全玻无框（点夹）门扇按设计图示玻璃外边线尺寸以扇面积计算。

4）无框亮子按设计图示门框与横梁或立柱内边缘尺寸玻璃面积计算。

5）全玻转门按设计图示数量计算。

6）不锈钢伸缩门按设计图示延长米计算。

7）传感和电动装置按设计图示套数计算。

（2）其他门定额说明

1）全玻璃门扇安装项目按地弹门考虑，其中地弹簧消耗量可按实际调整。

2）全玻璃门门框、横梁、立柱钢架的制作安装及饰面装饰，按本章门钢架相应项目执行。

3）全玻璃门有框亮子安装按全玻璃有框门扇安装项目执行，人工乘以系数 0.75，地弹簧换为膨胀螺栓，消耗量调整为 277.55 个/100m^2；无框亮子安装按固定玻璃安装项目执行。

4）电子感应自动门传感装置、伸缩门电动装置安装已包括调试用工。

6. 门钢架、门窗套

（1）门钢架、门窗套工程量计算规则：

1）门钢架按设计图示尺寸以质量计算。

2）门钢架基层、面层按设计图示饰面外围尺寸展开面积计算。

3）门钢架基层，面层按设计图示饰面外围尺寸展开面积计算。

4）成品门窗套按设计图示饰面外围尺寸展开面积计算。

（2）门钢架、门窗套定额说明：

1）门钢架基层、面层项目未包括封边线条，设计要求时，另按相应线条项目执行。

2）门窗套、门窗筒子板均执行门窗套（筒子板）项目。

3）门窗套（筒子板）项目未包括封边线条，设计要求时，按相应线条项目执行。

7. 窗台板、窗帘盒、窗帘轨

（1）窗台板、窗帘盒、窗帘轨工程量计算规则：

1）窗台板按设计图示长度乘宽度以面积计算。图纸未注明尺寸的，窗台板长度可按窗框的外围宽度两边共加 100mm 计算。窗台板凸出墙面的宽度按墙面外加 50mm 计算。

2）窗帘盒、窗帘轨按设计图示长度计算。

（2）窗台板、窗帘盒、窗帘轨定额说明

1）窗台板与散热相连时，窗台板并入暖气罩，按相应暖气罩项目执行。

2）石材窗台板安装项目按成品窗台板考虑。实际为非成品需现场加工时，石材加工另按石材加工相应项目执行。

三、市场化计价

在实际项目中，门窗一般是包工、包料、包小型机械设备，即所谓的成活价。以下参考单价均按照包工包料考虑。

1. 隔热断桥三玻外平开门

参考单价：1000～1100 元/m^2。

工程量计算规则：按设计图示尺寸以平方米计算。

施工内容：包括型材、玻璃、五金件等全部工作内容。

2. 隔热断桥三玻平开窗

参考单价：850～900 元/m^2。

工程量计算规则：按设计图示尺寸以平方米计算。

施工内容：包括型材、玻璃、五金件等全部工作内容。

3. 单玻门联窗

参考单价：520～580 元/m^2。

工程量计算规则：按设计图示尺寸以平方米计算。

施工内容：包括型材、玻璃、五金件等全部工作内容。

4. 铝合金门安装

参考单价：260～300 元/m^2。

工程量计算规则：按设计图示尺寸以平方米计算。

施工内容：包括铝合金门窗的制作、安装、运输、塞缝、防水处理、打胶、五金、试验、检测、调试等全部工作内容。

5. 防火门安装

参考单价：420～450 元/m^2。

工程量计算规则：按设计图示尺寸以平方米计算。

施工内容：包括型材、玻璃、五金件等全部工作内容。

6. 铝合金窗（65 系列 断桥铝合金隔热窗）

参考单价：420～450 元/m^2。

工程量计算规则：按设计图示尺寸以平方米计算。

施工内容：包括型材、玻璃、五金件等全部工作内容。

7. 铝合金百叶窗

参考单价：165～175 元/m^2。

工程量计算规则：按设计图示尺寸以平方米计算。

施工内容：包括型材、玻璃、五金件等全部工作内容。

8. 人防门

见表 3-4。

人防门清单　　表 3-4

序号	名称	规格（mm）	项目特征（mm）	单位	含税单价
1	GM0820	800×2000	防护设备类型：钢结构单扇密闭门（门槛高 150） 按图纸及技术规范要求厚度的门框、门扇，嵌条、合页、把手、闭门器、填充料填缝，以及一切所需的连接件和配件及五金等并满足当地有关部分验收要求，相同型号规格不同时，单价按面积折算	樘	4997.33
2	GM1020	1000×2000	防护设备类型：钢结构单扇密闭门（门槛高 150） 按图纸及技术规范要求厚度的门框、门扇，嵌条、合页、把手、闭门器、填充料填缝，以及一切所需的连接件和配件及五金等并满足当地有关部分验收要求，相同型号规格不同时，单价按面积折算	樘	6246.67
3	GM1520	1500×2000	防护设备类型：钢结构单扇密闭门（门槛高 150） 按图纸及技术规范要求厚度的门框、门扇，嵌条、合页、把手、闭门器、填充料填缝，以及一切所需的连接件和配件及五金等并满足当地有关部分验收要求，相同型号规格不同时，单价按面积折算	樘	9370.01
4	GFM0716	700×1600	防护设备类型：6 级钢结构单扇防护密闭门（门槛高 150） 按图纸及技术规范要求厚度的门框、门扇，嵌条、合页、把手、闭门器、填充料填缝，以及一切所需的连接件和配件及五金等并满足当地有关部分验收要求，相同型号规格不同时，单价按面积折算	樘	6576.29
5	GFM0820	800×2000	防护设备类型：6 级钢结构单扇防护密闭门（门槛高 150） 按图纸及技术规范要求厚度的门框、门扇，嵌条、合页、把手、闭门器、填充料填缝，以及一切所需的连接件和配件及五金等并满足当地有关部分验收要求，相同型号规格不同时，单价按面积折算	樘	9339.00
6	GFM1020	1000×2000	防护设备类型：6 级钢结构单扇防护密闭门（门槛高 150） 按图纸及技术规范要求厚度的门框、门扇，嵌条、合页、把手、闭门器、填充料填缝，以及一切所需的连接件和配件及五金等并满足当地有关部分验收要求，相同型号规格不同时，单价按面积折算	樘	10002.81
7	GFM1220	1200×2000	防护设备类型：6 级钢结构单扇防护密闭门（门槛高 150） 按图纸及技术规范要求厚度的门框、门扇，嵌条、合页、把手、闭门器、填充料填缝，以及一切所需的连接件和配件及五金等并满足当地有关部分验收要求，相同型号规格不同时，单价按面积折算	樘	11084.03

续表

序号	名称	规格（mm）	项目特征（mm）	单位	含税单价
8	GHM1020	1000×2000	防护设备类型：钢结构活门槛单扇密闭门 按图纸及技术规范要求厚度的门框、门扇，嵌条、合页、把手、闭门器、填充料填缝，以及一切所需的连接件和配件及五金等并满足当地有关部分验收要求，相同型号规格不同时，单价按面积折算	樘	7342.05
9	GHM1220	1200×2000	防护设备类型：钢结构活门槛单扇密闭门 按图纸及技术规范要求厚度的门框、门扇，嵌条、合页、把手、闭门器、填充料填缝，以及一切所需的连接件和配件及五金等并满足当地有关部分验收要求，相同型号规格不同时，单价按面积折算	樘	8810.46
10	GHFM1021	1000×2100	防护设备类型：6 级钢结构活门槛单扇防护密闭门 按图纸及技术规范要求厚度的门框、门扇，嵌条、合页、把手、闭门器、填充料填缝，以及一切所需的连接件和配件及五金等并满足当地有关部分验收要求，相同型号规格不同时，单价按面积折算	樘	9698.34
11	GHFM1220	1200×2000	防护设备类型：6 级钢结构活门槛单扇防护密闭门 按图纸及技术规范要求厚度的门框、门扇，嵌条、合页、把手、闭门器、填充料填缝，以及一切所需的连接件和配件及五金等并满足当地有关部分验收要求，相同型号规格不同时，单价按面积折算	樘	11525.01
12	GHFM1221	1200×2100	防护设备类型：6 级钢结构活门槛单扇防护密闭门 按图纸及技术规范要求厚度的门框、门扇，嵌条、合页、把手、闭门器、填充料填缝，以及一切所需的连接件和配件及五金等并满足当地有关部分验收要求，相同型号规格不同时，单价按面积折算	樘	11638.01
13	GHFM1520	1500×2000	防护设备类型：6 级钢结构活门槛单扇防护密闭门 按图纸及技术规范要求厚度的门框、门扇，嵌条、合页、把手、闭门器、填充料填缝，以及一切所需的连接件和配件及五金等并满足当地有关部分验收要求，相同型号规格不同时，单价按面积折算	樘	15811.56
14	HK600	620×1400	防护设备类型：5 级悬摆式防爆波活门 按图纸及技术规范要求厚度的门框、门扇，嵌条、合页、把手、闭门器、填充料填缝，以及一切所需的连接件和配件及五金等并满足当地有关部分验收要求，相同型号规格不同时，单价按面积折算	樘	3988.80
15	HK800	650×2000	防护设备类型：5 级悬摆式防爆波活门 按图纸及技术规范要求厚度的门框、门扇，嵌条、合页、把手、闭门器、填充料填缝，以及一切所需的连接件和配件及五金等并满足当地有关部分验收要求，相同型号规格不同时，单价按面积折算	樘	5974.01

续表

序号	名称	规格（mm）	项目特征（mm）	单位	含税单价
16	FHM1220	1200×2000	防护设备类型：防火密闭门（门槛高 50） 按图纸及技术规范要求厚度的门框、门扇，嵌条、合页、把手、闭门器、填充料填缝，以及一切所需的连接件和配件及五金等并满足当地有关部分验收要求，相同型号规格不同时，单价按面积折算	樘	5920.00
17	FHM1520	1500×2000	防护设备类型：防火密闭门（门槛高 50） 按图纸及技术规范要求厚度的门框、门扇，嵌条、合页、把手、闭门器、填充料填缝，以及一切所需的连接件和配件及五金等并满足当地有关部分验收要求，相同型号规格不同时，单价按面积折算	樘	12006.00
18	FFHM0820	800×2000	防护设备类型：6 级防火防护密闭门（门槛高 50） 按图纸及技术规范要求厚度的门框、门扇，嵌条、合页、把手、闭门器、填充料填缝，以及一切所需的连接件和配件及五金等并满足当地有关部分验收要求，相同型号规格不同时，单价按面积折算	樘	7138.89
19	FFHM1220	1200×2000	防护设备类型：6 级防火防护密闭门（门槛高 50） 按图纸及技术规范要求厚度的门框、门扇，嵌条、合页、把手、闭门器、填充料填缝，以及一切所需的连接件和配件及五金等并满足当地有关部分验收要求，相同型号规格不同时，单价按面积折算	樘	10709.00
20	GHSFM2127	2100×2700	防护设备类型：6 级钢结构活门槛双扇防护密闭门 按图纸及技术规范要求厚度的门框、门扇，嵌条、合页、把手、闭门器、填充料填缝，以及一切所需的连接件和配件及五金等并满足当地有关部分验收要求，相同型号规格不同时，单价按面积折算	樘	26893.28
21	GSFMG5523	5500×2300	防护设备类型：6 级单元连通口双向受力防护密闭门 按图纸及技术规范要求厚度的门框、门扇，嵌条、合页、把手、闭门器、填充料填缝，以及一切所需的连接件和配件及五金等并满足当地有关部分验收要求，相同型号规格不同时，单价按面积折算	樘	66928.00
22	NSFM7023	7000×2300	防护设备类型：6 级坡道内开式双扇防护密闭门 按图纸及技术规范要求厚度的门框、门扇，嵌条、合页、把手、闭门器、填充料填缝，以及一切所需的连接件和配件及五金等并满足当地有关部分验收要求，相同型号规格不同时，单价按面积折算	樘	131939.01

第四章　装 饰 装 修 工 程

第一节　楼地面装饰工程

一、工程量清单计价

楼地面装饰工程包括整体面层及找平层、块料面层、橡塑面层、其他材料面层、踢脚线、楼梯面层、台阶装饰、零星装饰项目，适用于楼地面、楼梯、台阶等装饰工程。楼梯、台阶侧面装饰，小于或等于 0.5m² 少量分散的楼地面装修，应按零星装饰项目编码列项。

1. 整体面层及找平层

整体面层及找平层包括水泥砂浆楼地面、现浇水磨石楼地面、细石混凝土楼地面、菱苦土楼地面、自流坪楼地面、平面砂浆找平层。

（1）水泥砂浆楼地面、现浇水磨石楼地面、细石混凝土楼地面、菱苦土楼地面、自流坪楼地面。按设计图示尺寸以面积计算。扣除凸出地面构筑物、设备基础、室内铁道、地沟等所占面积，不扣除间壁墙及小于或等于 0.3m² 柱、垛、附墙烟囱及孔洞所占面积。门洞、空圈、暖气包槽、壁龛的开口部分不增加面积。间壁墙指墙厚小于或等于 120mm 的墙，如图 4-1 所示。

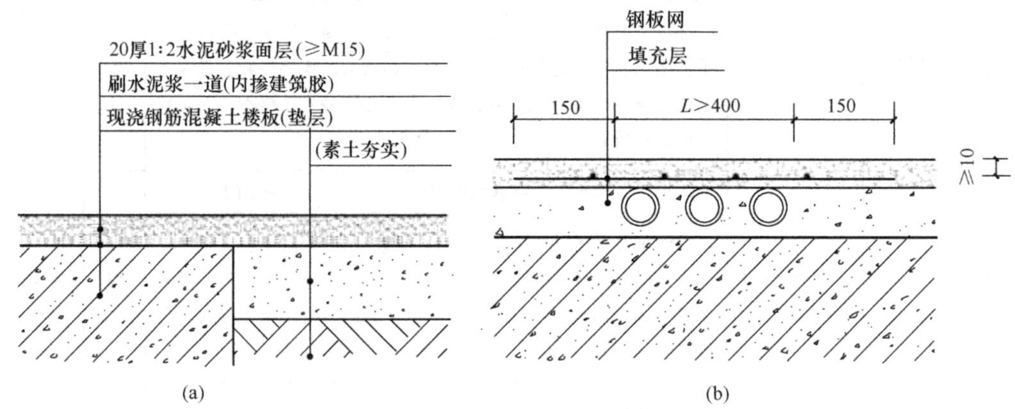

图 4-1　水泥砂浆（楼）地面示意图

（a）水泥砂浆面层构造；（b）水泥砂浆面层（管道埋设）构造

面积较大的地面，应从垫层开始设置分隔缝，其纵横间距不宜大于 6m。有管道埋设的地面应注意面层厚度，管道尽量降低并固定牢固。因局部需要埋设管道而影响面层厚度时，应设置防裂钢丝网片。钢丝网片顶面至地面上表面的最小距离应大于等于 10mm；当

管道埋设范围 $L>400\text{mm}$ 时，应采用钢板网，如图 4-1(b) 所示。

该条规定仅适用于找平层和整体面层的工程量计算，由于此类项目造价较低，所以工程量计算规则比较粗略。

(2) 平面砂浆找平层。按设计图示尺寸以面积计算。平面砂浆找平层只适用于仅做找平层的平面抹灰。楼地面混凝土垫层另按现浇混凝土基础中垫层项目编码列项，除混凝土外的其他材料垫层按砌筑工程中垫层项目编码列项。

2. 块料面层

块料面层包括石材楼地面、碎石材楼地面、块料楼地面。按设计图示尺寸以面积计算。门洞、空圈、暖气包槽、壁龛的开口部分并入相应的工程量内，如图 4-2 所示。

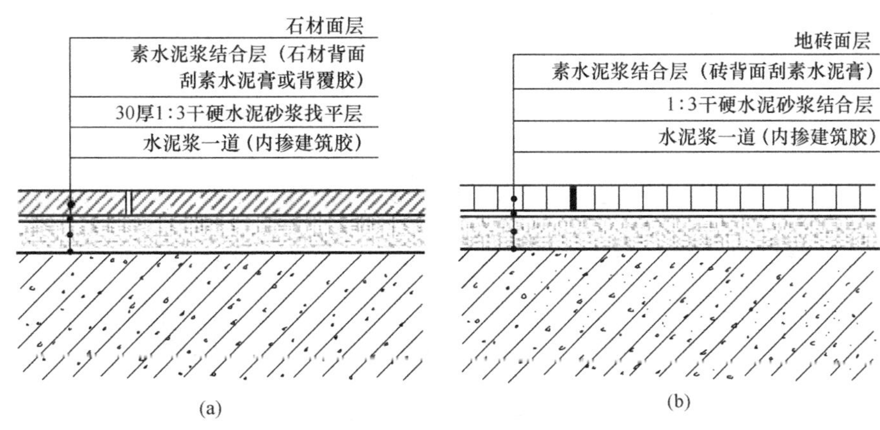

图 4-2　块料面层示意图

(a) 石材面层构造；(b) 地砖面层构造

3. 橡塑面层

橡塑面层包括橡胶板楼地面、橡胶卷材楼地面、塑料板楼地面、塑料卷材楼地面。按设计图示尺寸以面积计算。门洞、空圈、暖气包槽、壁龛的开口部分并入相应的工程量内。如图 4-3 所示。

4. 其他材料面层

其他材料面层包括地毯楼地面，竹、木（复合）地板，金属复合地板，防静电活动地板。按设计图示尺寸以面积计算。门洞、空圈、暖气包槽、壁龛的开口部分并入相应的工程量内。如图 4-4 所示。

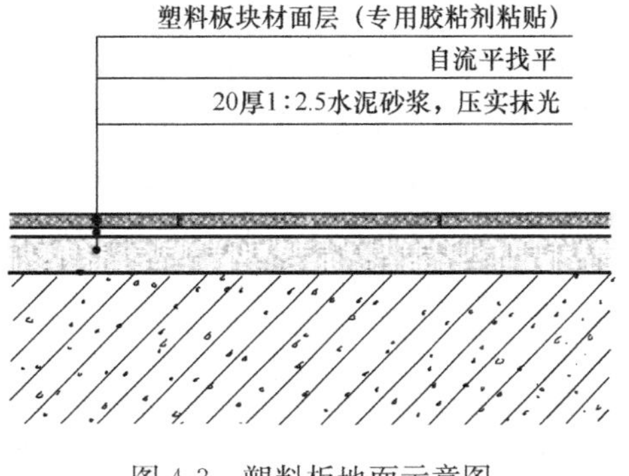

图 4-3　塑料板地面示意图

5. 踢脚线

踢脚线包括水泥砂浆踢脚线、石材踢脚线、块料踢脚线、塑料板踢脚线、木质踢脚线、金属踢脚线、防静电踢脚线。工程量以平方米计量，按设计图示长度乘高度以面积计算；以米计量，按延长米计算。如图 4-5 所示。

墙体需做找平处理：砖砌体时，墙缝原浆抹平；混凝土墙时，聚合物水泥砂浆修补墙

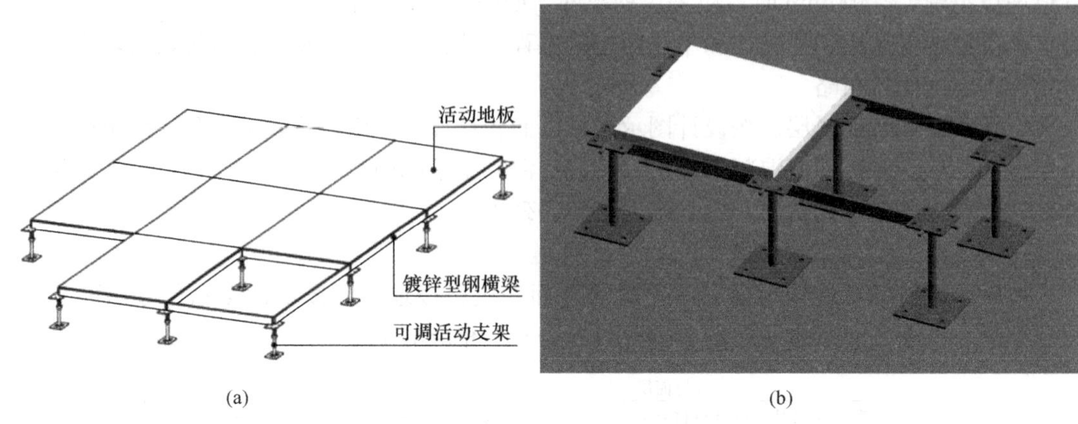

图 4-4　活动地板示意图

（a）活动地板三维图；（b）活动地板施工图

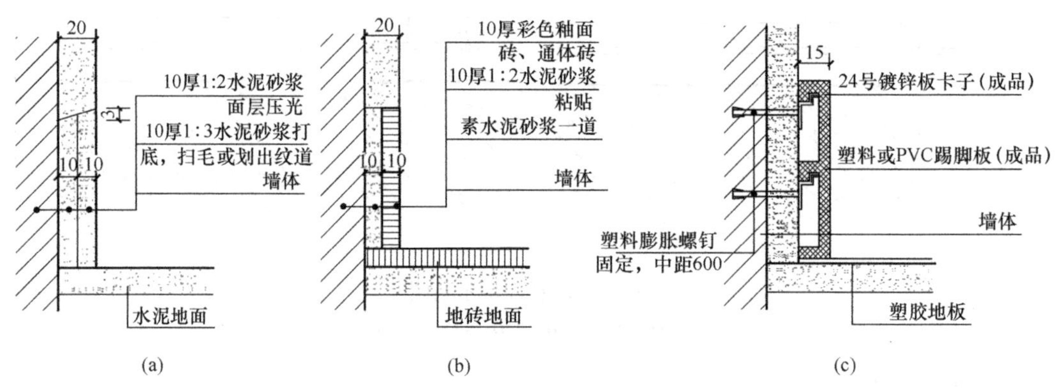

图 4-5　踢脚线示意图

（a）水泥砂浆踢脚；（b）石材踢脚；（c）塑料踢脚

面；加气混凝土墙时，墙缝原浆抹平，聚合物水泥砂浆修补墙面。

6. 楼梯面层

楼梯面层包括石材楼梯面层、块料楼梯面层、拼碎块料面层、水泥砂浆楼梯面、现浇水磨石楼梯面、地毯楼梯面、木板楼梯面、橡胶板楼梯面层、塑料板楼梯面层。

工程量按设计图示尺寸以楼梯（包括踏步、休息平台及小于或等于 500mm 的楼梯井）水平投影面积计算。楼梯与楼地面相连时，算至梯口梁内侧边沿；无梯口梁者，算至最上一层踏步边沿加 300mm。

7. 台阶装饰

台阶装饰包括石材台阶面、块料台阶面、拼碎块料台阶面、水泥砂浆台阶面、现浇水磨石台阶面、剁假石台阶面。工程量按设计图示尺寸以台阶（包括最上层踏步边沿加 300mm）水平投影面积计算。

8. 零星装饰项目

零星装饰项目包括石材零星项目、碎拼石材零星项目、块料零星项目、水泥砂浆零星项目。按设计图示尺寸以面积计算。

二、消耗量定额计价

1. 定额说明

（1）本章定额包括找平层及整体面层，块料面层，橡塑面层，其他材料面层，踢脚线，楼梯面层，台阶装饰，零星装饰项目，分格嵌条、防滑条，酸洗打蜡十节。

（2）水磨石地面水泥石子浆的配合比，设计与定额不同时，可以调整。

（3）同一铺贴面上有不同种类、材质的材料，应分别按本章相应项目执行。

（4）厚度≤60mm 的细石混凝土按找平层项目执行，厚度>60mm 的按基础定额“第五章 混凝土及钢筋混凝土工程”垫层项目执行。

（5）采用地暖的地板垫层，按不同材料执行相应项目，人工乘以系数 1.3，材料乘以系数 0.95。

（6）块料面层：

1）镶贴块料项目是按规格料考虑的，如需现场倒角、磨边者按基础定额“第十五章 其他装饰工程”相应项目执行。

2）石材楼地面拼花按成品考虑。

3）镶嵌规格在 100mm×100mm 以内的石材执行点缀项目。

4）玻化砖按陶瓷地面砖相应项目执行。

5）石材楼地面需做分格、分色的，按相应项目人工乘以系数 1.10，如图 4-6 所示。

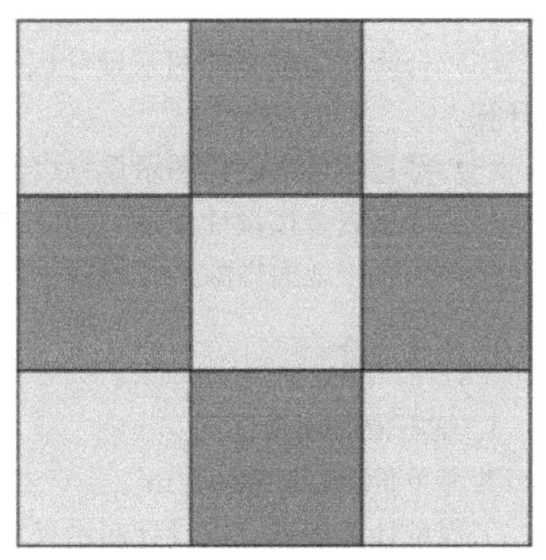

图 4-6　分色示意图

（7）木地板

1）木地板安装按成品企口考虑，若采用平口安装，其人工乘以系数 0.85。

2）木地板填充材料按基础定额“第十章　保温、隔热、防腐工程”相应项目执行。

（8）弧形踢脚线、楼梯段踢脚线按相应项目人工、机械乘以系数 1.15。

（9）石材螺旋形楼梯，按弧形楼梯项目人工乘以系数 1.2。

（10）零星项目面层适用于楼梯侧面，台阶的牵边，小便池、蹲台、池槽，以及面积在 0.5m^2 以内且未列项目的工程。

（11）圆弧形等不规则地面镶贴面层、饰面面层按相应项目人工乘以系数 1.15，块料消耗量损耗按实调整。

（12）水磨石地面包含酸洗打蜡，其他块料项目如需做酸洗打蜡者，单独执行相应酸洗打蜡项目。

2. 工程量计算规则

（1）楼地面找平层及整体面层按设计图示尺寸以面积计算。扣除凸出地面构筑物、设备基础、室内铁道、地沟等所占面积，不扣除间壁墙及单个面积≤0.3m^2 柱、垛、附墙烟囱及孔洞所占面积。门洞、空圈、暖气包槽、壁龛的开口部分不增加面积。

(2) 块料面层、橡塑面层:

1) 块料面层、橡塑面层及其他材料面层按设计图示尺寸以面积计算。门洞、空圈，暖气包槽，壁龛的开口部分并入相应的工程量内。

2) 石材拼花按最大外围尺寸以矩形面积计算。有拼花的石材地面，按设计图示尺寸扣除拼花的最大外围矩形面积计算。

3) 点缀按“个”计算，计算主体铺贴地面面积时，不扣除点缀所占面积，如图 4-7 所示。

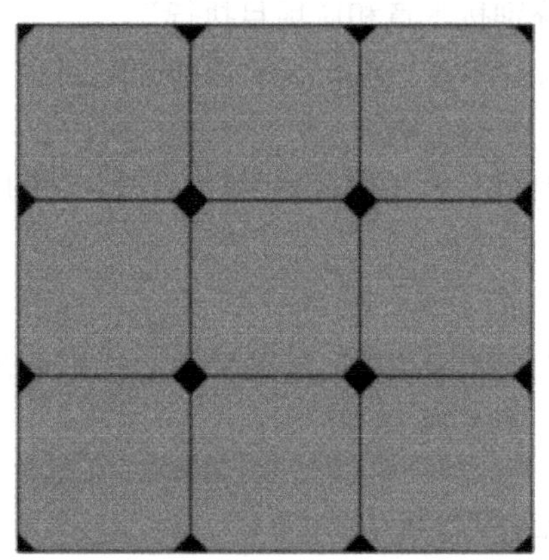

图 4-7 点缀示意图

4) 石材底面刷养护液包括侧面涂刷，工程量按设计图示尺寸以底面积计算。

5) 石材表面刷保护液按设计图示尺寸以表面积计算。

6) 石材勾缝按石材设计图示尺寸以面积计算。

(3) 踢脚线按设计图示长度乘以高度以面积计算。楼梯靠墙踢脚线（含锯齿形部分）贴块料按设计图示面积计算。

(4) 楼梯面层按设计图示尺寸以楼梯（包括踏步、休息平台及≤500mm 的楼梯井）水平投影面积计算。楼梯与楼地面相连时，算至梯口梁内侧边沿；无梯口梁者，算至最上一层踏步边沿加 300mm。

(5) 台阶面层按设计图示尺寸以台阶（包括最上层踏步边沿加 300mm）水平投影面积计算。

(6) 零星项目按设计图示尺寸以面积计算。

(7) 分格嵌条按设计图示尺寸以“延长米”计算。

(8) 块料楼地面做酸洗打蜡者，按设计图示尺寸以表面积计算。

三、市场化计价

1. 细石混凝土楼地面

参考单价：12～14 元/m^2。

工程量计算规则：按设计图示尺寸以平方米计算。

施工内容：50mm 厚 C20 细石混凝土保护层等全部工作内容，不包括主材混凝土。

2. 水泥砂浆楼地面

参考单价：11～13 元/m^2。

工程量计算规则：按设计图示尺寸以平方米计算。

施工内容：20mm 厚 1∶3 水泥砂浆，不包括主材水泥砂浆。

3. 面层提浆压光

参考单价：4～5 元/m^2。

工程量计算规则：按设计图示尺寸以平方米计算。

施工内容：面层做压实赶光处理。

4. 地面砖铺贴

参考单价：32～45 元/m^2（与地面砖的大小有关）。

工程量计算规则：按设计图示尺寸以平方米计算。

施工内容：地砖铺实拍平，稀水泥浆擦缝；20mm 厚 1：3 干硬性水泥砂浆抹面压光；素水泥浆一道，不包括干拌砂浆、地砖。

5. 踢脚线

参考单价：7～9 元/m。

工程量计算规则：按设计图示尺寸以米计算。

施工内容：包括基层清理、弹线、砂浆拌制、踢脚线镶贴、成品保护、垃圾清理、文明施工等工作。

第二节 墙、柱面装饰与隔断、幕墙工程

一、工程量清单计价

墙、柱面装饰与隔断、幕墙工程包括墙面抹灰、柱（梁）面抹灰、零星抹灰、墙面块料面层、柱（梁）面镶贴块料、镶贴零星块料、墙饰面、柱（梁）饰面、幕墙工程、隔断。

1. 墙面抹灰

墙面抹灰包括墙面一般抹灰、墙面装饰抹灰、墙面勾缝、立面砂浆找平层。立面砂浆找平项目适用于仅做找平层的立面抹灰。墙面抹石灰砂浆、水泥砂浆、混合砂浆、聚合物水泥砂浆、麻刀石灰浆、石膏灰浆等按墙面一般抹灰列项；墙面水刷石、斩假石、干粘石、假面砖等按墙面装饰抹灰列项，如图 4-8 所示。

混凝土基层：应对其表面进行“毛化”处理。一种是将其光滑的表面用尖钻剔毛，剔去光面，使其表面粗糙不平，用水湿润基层。另一种方法采用脱污剂将墙面的油污脱除干净，晾干后涂刷一层薄的胶粘性水泥浆或涂刷混凝土界面剂。

不同材料基体交接处表面的抹灰，应采取防止开裂的加强措施，可在接缝处设置加强网。加强网选用尺寸应符合规范及设计要求。加强网部位，应涂刷一层胶粘性素水泥浆或界面剂，加强网与各基体的搭接宽度不应小于 100mm。加强网应用钢钉或射钉每 200～300mm 加白铁片固定，或用钢马钉直接固定。

管线槽填补后，应在接缝处设置加强网。加强网选用尺寸应符合规范及设计要求。加强网宽度需超出不同材质的交接缝不小于 100mm。加强网应用钢钉或射钉每 200～300mm 加白铁片固定。加强网固定牢固后，跟随大面一同抹灰（剔凿宽度大于两根线管时应加加强网）。管线槽整体宽度大于 200mm 或深度大于 25mm 时，应使用强度不低于原墙体混凝土等级的细石混凝土补平。

墙面抹灰工程量按设计图示尺寸以面积计算。扣除墙裙、门窗洞口及单个大于 0.3m^2 的孔洞面积，不扣除踢脚线、挂镜线和墙与构件交接处的面积，门窗洞口和孔洞的侧壁及顶面不增加面积。附墙柱、梁、垛、烟囱侧壁并入相应的墙面面积内。飘窗凸出外墙面增加的抹灰并入外墙工程量内。

（1）外墙抹灰面积按外墙垂直投影面积计算。

（2）外墙裙抹灰面积按其长度乘以高度计算。

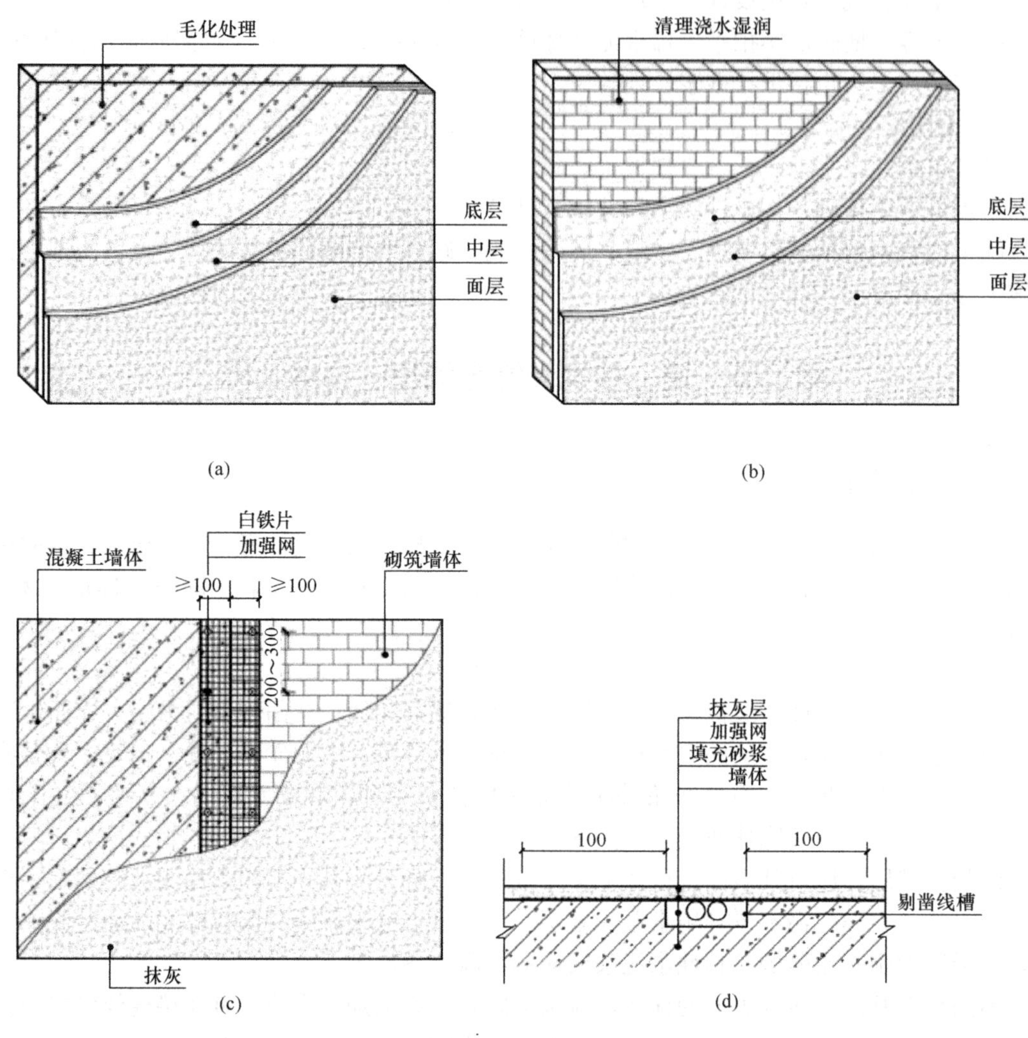

图 4-8　墙面抹灰示意图

(a) 混凝土墙体抹灰层构造示意图；(b) 加气块墙体抹灰层构造示意图；

(c) 墙体接缝抹灰大样图；(d) 管线槽抹灰

(3) 内墙抹灰面积按主墙间的净长乘以高度计算。无墙裙的内墙高度按室内楼地面至天棚底面计算；有墙裙的内墙高度按墙裙顶至天棚底面计算。但有吊顶天棚的内墙面抹灰，抹至吊顶以上部分在综合单价中考虑。

(4) 内墙裙抹灰面积按内墙净长乘以高度计算。

2. 柱（梁）面抹灰

柱（梁）面抹灰包括柱（梁）面一般抹灰、柱（梁）面装饰抹灰、柱（梁）面砂浆找平层、柱面勾缝。砂浆找平项目适用于仅做找平层的柱（梁）面抹灰。柱（梁）面抹石灰砂浆、水泥砂浆、混合砂浆、聚合物水泥砂浆、麻刀石灰浆、石膏灰浆等按柱（梁）面一般抹灰编码列项；柱（梁）面水刷石、斩假石、干粘石、假面砖等按柱（梁）面装饰抹灰项目编码列项。

柱（梁）面抹灰工程量按设计图示柱（梁）断面周长乘以高度以面积计算。

3. 零星抹灰

零星抹灰包括零星项目一般抹灰、零星项目装饰抹灰、零星砂浆找平层。零星项目抹石灰砂浆、水泥砂浆、混合砂浆、聚合物水泥砂浆、麻刀石灰浆、石膏灰浆等按零星项目一般抹灰编码列项，水刷石、斩假石、干粘石、假面砖等按零星项目装饰抹灰编码列项，墙、柱（梁）面积≤0.5m^2 的少量分散抹灰按零星抹灰项目编码列项。

零星抹灰工程量按设计图示尺寸以面积计算。

4. 墙面块料面层

墙面块料面层包括石材墙面、碎拼石材、块料墙面、干挂石材钢骨架。

（1）石材墙面、碎拼石材、块料墙面。按设计图示尺寸以面积“m^2”计算。项目特征描述包括：墙体类型，安装方式，面层材料品种、规格、颜色，缝宽，嵌缝材料种类，防护材料种类，磨光、酸洗、打蜡要求。项目特征中“安装的方式”可描述为砂浆或胶粘剂粘贴、挂贴、干挂等，不论哪种安装方式，都要详细描述与组价相关的内容。如图 4-9 所示。

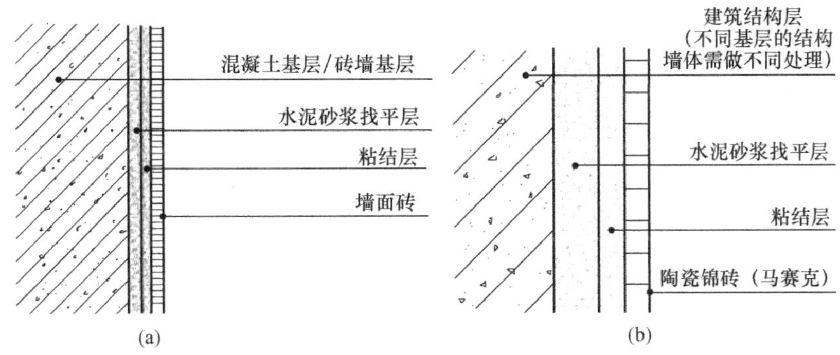

图 4-9　石材墙面示意图

（a）墙面贴砖示意图；（b）墙面贴陶瓷锦砖示意图

（2）干挂石材钢骨架按设计图示尺寸以质量计算，如图 4-10 所示。

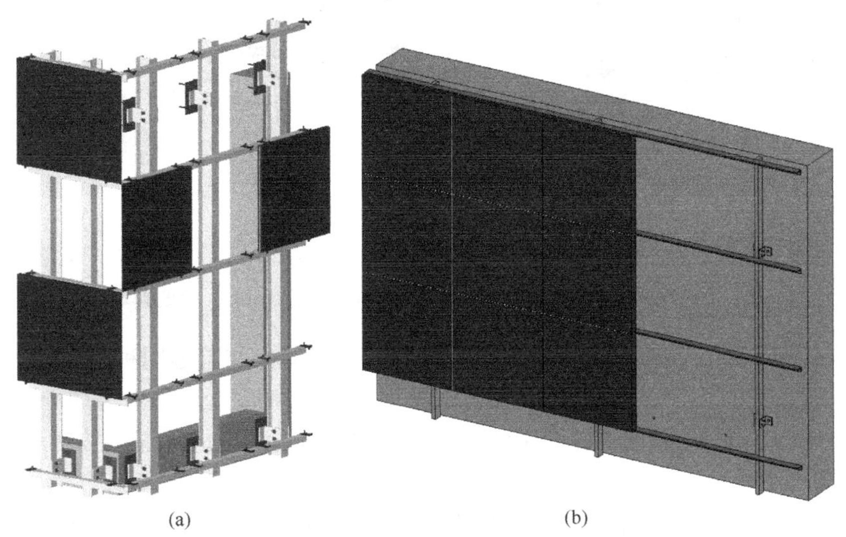

图 4-10　干挂石材示意图

（a）干挂石材钢骨架示意图；（b）干挂石材样板示意图

5. 柱（梁）面镶贴块料

柱（梁）面镶贴块料包括石材柱面、块料柱面、拼碎块柱面、石材梁面、块料梁面。

（1）石材柱面、块料柱面、拼碎块柱面。按设计图示尺寸以镶贴表面积计算。

（2）石材梁面、块料梁面。按设计图示尺寸以镶贴表面积计算。

6. 零星镶贴块料

零星镶贴块料包括石材零星项目、块料零星项目、拼碎块零星项目。墙柱面小于或等于 0.5m² 的少量分散的镶贴块料面层按零星项目执行。按设计图示尺寸以镶贴表面积计算。

7. 墙饰面

墙饰面包括墙面装饰板、墙面装饰浮雕。

（1）墙面装饰板工程量按设计图示墙净长乘以净高以面积计算。扣除门窗洞口及单个大于 0.3m² 的孔洞所占面积。

（2）墙面装饰浮雕。按设计图示尺寸以面积计算。

8. 柱（梁）饰面

柱（梁）饰面包括柱（梁）面装饰、成品装饰柱。

（1）柱（梁）面装饰。按设计图示饰面外围尺寸以面积计算。柱帽、柱墩并入相应柱饰面工程量内。

（2）成品装饰柱。工程量以根计量，按设计数量计算；以米计量，按设计长度计算。

9. 幕墙工程

幕墙包括带骨架幕墙、全玻（无框玻璃）幕墙。幕墙钢骨架按干挂石材钢骨架另列项目，如图 4-11 所示。

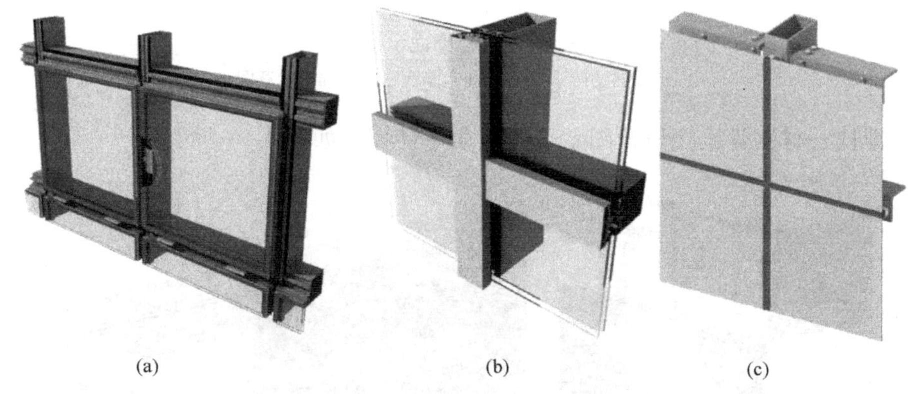

图 4-11 玻璃幕墙示意图

（a）隐框玻璃幕墙示意图；（b）明框玻璃幕墙示意图；（c）铝板幕墙

（1）带骨架幕墙。按设计图示框外围尺寸以面积计算。与幕墙同种材质的窗所占面积不扣除。

（2）全玻(无框玻璃)幕墙。按设计图示尺寸以面积计算。带肋全玻幕墙按展开面积计算。

10. 隔断

隔断包括木隔断、金属隔断、玻璃隔断、塑料隔断、成品隔断以及其他隔断。

（1）木隔断、金属隔断。按设计图示框外围尺寸以面积计算。不扣除单个小于或等于 0.3m² 的孔洞所占面积；浴厕门的材质与隔断相同时，门的面积并入隔断面积内。

(2) 玻璃隔断、塑料隔断。按设计图示框外围尺寸以面积计算。不扣除单个小于或等于 0.3m^2 的孔洞所占面积。

(3) 成品隔断。以平方米计量，按设计图示框外围尺寸以面积计算；以间计量，按设计间的数量计算。

二、消耗量定额计价

1. 定额说明：

(1) 本章定额包括墙面抹灰，柱（梁）面抹灰，零星抹灰，墙面块料面层，柱（梁）面镶贴块料，镶贴零星块料，墙饰面，柱（梁）饰面，幕墙工程及隔断十节。

(2) 圆弧形、锯齿形、异形等不规则墙面抹灰、镶贴块料、幕墙按相应项目乘以系数 1.15。

(3) 干挂石材骨架及玻璃幕墙型钢骨架均按钢骨架项目执行。预埋铁件按基础定额“第五章　混凝土及钢筋混凝土工程”铁件制作安装项目执行。

(4) 女儿墙（包括泛水、挑砖）内侧、阳台栏板（不扣除花格所占孔洞面积）内侧与阳台栏板外侧抹灰工程量按其投影面积计算，块料按展开面积计算；女儿墙无泛水挑砖者，人工及机械乘以系数 1.10；女儿墙带泛水挑砖者，人工及机械乘以系数 1.30，按墙面相应项目执行；女儿墙外侧并入外墙计算。

(5) 抹灰面层

1) 抹灰项目中砂浆配合比与设计不同者，按设计要求调整；如设计厚度与定额取定厚度不同者，按相应增减厚度项目调整。

2) 砖墙中的钢筋混凝土梁，柱侧面抹灰＞0.5m^2 的并入相应墙面项目执行，≤0.5m^2 的按零星抹灰项目执行。

3) 抹灰工程的零星项目适用于各种壁柜、碗柜、飘窗板、空调隔板、暖气罩、池槽、花台以及≤0.5m^2 的其他各种零星抹灰。

4) 抹灰工程的装饰线条适用于门窗套、挑檐、腰线、压顶、遮阳板外边宣传栏边框等项目的抹灰，以及突出墙面且展开宽度≤300mm 的竖、横线条抹灰。线条展开宽度＞300mm 且≤400mm 者，按相应项目乘以系数 1.33；展开宽度＞400mm 且≤500mm 者，按相应项目乘以系数 1.67。

(6) 块料面层

1) 墙面贴块料、饰面高度在 300mm 以内者，按踢脚线项目执行。

2) 勾缝镶贴面砖子目，面砖消耗量分别按缝宽 5mm 和 10mm 考虑，如灰缝宽度与取定不同者，其块料及灰缝材料（预拌水泥砂浆）允许调整。

3) 玻化砖、干挂玻化砖或玻岩板按面砖相应项目执行。

(7) 除已列有挂贴石材柱帽、柱墩项目外，其他项目的柱帽、柱墩并入相应柱面积内，每个柱帽或柱墩另增人工：抹灰 0.25 工日，块料 0.38 工日，饰面 0.5 工日。

(8) 木龙骨基层是按双向计算的，如设计为单向时，材料、人工乘以系数 0.55。

(9) 隔断、幕墙

1) 玻璃幕墙中的玻璃按成品玻璃考虑；幕墙中的避雷装置已综合，但幕墙的封边、封顶的费用另行计算。型钢、挂件设计用量与定额取定用量不同时，可以调整。

2）幕墙饰面中的结构胶与耐候胶设计用量与定额取定用量不同时，消耗量按设计计算的用量加15%的施工损耗计算。

3）玻璃幕墙设计带有平、推拉窗者，并入幕墙面积计算，窗的型材用量应予以调整，窗的五金用量相应增加，五金施工损耗按2%计算。

4）面层、隔墙（间壁）、隔断（护壁）项目内，除注明者外均未包括压边、收边、装饰线（板），如设计要求时，应按照基础定额"第十五章 其他装饰工程"相应项目执行；浴厕隔断已综合了隔断门所增加的工料。

5）隔墙（间壁）、隔断（护壁）、幕墙等项目中龙骨间距、规格如与设计不同时，允许调整。

(10) 本章设计要求做防火处理者，应按基础定额"第十四章 油漆、涂料，裱糊工程"相应项目执行。

2. 工程量计算规则：

(1) 抹灰

1）内墙面、墙裙抹灰面积应扣除门窗洞口和单个面积>0.3m^2以上的空圈所占的面积，不扣除踢脚线、挂镜线及单个面积≤0.3m^2的孔洞和墙与构件交接处的面积，且门窗洞口、空圈、孔洞的侧壁面积亦不增加，附墙柱的侧面抹灰应并入墙面、墙裙抹灰工程量内计算。

2）内墙面、墙裙的长度以主墙间的图示净长计算，墙面高度按室内地面至天棚底面净高计算，墙面抹灰面积应扣除墙裙抹灰面积，如墙面和墙裙抹灰种类相同者，工程量合并计算。

3）外墙抹灰面积按垂直投影面积计算，应扣除门窗洞口、外墙裙（墙面和墙裙抹灰种类相同者应合并计算）和单个面积>0.3m^2的孔洞所占面积，不扣除单个面积≤0.3m^2的孔洞所占面积，门窗洞口及孔洞侧壁面积亦不增加。附墙柱侧面抹灰面积应并入外墙面抹灰工程量内。

4）柱抹灰按结构断面周长乘以抹灰高度计算。

5）装饰线条抹灰按设计图示尺寸以长度计算。

6）装饰抹灰分格嵌缝按抹灰面面积计算。

7）零星项目按设计图示尺寸以展开面积计算。

(2) 块料面层

1）挂贴石材零星项目中柱墩、柱帽是按圆弧形成品考虑的，按其圆的最大外径以周长计算；其他类型的柱帽、柱墩工程量按设计图示尺寸以展开面积计算。

2）镶贴块料面层，按镶贴表面积计算。

3）柱镶贴块料面层按设计图示饰面外围尺寸乘以高度以面积计算。

(3) 墙饰面

1）龙骨，基层、面层墙饰面项目按设计图示饰面尺寸以面积计算，扣除门窗洞口及单个面积>0.3m^2以上的空圈所占的面积，不扣除单个面积≤0.3m^2的孔洞所占面积，门窗洞口及孔洞侧壁面积亦不增加。

2）柱（梁）饰面的龙骨、基层、面层按设计图示饰面尺寸以面积计算，柱帽、柱墩并入相应柱面积计算。

（4）幕墙、隔断

1）玻璃幕墙、铝板幕墙以框外围面积计算；半玻璃隔断、全玻璃幕墙如有加强肋者，工程量按其展开面积计算。

2）隔断按设计图示框外围尺寸以面积计算，扣除门窗洞及单个面积＞0.3m^2 的孔洞所占面积。

三、市场化计价

1. 墙面砖铺贴

参考单价：35～45 元/m^2（与墙面砖的大小有关）。

工程量计算规则：按设计图示尺寸以平方米计算。

施工内容：地砖铺实拍平，稀水泥浆擦缝；20mm 厚 1∶3 干硬性水泥砂浆抹面压光；素水泥浆一道，不包括干拌砂浆、地砖。

2. 墙柱面一般抹灰

参考单价：13～17 元/m^2。

工程量计算规则：按设计图示尺寸以平方米计算。

施工内容：机械喷浆（1∶1 水泥中粗砂浆）一道，7mm 厚 1∶3 水泥砂浆打底扫毛，10mm 厚 1∶3 水泥砂浆到顶抹平，不包括干拌砂浆。

3. 墙砖干挂

参考单价：110～120 元/m^2。

工程量计算规则：按设计图示尺寸以平方米计算。

施工内容：型钢龙骨、热镀锌角钢、干挂件等均需满足施工及技术要求；报价满足规范验收及技术要求，包括设计、施工全部工序及施工所需要的一切辅助用料。

4. 幕墙

施工内容：包工包料，施工图范围内全部幕墙工程图纸深化设计及施工，包含并不限于：人工、材料、机械等；工地服务及有关的制作驻场配合服务等，见表 4-1。

幕墙清单　　　　表 4-1

项目名称	项目特征	计量单位	工程量计算规则	含税单价（元）
带骨架幕墙（横隐竖明玻璃幕墙系统）	1. 骨架材料种类、规格、中距：采用型钢热浸镀锌处理； 2. 面层材料品种、规格、颜色：TP8（LOW-E）＋12A＋TP8 超白钢化中空玻璃； 3. 面层固定方式：横隐竖明玻璃幕墙； 4. 隔离带、框边封闭材料品种、规格：按照设计图纸综合考虑； 5. 嵌缝、塞口材料种类：按照设计图纸综合考虑； 6. 其他：报价需综合金属龙骨、螺栓螺钉、结构胶、密封胶、铝单板及底面收边、开启扇、纱扇及相关五金件、钢转接件、水平及竖向防火封修等系统相关内容；本系统具体做法详见图纸要求，需满足设计及招标人要求，满足规范、美观及安全的需要等	m^2	按设计图示框外围尺寸以面积计算	1000～1080

续表

项目名称	项目特征	计量单位	工程量计算规则	含税单价（元）
带骨架幕墙（明框玻璃幕墙系统，带装饰翼）	1. 骨架材料种类、规格、中距：采用型钢热浸镀锌处理； 2. 面层材料品种、规格、颜色：TP8(LOW-E)＋12A＋TP8 超白钢化中空玻璃； 3. 面层固定方式：明框玻璃幕墙； 4. 隔离带、框边封闭材料品种、规格：按照设计图纸综合考虑； 5. 嵌缝、塞口材料种类：按照设计图纸综合考虑； 6. 其他：报价需综合金属龙骨、螺栓螺钉、结构胶、密封胶、钢连接件、铝单板、预留灯孔等系统相关内容；本系统具体做法详见图纸要求，需满足设计及招标人要求，满足规范、美观及安全的需要等	m^2	按设计图示玻璃幕墙框外围尺寸以面积计算，铝板装饰翼不单独计算面积	950～1000
铝板幕墙（含金属保温板）	1. 骨架材料种类、规格、中距：采用型钢热浸镀锌处理； 2. 面层材料品种、规格、品种、颜色：2.5mm 厚铝板（表面氟碳喷涂）； 3. 其他：报价综合需配置的各类金属构件及龙骨等、加强筋、连接件、不锈钢螺栓、密封胶、岩棉、压型钢板等系统相关内容；本系统具体做法详见图纸要求，需满足设计及招标人要求，满足规范、美观及安全的需要等	m^2	按外露展开面积计算，铝板板块的折边、收边、凹槽侧边等均不单独计算，板缝不扣除	1000～1050
铝板幕墙（不含金属保温板）	1. 骨架材料种类、规格、中距：采用型钢热浸镀锌处理； 2. 面层材料品种、规格、品种、颜色：2.5mm 厚铝板（表面氟碳喷涂）； 3. 其他：报价综合需配置的各类金属构件及龙骨等、加强筋、连接件、不锈钢螺栓、密封胶等系统相关内容；本系统具体做法详见图纸要求，需满足设计及招标人要求，满足规范、美观及安全的需要等	m^2	按外露展开面积计算，铝板板块的折边、收边、凹槽侧边等均不单独计算，板缝不扣除	900～950

第三节　天　棚　工　程

一、工程量清单计价

天棚工程包括天棚抹灰、天棚吊顶、采光天棚、天棚其他装饰。采光天棚骨架应单独按金属结构工程相关项目编码列项。天棚装饰刷油漆、涂料及裱糊，按油漆、涂料、裱糊工程相应项目编码列项。

1. 天棚抹灰

天棚抹灰适用于各种天棚。按设计图示尺寸以水平投影面积计算。不扣除间壁墙、垛、柱、附墙烟囱、检查口和管道所占的面积，带梁天棚、梁两侧抹灰面积并入天棚面积内，板式楼梯底面抹灰按斜面积计算，锯齿形楼梯底板抹灰按展开面积计算。

2. 天棚吊顶

天棚吊顶包括吊顶天棚、格栅吊顶、吊筒吊顶、藤条造型悬挂吊顶、织物软雕吊顶、装饰网架吊顶，如图 4-12 所示。

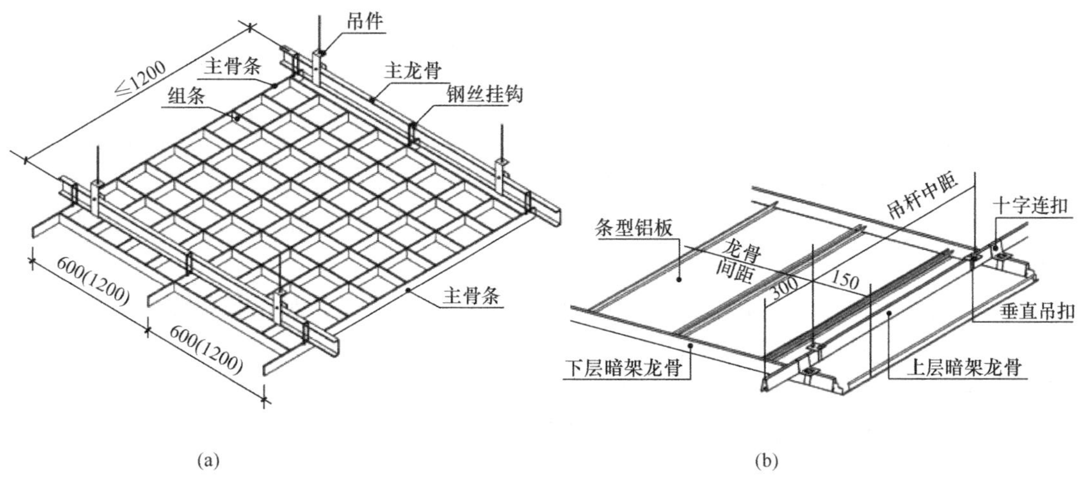

图 4-12 吊顶天棚示意图

(a) 金属格栅吊顶示意图；(b) 金属条板吊顶示意图

(1) 吊顶天棚。按设计图示尺寸以水平投影面积计算。天棚面中的灯槽及跌级、锯齿形、吊挂式、藻井式天棚面积不展开计算。不扣除间壁墙、检查口、附墙烟囱、柱垛和管道所占面积，扣除单个大于 0.3m^2 的孔洞、独立柱及与天棚相连的窗帘盒所占的面积。

(2) 格栅吊顶、吊筒吊顶、藤条造型悬挂吊顶、织物软雕吊顶、装饰网架吊顶。按设计图示尺寸以水平投影面积计算。

3. 采光天棚

采光天棚工程量计算按框外围展开面积计算。采光天棚骨架应单独按金属结构中相关项目编码列项。

4. 天棚其他装饰

天棚其他装饰包括灯带（槽）、送风口及回风口。

(1) 灯带（槽）按设计图示尺寸以框外围面积计算。

(2) 送风口、回风口按设计图示数量以“个”计算。

二、消耗量定额计价

1. 定额说明：

(1) 本章定额包括天棚抹灰、天棚吊顶、天棚其他装饰三节。

(2) 抹灰项目中砂浆配合比与设计不同时，可按设计要求予以换算；如设计厚度与定额取定厚度不同时，按相应项目调整。

(3) 如混凝土天棚刷素水泥浆或界面剂，按基础定额“第十二章 墙、柱面装饰与隔断，幕墙工程”相应项目人工乘以系数 1.15。

（4）吊顶天棚

1）除烤漆龙骨天棚为龙骨、面层合并列项外，其余均为天棚龙骨、基层、面层分别列项编制。

2）龙骨的种类、间距、规格和基层、面层材料的型号，规格是按常用材料和常用做法考虑的，如设计要求不同时，材料可以调整，人工、机械不变。

3）天棚面层在同一标高者为平面天棚，天棚面层不在同一标高者为跌级天棚。跌级天棚其面层按相应项目人工乘以系数 1.30。

4）轻钢龙骨、铝合金龙骨项目中龙骨按双层双向结构考虑，即中、小龙骨紧贴大龙骨底面吊挂，如为单层结构时，即大、中龙骨底面在同一水平者，人工乘以系数 0.85。

5）轻钢龙骨、铝合金龙骨项目中，如面层规格与定额不同时，按相近面积的项目执行。

6）轻钢龙骨和铝合金龙骨不上人型吊杆长度为 0.6m，上人型吊杆长度为 1.4m。吊杆长度与定额不同时可按实际调整，人工不变。

7）平面天棚和跌级天棚指一般直线形天棚，不包括灯光槽的制作安装。灯光槽制作安装应按基础章相应项目执行。吊顶天棚中的艺术造型天棚项目中包括灯光槽的制作安装。

8）天棚面层不在同一标高，且高差在 400mm 以下、跌级三级以内的一般直线形平面天棚按跌级天棚相应项目执行；高差在 400mm 以上或跌级超过三级，以及圆弧形、拱形等造型天棚按吊顶天棚中的艺术造型天棚相应项目执行。

9）天棚检查孔的工料已包括在项目内，不另行计算。

10）龙骨、基层、面层的防火处理及天棚龙骨的刷防腐油，石膏板刮嵌缝膏，贴绷带，按基础定额“第十四章 油漆、涂料、裱糊工程”相应项目执行。

11）天棚压条、装饰线条按基础定额“第十五章 其他装饰工程”相应项目执行。

（5）格栅吊顶、吊筒吊顶、藤条造型悬挂吊顶、织物软雕吊顶、装饰网架吊顶，龙骨、面层合并列项编制。

（6）楼梯底板抹灰按本章相应项目执行，其中锯齿形楼梯按相应项目人工乘以系数 1.35。

2. 工程量计算规则

（1）天棚抹灰。按设计结构尺寸以展开面积计算天棚抹灰。不扣除间壁墙、垛、柱、附墙烟囱、检查口和管道所占的面积，带梁天棚的梁两侧抹灰面积并入天棚面积内，板式楼梯底面抹灰面积（包括踏步、休息平台以及≤500mm 宽的楼梯井）按水平投影面积乘以系数 1.15 计算，锯齿形楼梯底板抹灰面积（包括踏步、休息平台以及≤500mm 宽的楼梯井）按水平投影面积乘以系数 1.37 计算。

（2）天棚吊顶：

1）天棚龙骨按主墙间水平投影面积计算，不扣除间壁墙、垛、柱、附墙烟囱，检查口和管道所占的面积，扣除单个大于 0.3m^2 的孔洞、独立柱及与天棚相连的窗帘盒所占的面积。斜面龙骨按斜面计算。

2）天棚吊顶的基层和面层均按设计图示尺寸以展开面积计算。天棚面中的灯槽及跌级、阶梯式、锯齿形、吊挂式、藻井式天棚面积按展开计算。不扣除间壁墙、垛、柱，附墙烟囱、检查口和管道所占的面积，扣除单个大于 0.3m^2 的孔洞、独立柱及与天棚相连的窗帘盒所占的面积。

3）格栅吊顶、藤条造型悬挂吊顶、织物软雕吊顶和装饰网架吊顶，按设计图示尺寸以水平投影面积计算。吊筒吊顶以最大外围水平投影尺寸，以外接矩形面积计算。

（3）天棚其他装饰：

1）灯带（槽）按设计图示尺寸以框外围面积计算。

2）送风口、回风口及灯光孔按设计图示数量计算。

三、市场化计价

1. 石膏板天棚

参考单价：50～55 元/m^2。

工程量计算规则：按水平投影面积计算。

施工内容：双层 9.5mm 纸面石膏板造型，轻钢龙骨，吊筋，规格及厚度需满足技术及规范要求。

2. 石膏板吊顶开孔洞

参考单价：9～12 元/个。

工程量计算规则：按实际个数计算。

施工内容：灯槽或石膏板吊顶含灯具及出风口等其他设施设备开孔洞，尺寸综合考虑，包括基层板、石膏板开洞，以及洞口修复等完成开孔的全部内容。

3. 钢结构玻璃雨篷［龙骨采用铝合金型材，T 型钢按设计要求进行面层处理，TP10＋2.28PVB＋TP10 超白夹胶钢化玻璃（夹胶片需涂专业封边剂）］

参考单价：950～1050 元/个。

工程量计算规则：按设计图示尺寸以水平投影面积计算。

施工内容：包工包料，综合考虑金属龙骨、钢连接件、密封胶等系统相关材料；本系统具体做法详见图纸及技术要求书，需满足设计及招标人要求，满足规范、美观及安全的需要等。

第四节　油漆、涂料及裱糊工程

一、工程量清单计价

油漆、涂料、裱糊工程包括门油漆、窗油漆、木扶手及其他板条（线条）油漆、木材面油漆、金属面油漆、抹灰面油漆、喷刷涂料、裱糊。在列项时，当木栏杆带扶手，木扶手不单独列项，应包含在木栏杆油漆中，按木栏杆（带扶手）列项。抹灰面油漆和刷涂料工作内容中包括“刮腻子”，此处的“刮腻子”不得单独列项为“满刮腻子”项目。“满刮腻子”项目仅适用于单独刮腻子的情况。

1. 门油漆

门油漆包括木门油漆、金属门油漆。木门油漆应区分木大门、单层木门、双层（一玻一纱）木门、双层（单裁口）木门、全玻自由门、半玻自由门、装饰门及有框门或无框门等项目，分别编码列项。金属门油漆应区分平开门、推拉门、钢制防火门等项目，分别编码列项。

门油漆工程量以樘计量，按设计图示数量计量；以平方米计量，按设计图示洞口尺寸以面积计算。

2. 窗油漆

窗油漆包括木窗油漆、金属窗油漆。木窗油漆应区分单层玻璃窗、双层（一玻一纱）木窗、双层框扇（单裁口）木窗、双层框三层（二玻一纱）木窗、单层组合窗、双层组合窗、木百叶窗、木推拉窗等，分别编码列项。金属窗油漆应区分平开窗、推拉窗、固定窗、组合窗、金属隔栅窗等项目，分别编码列项。

窗油漆工程量以樘计量，按设计图示数量计量；以平方米计量，按设计图示洞口尺寸以面积计算。

3. 木扶手及其他板条、线条油漆

该项目包括木扶手油漆，窗帘盒油漆，封檐板及顺水板油漆，挂衣板、黑板框油漆，挂镜线、窗帘棍、单独木线油漆。木扶手应区分带托板与不带托板，分别编码列项。

木扶手及其他板条、线条油漆的工程量按设计图示尺寸以长度计算。

4. 木材面油漆

木材面油漆包括木护墙、木墙裙油漆，窗台板、筒子板、盖板、门窗套、踢脚线油漆，清水板条天棚、檐口油漆，木方格吊顶天棚油漆，吸声板墙面、天棚面油漆，暖气罩油漆及其他木材面油漆，木间壁、木隔断油漆，玻璃间壁露明墙筋油漆，木栅栏、木栏杆（带扶手）油漆，衣柜、壁柜油漆，梁柱饰面油漆，零星木装修油漆，木地板油漆，木地板烫硬蜡面。

（1）木护墙、木墙裙油漆，窗台板、筒子板、盖板、门窗套、踢脚线油漆，清水板条天棚、檐口油漆，木方格吊顶天棚油漆，吸声板墙面、天棚面油漆，暖气罩油漆及其他木材面油漆的工程量均按设计图示尺寸以面积计算。

（2）木间壁、木隔断油漆，玻璃间壁露明墙筋油漆，木栅栏、木栏杆（带扶手）油漆。按设计图示尺寸以单面外围面积计算。

（3）衣柜、壁柜油漆，梁柱饰面油漆，零星木装修油漆。按设计图示尺寸以油漆部分展开面积计算。

（4）木地板油漆、木地板烫硬蜡面。按设计图示尺寸以面积计算。空洞、空圈、暖气包槽、壁龛的开口部分并入相应的工程量内。

5. 金属面油漆

金属面油漆工程量可以吨计量，按设计图示尺寸以质量计算；以平方米计量，按设计展开面积计算。

6. 抹灰面油漆

抹灰面油漆包括抹灰面油漆、抹灰线条油漆、满刮腻子。

（1）抹灰面油漆。按设计图示尺寸以面积计算。

（2）抹灰线条油漆。按设计图示尺寸以长度计算。

（3）满刮腻子。按设计图示尺寸以面积计算。

7. 刷喷涂料

刷喷涂料包括墙面喷刷涂料、天棚喷刷涂料、空花格栏杆刷涂料、线条刷涂料、金属构件刷防火涂料、木材构件喷刷防火涂料。喷刷墙面涂料部位要注明内墙或外墙。

(1) 墙面喷刷涂料、天棚喷刷涂料。按设计图示尺寸以面积计算。

(2) 线条刷涂料。按设计图示尺寸以长度计算。

(3) 金属构件刷防火涂料。以吨计量，按设计图示尺寸以质量计算；以平方米计量，按设计展开面积计算。

(4) 木材构件喷刷防火涂料。工程量以平方米计量，按设计图示尺寸以面积计算。

8. 裱糊

裱糊包括墙纸裱糊、织锦缎裱糊。按设计图示尺寸以面积计算。

二、消耗量定额计价

1. 定额说明：

(1) 本章定额包括木门油漆，木扶手及其他板条、线条油漆，其他木材面油漆，金属面油漆，抹灰面油漆，喷刷涂料，裱糊七节。

(2) 当设计与定额取定的喷、涂、刷遍数不同时，可按本章相应每增加一遍项目进行调整。

(3) 油漆、涂料定额中均已考虑刮腻子。当抹灰面油漆、喷刷涂料设计与定额取定的刮腻子遍数不同时，可按本章喷刷涂料一节中刮腻子每增减一遍项目进行调整。喷刷涂料一节中刮腻子项目仅适用于单独刮腻子工程。

(4) 附着安装在同材质装饰面上的木线条、石膏线条等油漆、涂料，与装饰面同色者，并入装饰面计算；与装饰面分色者，单独计算。

(5) 门窗套、窗台板、腰线、压顶、扶手（栏板上扶手）等抹灰面刷油漆、涂料，与整体墙面同色者，并入墙面计算；与整体墙面分色者，单独计算，按墙面相应项目执行，其中人工乘以系数 1.43。

(6) 纸面石膏板等装饰板材面刮腻子刷油漆、涂料，按抹灰面刮腻子刷油漆、涂料相应项目执行。

(7) 附墙柱抹灰面喷刷油漆、涂料、裱糊，按墙面相应项目执行；独立柱抹灰面喷刷油漆、涂料、裱糊，按墙面相应项目执行，其中人工乘以系数 1.2。

(8) 油漆

1) 油漆浅、中、深各种颜色已在定额中综合考虑，颜色不同时，不另行调整。

2) 定额综合考虑了在同一平面上的分色，但美术图案需另外计算。

3) 木材面硝基清漆项目中每增加刷理漆片一遍项目和每增加硝基清漆一遍项目均适用于三遍以内。

4) 木材面聚酯清漆、聚酯色漆项目，当设计与定额取定的底漆遍数不同时，可按每增加聚酯清漆（或聚酯色漆）一遍项目进行调整，其中聚酯清漆（或聚酯色漆）调整为聚酯底漆，消耗量不变。

5) 木材面刷底油一遍、清油一遍可按相应底油一遍、熟桐油一遍项目执行，其中熟桐油调整为清油，消耗量不变。

6）木门、木扶手、其他木材面等刷漆，按熟桐油、底油、生漆二遍项目执行。

7）当设计要求金属面刷二遍防锈漆时，按金属面刷防锈漆一遍项目执行，其中人工乘以系数1.74，材料均乘以系数1.90。

8）金属面油漆项目均考虑了手工除锈，如实际为机械除锈，另按基础定额“第六章金属结构工程”中相应项目执行，油漆项目中的除锈用工亦不扣除。

9）喷塑（一塑三油）：底油、装饰漆、面油，其规格划分如下：

①大压花：喷点压平，点面积在1.2cm以上；

②中压花：喷点压平，点面积在1～1.2cm^2；

③喷中点、幼点：喷点面积在1cm^2以下。

10）墙面真石漆、氟碳漆项目不包括分格嵌缝，当设计要求做分格嵌缝时，费用另行计算。

（9）涂料

1）木龙骨刷防火涂料按四面涂刷考虑，木龙骨刷防腐涂料按一面（接触结构基层面）涂刷考虑。

2）金属面防火涂料项目按涂料密度500kg/m^3和项目中注明的涂刷厚度计算，当设计与定额取定的涂料密度、涂刷厚度不同时，防火涂料消耗量可作调整。

3）艺术造型天棚吊顶、墙面装饰的基层板缝粘贴胶带，按本章相应项目执行，人工乘以系数1.2。

2. 工程量计算规则

（1）木门油漆工程。

执行单层木门油漆的项目，其工程量计算规则及相应系数见表4-2。

工程量计算规则和系数 **表4-2**

项目		系数	工程量计算规则（设计图示尺寸）
1	单层木门	1.00	门洞口面积
2	单层半玻门	0.85	
3	单层全玻门	0.75	
4	半截百叶门	1.50	
5	全百叶门	1.70	
6	厂库房大门	1.10	
7	纱门扇	0.80	
8	特种门（包括冷藏门）	1.00	
9	装饰门扇	0.90	扇外围尺寸面积
10	间壁、隔断	1.00	单面外围面积
11	玻璃间壁露明墙筋	0.80	
12	木栅栏、木栏杆（带扶手）	0.90	

注：多面涂刷按单面计算工程量。

(2) 木扶手及其他板条、线条油漆工程。

1) 执行木扶手（不带托板）油漆的项目，其工程量计算规则及相应系数见表4-3。

工程量计算规则和系数 表4-3

	项目	系数	工程量计算规则（设计图示尺寸）
1	木扶手（不带托板）	1.00	延长米
2	木扶手（带托板）	2.50	
3	封檐板、博风板	1.70	
4	黑板框、生活园地框	0.50	

2) 木线条油漆按设计图示尺寸以长度计算。

(3) 其他木材面油漆工程。

1) 执行其他木材面油漆的项目，其工程量计算规则及相应系数见表4-4。

工程量计算规则和系数 表4-4

	项目	系数	工程量计算规则（设计图示尺寸）
1	木板、胶合板天棚	1.00	长×宽
2	屋面板带檩条	1.10	斜长×宽
3	清水板条檐口天棚	1.10	长×宽
4	吸声板（墙面或天棚）	0.87	
5	鱼鳞板墙	2.40	
6	木护墙、木墙裙、木踢脚	0.83	
7	窗台板、窗帘盒	0.83	
8	出入口盖板、检查口	0.87	
9	壁橱	0.83	展开面积
10	木屋架	1.77	跨度(长)×中高×1/2
11	以上未包括的其余木材面油漆	0.83	展开面积

2) 木地板油漆按设计图示尺寸以面积计算，空洞、空圈、暖气包槽、壁龛的开口部分并入相应的工程量内。

3) 木龙骨刷防火、防腐涂料按设计图示尺寸以龙骨架投影面积计算。

4) 基层板刷防火、防腐涂料按实际涂刷面积计算。

5) 油漆面抛光打蜡按相应刷油部位油漆工程量计算规则计算。

(4) 金属面油漆工程。

1) 执行金属面油漆、涂料项目，其工程量按设计图示尺寸以展开面积计算。质量在500kg以内的单个金属构件，可参考表4-5中相应的系数，将质量（t）折算为面积。

质量折算面积参考系数 **表 4-5**

	项目	系数
1	钢栅栏门、栏杆、窗栅	64.98
2	钢爬梯	44.84
3	踏步式钢扶梯	39.90
4	轻型屋架	53.20
5	零星铁件	58.00

2）执行金属平板屋面、镀锌铁皮面（涂刷磷化，锌黄底漆）油漆的项目，其工程量计算规则及相应的系数见表 4-6。

工程量计算规则和系数 **表 4-6**

	项目	系数	工程量计算规则（设计图示尺寸）
1	平板屋面	1.00	斜长×宽
2	瓦垄板屋面	1.20	
3	排水、伸缩缝盖板	1.05	展开面积
4	吸气罩	2.20	水平投影面积
5	包镀锌薄钢板门	2.20	门窗洞口面积

注：多面涂刷按单面计算工程量。

（5）抹灰面油漆、涂料工程。

1）抹灰面油漆、涂料（另做说明的除外）按设计图示尺寸以面积计算。

2）踢脚线刷耐磨漆按设计图示尺寸长度计算。

3）槽形底板、混凝土折瓦板、有梁板底、密肋梁板底、井字梁板底刷油漆、涂料按设计图示尺寸展开面积计算。

4）墙面及天棚面刷石灰油浆、白水泥、石灰浆、石灰大白浆、普通水泥浆、可赛银浆、大白浆等涂料工程量按抹灰面积工程量计算规则计算。

5）混凝土花格窗，栏杆花饰刷（喷）油漆，涂料按设计图示洞口面积计算。

6）天棚、墙、柱面基层板缝粘贴胶带纸按相应天棚、墙、柱面基层板面积计算。

（6）裱糊工程：墙面、天棚面裱糊按设计图示尺寸以面积计算。

三、市场化计价

1. 外墙真石漆

参考单价：75～90 元/m^2。

工程量计算规则：按设计图示尺寸以平方米计算。

施工内容：包工包料（其中包清工价格在 25～30 元/m^2）。

2. 刮腻子

参考单价：12～14 元/m^2。

工程量计算规则：按设计图示尺寸以平方米计算。

施工内容：包括两遍腻子，包清工，包辅材及机械，不包括腻子。

3. 乳胶漆

参考单价：12～14 元/m^2。

工程量计算规则：按设计图示尺寸以平方米计算。

施工内容：包括两遍乳胶漆，包清工，包辅材及机械，不包括乳胶漆。

第五节　其他装饰工程

一、工程量清单计价

其他装饰工程包括柜类货架、压条装饰线、扶手栏杆栏板装饰、暖气罩、浴厕配件、雨篷旗杆、招牌灯箱和美术字。项目工作内容中包括“刷油漆”的，不得单独将油漆分离，单列油漆清单项目；工作内容中没有包括“刷油漆”的，可单独按油漆项目列项。

1. 柜类、货架

柜类、货架包括柜台、酒柜、衣柜、存包柜、鞋柜、书柜、厨房壁柜、木壁柜、厨房低柜、厨房吊柜、矮柜、吧台背柜、酒吧吊柜、酒吧台、展台、收银台、试衣间、货架、书架、服务台。

工程量以个计量，按设计图示数量计量；以米计量，按设计图示尺寸以延长米计算；以立方米计量，按设计图示尺寸以体积计算。

2. 压条、装饰线

压条、装饰线包括金属装饰线、木质装饰线、石材装饰线、石膏装饰线、镜面玻璃线、铝塑装饰线、塑料装饰线、GRC 装饰线。工程量按设计图示尺寸以长度计算。

3. 扶手、栏杆、栏板装饰

扶手、栏杆、栏板装饰包括金属扶手、栏杆、栏板，硬木扶手、栏杆、栏板，塑料扶手、栏杆、栏板，GRC 栏杆、扶手，金属靠墙扶手，硬木靠墙扶手，塑料靠墙扶手，玻璃栏板。工程量按设计图示尺寸以扶手中心线长度（包括弯头长度）计算。

4. 暖气罩

暖气罩包括饰面板暖气罩、塑料板暖气罩、金属暖气罩。按设计图示尺寸以垂直投影面积（不展开）计算。如图 4-13 所示。

5. 浴厕配件

浴厕配件包括洗漱台、晒衣架、帘子杆、浴缸拉手、卫生间扶手、毛巾杆（架）、毛巾环、卫生纸盒、肥皂盒、镜面玻璃、镜箱。

（1）洗漱台按设计图示尺寸以台面外接矩形面积计算。不扣除孔洞、挖弯、削角所占面积，挡板、吊沿板面积并入台面面积内。

（2）晒衣架、帘子杆、浴缸拉手、卫生间扶手、毛巾杆（架）、毛巾环、卫生纸盒、肥皂盒、镜箱按设计图示数量计算。

（3）镜面玻璃按设计图示尺寸以边框外围面积计算。

6. 雨篷、旗杆

雨篷、旗杆包括雨篷吊挂饰面、金属旗杆、玻璃雨篷。

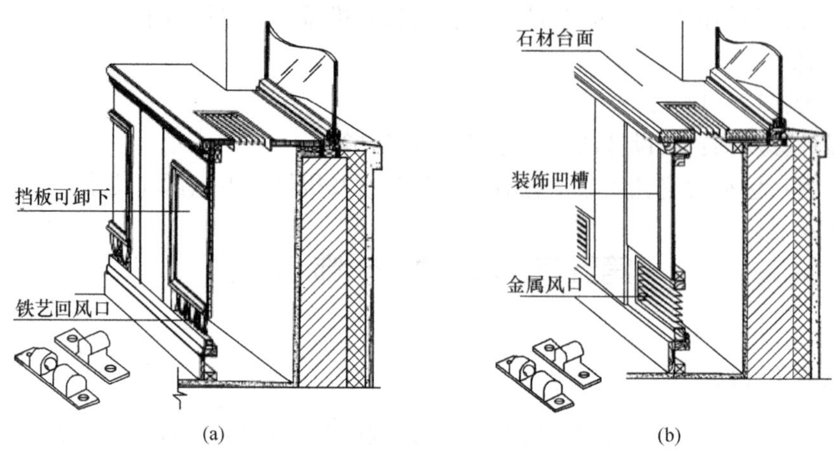

图 4-13 暖气罩示意图

(a) 可卸暖气罩示意图；(b) 不可卸暖气罩示意图

(1) 雨篷吊挂饰面、玻璃雨篷按设计图示尺寸以水平投影面积计算。

(2) 金属旗杆按设计图示数量计算，以根为单位计量。

7. 招牌、灯箱

招牌、灯箱包括平面、箱式招牌，竖式标箱、灯箱、信报箱。

(1) 平面、箱式招牌按设计图示尺寸以正立面边框外围面积计算。复杂形的凸凹造型部分不增加面积。

(2) 竖式标箱、灯箱、信报箱按设计图示数量计算，以个为单位计量。

8. 美术字

美术字包括泡沫塑料字、有机玻璃字、木质字、金属字、吸塑字。按设计图示数量计算，以个为单位计量。

二、消耗量定额计价

1. 柜类、货架

柜、台、架以现场加工、手工制作为主，按常用规格编制。设计与定额不同时，应进行调整换算。

柜、台、架项目包括五金配件（设计有特殊要求者除外），未考虑压板拼花及饰面板上贴其他材料的花饰、造型艺术品。

木质柜、台、架项目中板材按胶合板考虑，如设计为生态板（三聚氰胺板）等其他板材时，可以换算材料。

柜类、货架工程量按各项目计量单位计算。其中以“m^2”为计量单位的项目，其工程量均按正立面的高度（包括脚的高度在内）乘以宽度计算。

2. 压条、装饰线

压条、装饰线均按成品安装考虑。

装饰线条（顶角装饰线除外）按直线形在墙面安装考虑。墙面安装圆弧形装饰线条，天棚面安装直线形、圆弧形装饰线条，按相应项目乘以系数执行：

（1）墙面安装圆弧形装饰线条，人工乘以系数 1.2，材料乘以系数 1.1；

（2）天棚面安装直线形装饰线条，人工乘以系数 1.34；

（3）天棚面安装圆弧形装饰线条，人工乘以系数 1.6，材料乘以系数 1.1；

（4）装饰线条直接安装在金属龙骨上，人工乘以系数 1.68。

压条、装饰线条按线条中心线长度计算。石膏角花、灯盘按设计图示数量计算。

3. 扶手、栏杆、栏板装饰

扶手、栏杆、栏板项目（护窗栏杆除外）适用于楼梯、走廊、回廊及其他装饰性扶手、栏杆、栏板。扶手、栏杆、栏板项目已综合考虑扶手弯头（非整体弯头）的费用。如遇木扶手、大理石扶手为整体弯头，弯头另按本章相应项目执行。当设计栏板、栏杆的主材消耗量与定额不同时，其消耗量可以调整。

扶手、栏杆、栏板、成品栏杆（带扶手）均按其中心线长度计算，不扣除弯头长度。如遇木扶手、大理石扶手为整体弯头时，扶手消耗量需扣除整体弯头的长度，设计不明确者，每只整体弯头按 400mm 扣除。单独弯头按设计图示数量计算。

4. 暖气罩

挂板式是指暖气罩直接钩挂在暖气片上；平墙式是指暖气片凹嵌入墙中，暖气罩与墙面平齐；明式是指暖气片全凸或半凸出墙面，暖气罩凸出于墙外。暖气罩项目未包括封边线、装饰线，另按本章相应装饰线条项目执行。

暖气罩（包括脚的高度在内）按边框外围尺寸垂直投影面积计算，成品暖气罩安装按设计图示数量计算。

5. 浴厕配件

大理石洗漱台项目不包括石材磨边、倒角及开面盆洞口，另按本章相应项目执行。浴厕配件项目按成品安装考虑。

大理石洗漱台按设计图示尺寸以展开面积计算，挡板、吊沿板面积并入其中，不扣除孔洞、挖弯、削角所占面积。大理石台面面盆开孔按设计图示数量计算。盥洗室台镜（带框）、盥洗室木镜箱按边框外围面积计算。盥洗室塑料镜箱、毛巾杆、毛巾环、浴帘杆、浴缸拉手、肥皂盒、卫生纸盒、晒衣架、晾衣绳等按设计图示数量计算。

6. 雨篷、旗杆

点支式、托架式雨篷的型钢、爪件的规格、数量是按常用做法考虑的，当设计要求与定额不同时，材料消耗量可以调整，人工、机械不变。托架式雨篷的斜拉杆费用另计。铝塑板、不锈钢面层雨篷项目按平面雨篷考虑，不包括雨篷侧面。旗杆项目按常用做法考虑，未包括旗杆基础、旗杆台座及其饰面。

雨篷按设计图示尺寸水平投影面积计算。不锈钢旗杆按设计图示数量计算。电动升降系统和风动系统按套数计算。

7. 招牌、灯箱

招牌、灯箱项目，当设计与定额考虑的材料品种、规格不同时，材料可以换算。一般平面广告牌是指正立面平整无凹凸面，复杂平面广告牌是指正立面有凹凸面造型的，箱（竖）式广告牌是指具有多面体的广告牌。广告牌基层以附墙方式考虑，当设计为独立式的，按相应项目执行，人工乘以系数 1.1。招牌、灯箱项目均不包括广告牌喷绘、灯饰、灯光、店徽、其他艺术装饰及配套机械。

柱面、墙面灯箱基层，按设计图示尺寸以展开面积计算。一般平面广告牌基层，按设计图示尺寸以正立面边框外围面积计算。复杂平面广告牌基层，按设计图示尺寸以展开面积计算。箱（竖）式广告牌基层，按设计图示尺寸以基层外围体积计算。广告牌面层，按设计图示尺寸以展开面积计算。

8. 美术字

美术字项目均按成品安装考虑。美术字按最大外接矩形面积区分规格，按相应项目执行。美术字按设计图示数量计算。

9. 石材、瓷砖加工

石材瓷砖倒角、磨制圆边、开槽、开孔等项目均按现场加工考虑。

石材、瓷砖倒角按块料设计倒角长度计算。石材磨边按成型圆边长度计算。石材开槽按块料成型开槽长度计算。石材、瓷砖开孔按成型孔洞数量计算。

三、市场化计价

1. 楼梯栏杆（高度 1000～1200mm，不锈钢材质 201）

参考单价：140～160 元/m。

工程量计算规则：按实际长度计算。

施工内容：包工包料。

2. 靠墙扶手（不锈钢材质 201）

参考单价：70～80 元/m。

工程量计算规则：按实际长度计算。

施工内容：包工包料。

3. 室外空调机护栏（高度 600mm，铝合金材质 304）

参考单价：90～95 元/m。

工程量计算规则：按实际长度计算。

施工内容：包工包料。

4. 玻璃栏板（不锈钢竖龙骨，TP6＋0.76PVB＋TP6 钢化夹胶玻璃）

参考单价：930～940 元/m。

工程量计算规则：按设计图示玻璃栏板尺寸以延长米计算。

施工内容：包工包料，综合不锈钢圆管、耐候胶、不锈钢螺栓玻璃夹具及扶手等系统相关内容。

第五章 施工技术措施项目

第一节 脚手架工程

一、工程量清单计价

脚手架工程包括综合脚手架、外脚手架、里脚手架、悬空脚手架、挑脚手架、满堂脚手架、整体提升架、外装饰吊篮。

脚手架材质可以不描述，但应注明由投标人根据工程实际情况按照现行行业标准《建筑施工扣件式钢管脚手架安全技术规范》JGJ 130 以及《建筑施工附着升降脚手架管理暂行规定》（建建〔2000〕230 号）等自行确定。

同一建筑物有不同的檐口高度时，按建筑物竖向切面分别按不同檐口高度编列清单项目。建筑物的檐口高度是指设计室外地坪至檐口滴水的高度（平屋顶系指屋面板底高度），凸出主体建筑物屋顶的电梯机房、楼梯出口间、水箱间、瞭望塔、排烟机房等不计入檐口高度。

1. 综合脚手架

综合脚手架工程量按建筑面积计算。使用综合脚手架项目时，不得再列出外脚手架、里脚手架等单项脚手架；综合脚手架适用于能够按“建筑面积计算规则”计算建筑面积的建筑工程脚手架，不适用于房屋加层、构筑物及附属工程脚手架。

2. 外脚手架、里脚手架、整体提升架、外装饰吊篮

工程量按所服务对象的垂直投影面积计算。整体提升架包括 2m 高的防护架体设施。如图 5-1 所示。

3. 悬空脚手架、满堂脚手架

工程量按搭设的水平投影面积计算。满堂脚手架应按搭设方式、搭设高度、脚手架材质分别列项。

4. 挑脚手架

工程量按搭设长度乘以搭设层数以延长米计算。

二、消耗量定额计价

1. 定额说明

（1）一般说明：

1）本章脚手架措施项目是指施工需要的脚手架搭、拆、运输及脚手架摊销的工料消耗。

2）本章脚手架措施项目材料均按钢管式脚手架编制。

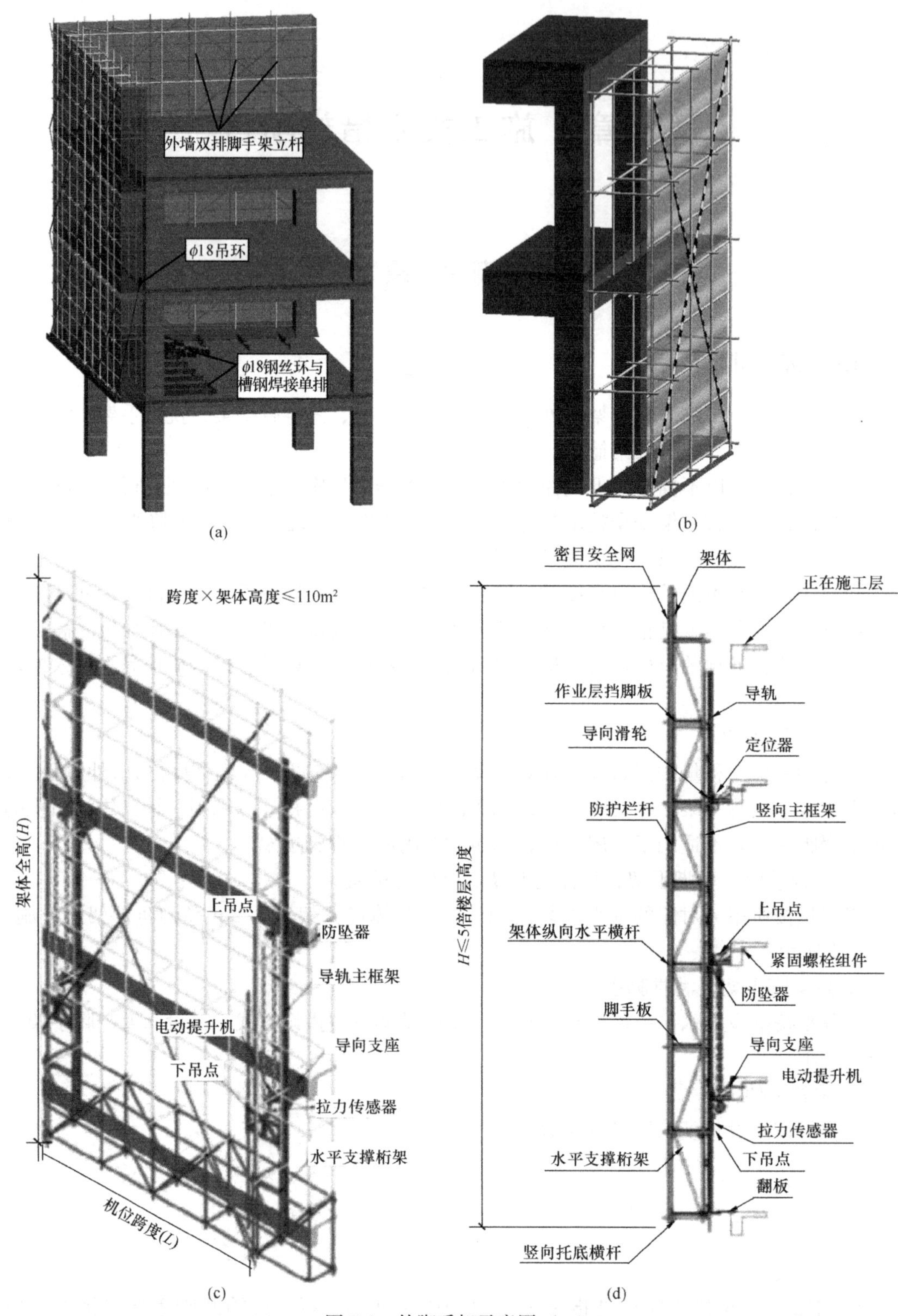

图 5-1　外脚手架示意图（一）

（a）型钢平台外挑双排钢管外脚手架；（b）双排钢管外脚手架；（c）附着式升降外脚手架三维图；（d）附着式升降外脚手架剖面图

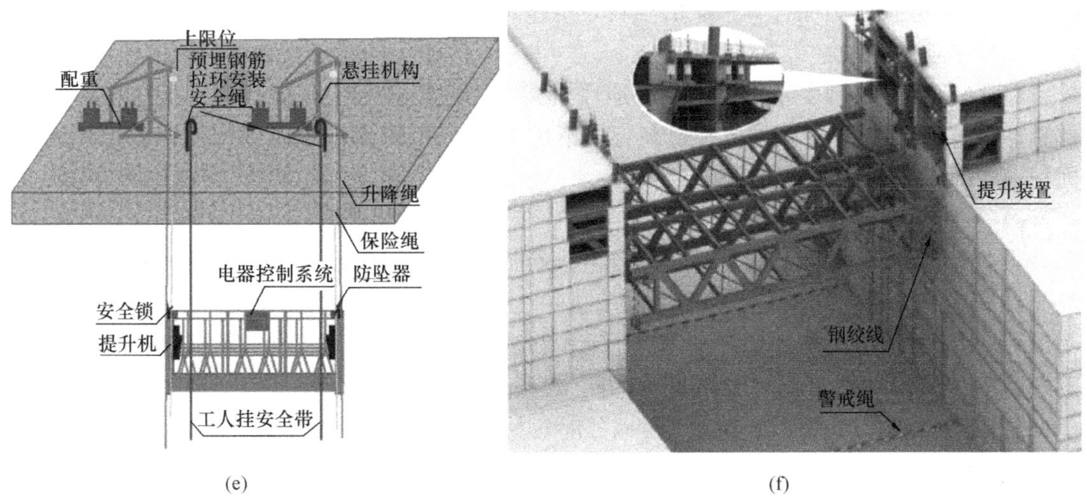

(e)　　(f)

图 5-1 外脚手架示意图（二）

(e) 外装饰吊篮；(f) 网架、连廊整体提升

3）各项脚手架消耗量中未包括脚手架基础加固。基础加固是指脚手架立杆下端以下或脚手架底座下皮以下的一切做法。

4）高度在 3.6m 以外墙面装饰不能利用原砌筑脚手架时，可计算装饰脚手架。装饰脚手架执行双排脚手架定额乘以系数 0.3。室内凡计算了满堂脚手架，墙面装饰不再计算墙面粉饰脚手架，只按每 100m^2 墙面垂直投影面积增加改架一般技工 1.28 工日。

（2）综合脚手架：

1）单层建筑综合脚手架适用于檐高 20m 以内的单层建筑工程。

2）凡单层建筑工程执行单层建筑综合脚手架项目，二层及二层以上的建筑工程执行多层建筑综合脚手架项目，地下室部分执行地下室综合脚手架项目。

3）综合脚手架中包括外墙砌筑及外墙粉饰，3.6m 以内的内墙砌筑及混凝土浇捣用脚手架以及内墙面和天棚粉饰脚手架。

4）执行综合脚手架，有下列情况者，可另执行单项脚手架项目：

① 满堂基础或者高度（垫层上皮至基础顶面）在 1.2m 以外的混凝土或钢筋混凝土基础，按满堂脚手架基本层定额乘以系数 0.3；高度超过 3.6m，每增加 1m 按满堂脚手架增加层定额乘以系数 0.3。

② 砌筑高度在 3.6m 以外的砖内墙，按单排脚手架定额乘以系数 0.3；砌筑高度在 3.6m 以外的砌块内墙，按相应双排外脚手架定额乘以系数 0.3。

③ 砌筑高度在 1.2m 以外的屋顶烟囱的脚手架，按设计图示烟囱外围周长另加 3.6m 乘以烟囱出屋顶高度以面积计算，执行里脚手架项目。

④ 砌筑高度在 1.2m 以外的管沟墙及砖基础，按设计图示砌筑长度乘以高度以面积计算，执行里脚手架项目。

⑤ 墙面粉饰高度在 3.6m 以外的执行内墙面粉饰脚手架项目。

⑥ 按照建筑面积计算规范的有关规定未计入建筑面积，但施工过程中需搭设脚手架的施工部位。

5）凡不适宜使用综合脚手架的项目，可按相应的单项脚手架项目执行。

（3）单项脚手架：

1）建筑物外墙脚手架，设计室外地坪至檐口的砌筑高度在15m以内的按单排脚手架计算；砌筑高度在15m以外或砌筑高度虽不足15m，但外墙门窗及装饰面积超过外墙表面积60%时，执行双排脚手架项目。

2）外脚手架消耗量中已综合斜道、上料平台、护卫栏杆等。

3）建筑物内墙脚手架，设计室内地坪至板底（或山墙高度的1/2处）的砌筑高度在3.6m以内的，执行里脚手架项目。

4）围墙脚手架，室外地坪至围墙顶面的砌筑高度在3.6m以内的，按里脚手架计算；砌筑高度在3.6m以外的，执行单排外脚手架项目。

5）石砌墙体，砌筑高度在1.2m以外时，执行双排外脚手架项目。

6）大型设备基础，凡距地坪高度在1.2m以外的，执行双排外脚手架项目。

7）挑脚手架适用于外檐挑檐等部位的局部装饰。

8）悬空脚手架适用于有露明屋架的屋面板勾缝、油漆或喷浆等部位。

9）整体提升架适用于高层建筑的外墙施工。

10）独立柱、现浇混凝土单（连续）梁执行双排外脚手架定额项目乘以系数0.3。

（4）其他脚手架：

电梯井架每一电梯台数为一孔。

2. 工程量计算规则

（1）综合脚手架：

综合脚手架按设计图示尺寸以建筑面积计算。

（2）单项脚手架：

1）外脚手架、整体提升架按外墙外边线长度（含墙垛及附墙井道）乘以外墙高度以面积计算。

2）计算内、外墙脚手架时，均不扣除门、窗、洞口、空圈等所占面积。同一建筑物高度不同时，应按不同高度分别计算。

3）里脚手架按墙面垂直投影面积计算。

4）独立柱按设计图示尺寸，以结构外围周长另加3.6m乘以高度以面积计算。执行双排外脚手架定额项目乘以系数。

5）现浇钢筋混凝土梁按梁顶面至地面（或楼面）间的高度乘以梁净长以面积计算。执行双排外脚手架定额项目乘以系数。

6）满堂脚手架按室内净面积计算，其高度在3.6～5.2m之间时计算基本层，5.2m以外每增加1.2m计算一个增加层，不足0.6m按一个增加层乘以系数0.5计算。计算公式如下：满堂脚手架增加层=（室内净高−5.2）/1.2。

7）挑脚手架按搭设长度乘以层数以长度计算。

8）悬空脚手架按搭设水平投影面积计算。

9）吊篮脚手架按外墙垂直投影面积计算，不扣除门窗洞口所占面积。

10）内墙面粉饰脚手架按内墙面垂直投影面积计算，不扣除门窗洞口所占面积。

11）立挂式安全网按架网部分的实挂长度乘以实挂高度以面积计算。

12）挑出式安全网按挑出的水平投影面积计算。

（3）其他脚手架：

电梯井架按单孔以“座”计算。

三、市场化计价

1. 双排外脚手架（包清工）

参考单价：12～13 元/m^2。

工程量计算规则：按建筑面积计算。

施工内容：包含网绳材料，U 形管下料、套丝，底部铺设平板，钢管、扣件、槽钢分类、上垛、整理计算。此单价包含所有租赁材料的自行保管。

2. 智能升降脚手架（全钢方钢式）

（1）办公楼项目架体外围

参考单价：3550～3700 元/6 个月。

工程量计算规则：按架体外围以延长米计算租赁价格。

（2）住宅楼项目架体外围（18 层及以下）

参考单价：3400～3500 元/6 个月。

工程量计算规则：按架体外围以延长米计算租赁价格。

（3）住宅楼项目架体外围（18 层以上）

参考单价：3550～3700 元/6 个月。

工程量计算规则：按架体外围以延长米计算租赁价格。

（4）每次使用超期租赁费

参考单价：17～21 元/d。

工程量计算规则：按使用天数计算租赁价格。

（5）公建项目建筑面积

参考单价：15～18 元/m^2。

工程量计算规则：按建筑面积计算劳务价格。

（6）住宅楼项目建筑面积

参考单价：17～25 元/m^2。

工程量计算规则：按建筑面积计算劳务价格。

施工内容：包括升降脚手架专用设备（导轨主框架、附着支座、提升动力设备、荷载同步控制及显示设备、遥控升降控制系统以及保证电气设备正常运转的控制电缆、各控制箱之间连接的电源线），工程完工后全数收回。专项方案的编制、组织社会专家论证、报审，办理当地政府主管部门的备案；负责与幕墙埋件、塔式起重机锚固等的全部技术协调配合。合同内未明确的附着升降脚手架的具体技术参数、做法等，均以论证、审批后的施工方案为准。

3. 型钢平台外挑脚手架（包清工）

参考单价：15～18 元/m^2。

工程量计算规则：按建筑面积计算。

施工内容：外挑脚手架，预埋件安装，槽钢封堵，压板安装，脚手架板搭设，平网，立网，安全通道，卸料平台，挡脚板安装等一切工作内容，按规范搭设，达到安全文明工地要求，工地小型工作必须无条件配合完成，拆除所有材料。

4. 外脚手架（材料租赁价格）

参考单价：15~20 元/m^2。

工程量计算规则：按建筑面积计算。

施工内容：含钢管、扣件、密目网、安全网、脚手板、竹笆、钢丝绳、型钢、塔式起重机口、电梯口、起重设备的操作平台和防护搭设等所有材料的购置费和租赁费、辅材费等的所有费用。乙方承诺外架设施保留至满足后期装饰、装修阶段（保温、涂料等）施工要求，并经甲方项目部同意后才拆除（若甲方后期变更粗装修施工单位，乙方将脚手架保留至主体验收后四个月方可拆除）。

第二节 模 板 工 程

一、工程量清单计价

混凝土模板及支架（撑）包括基础、矩形柱、构造柱、异形柱、基础梁、矩形梁、异形梁、圈梁、过梁、弧形及拱形梁、直形墙、弧形墙、短肢剪力墙及电梯井壁、有梁板、无梁板、平板、拱板、薄壳板、空心板、其他板、栏板、天沟及檐沟、雨篷悬挑板阳台板、楼梯、其他现浇构件、电缆沟地沟、台阶、扶手、散水、后浇带、化粪池、检查井。

适用于以平方米计量，按模板与混凝土构件的接触面积计算，采用清水模板时应在项目特征中说明。以立方米计量的模板及支撑（架），按混凝土及钢筋混凝土实体项目执行，其综合单价应包含模板及支撑（架）。以下仅规定了按接触面积计算的规则与方法：

1. 混凝土基础、柱、梁、墙板等主要构件模板及支架工程量按模板与现浇混凝土构件的接触面积计算。原槽浇灌的混凝土基础、垫层不计算模板工程量。若现浇混凝土梁、板支撑高度超过 3.6m 时，项目特征应描述支撑高度。如图 5-2 所示。

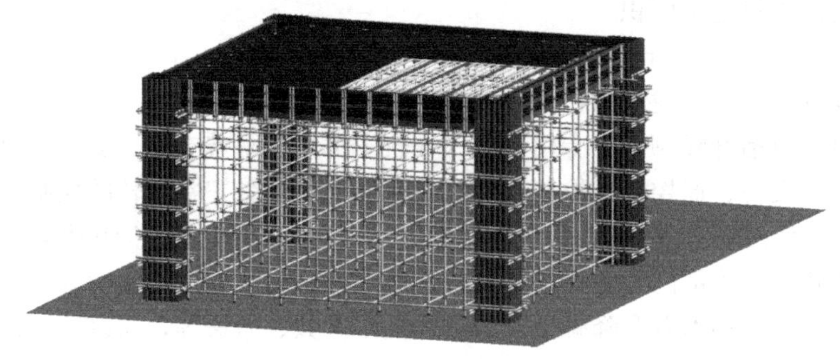

图 5-2 现浇混凝土柱、梁、板模板示意图

（1）现浇钢筋混凝土墙、板单孔面积小于或等于 0.3m^2 的孔洞不予扣除，洞侧壁模板亦不增加；单孔面积大于 0.3m^2 时应予扣除，洞侧壁模板面积并入墙、板工程量计算。如图 5-3 所示。

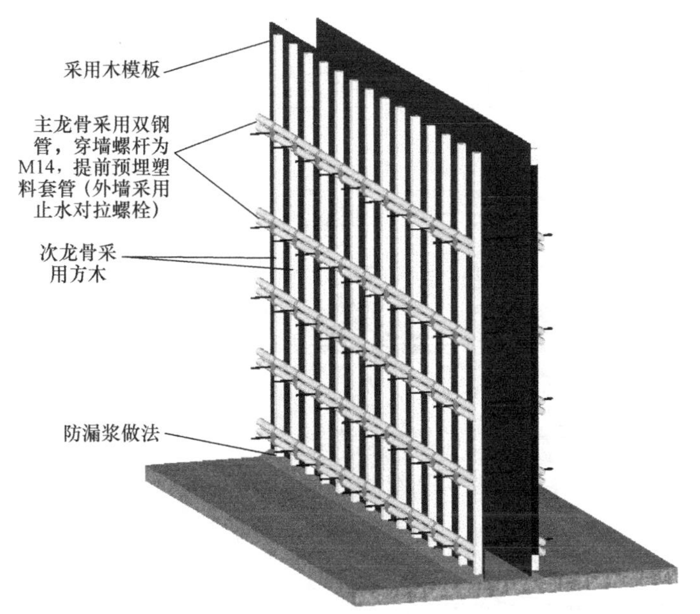

图 5-3　现浇混凝土直形墙模板示意图

（2）现浇框架分别按梁、板、柱有关规定计算；附墙柱、暗梁、暗柱并入墙内工程量计算。如图 5-4 所示。

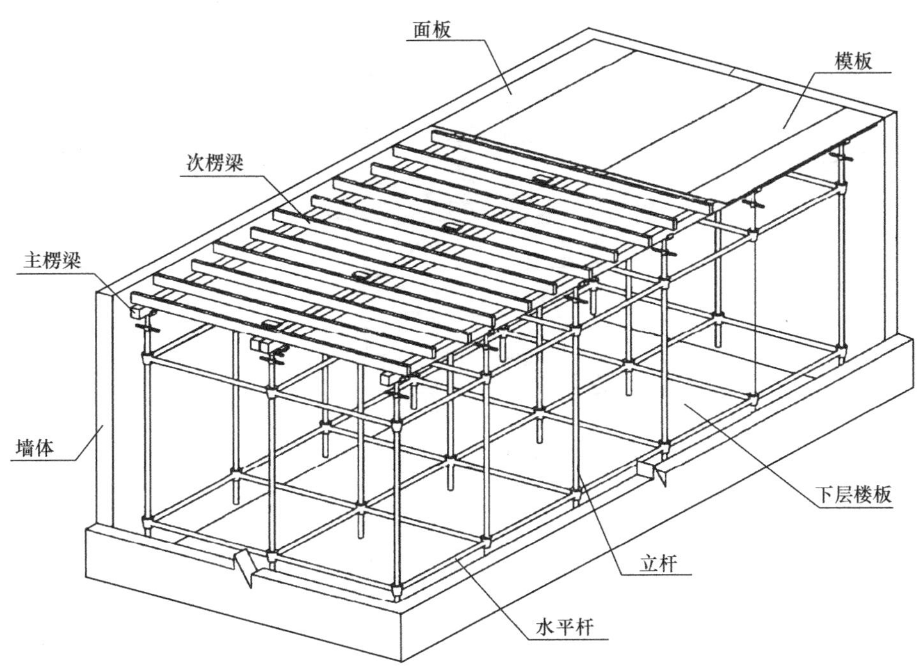

图 5-4　现浇混凝土板模板示意图

（3）柱、梁、墙、板相互连接的重叠部分，均不计算模板面积。

（4）构造柱按图示外露部分计算模板面积。如图 5-5 所示。

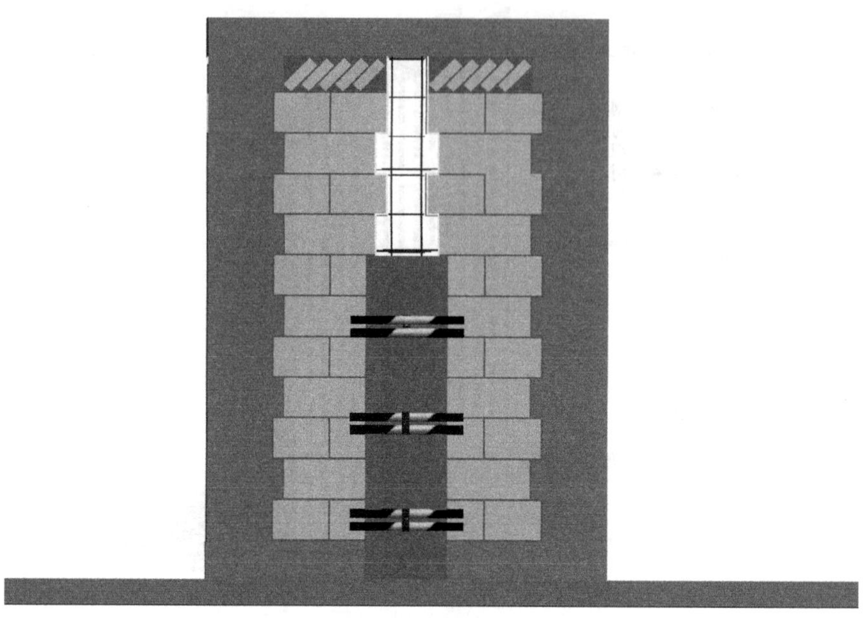

图 5-5 现浇混凝土构造柱模板示意图

2. 天沟、檐沟、电缆沟、地沟、散水、扶手、后浇带、化粪池、检查井按模板与现浇混凝土构件的接触面积计算。如图 5-6 所示。

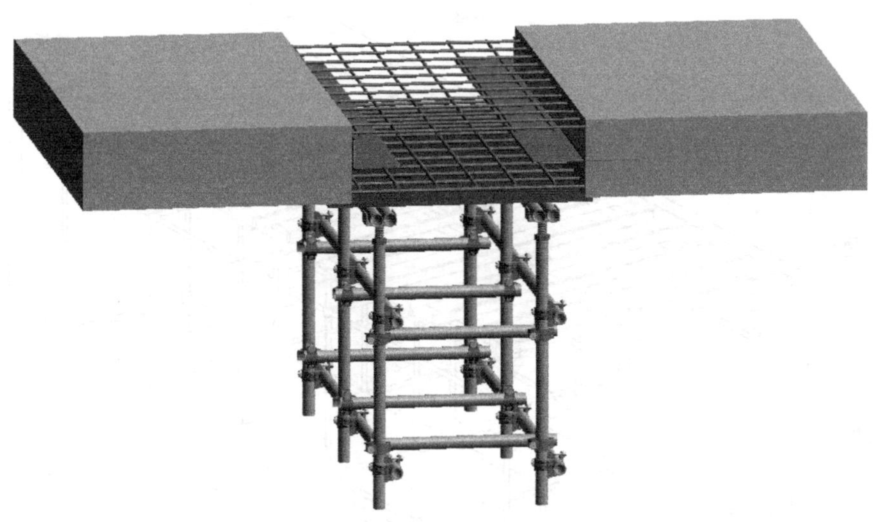

图 5-6 现浇混凝土后浇带模板示意图

3. 雨篷、悬挑板、阳台板，按图示外挑部分尺寸的水平投影面积计算，挑出墙外的悬臂梁及板边不另计算。

4. 楼梯，按楼梯（包括休息平台、平台梁、斜梁和楼层板的连接梁）的水平投影面积计算，不扣除宽度小于或等于 500mm 的楼梯井所占面积，楼梯踏步、踏步板、平台梁等侧面模板不另计算，伸入墙内部分亦不增加，如图 5-7 所示。

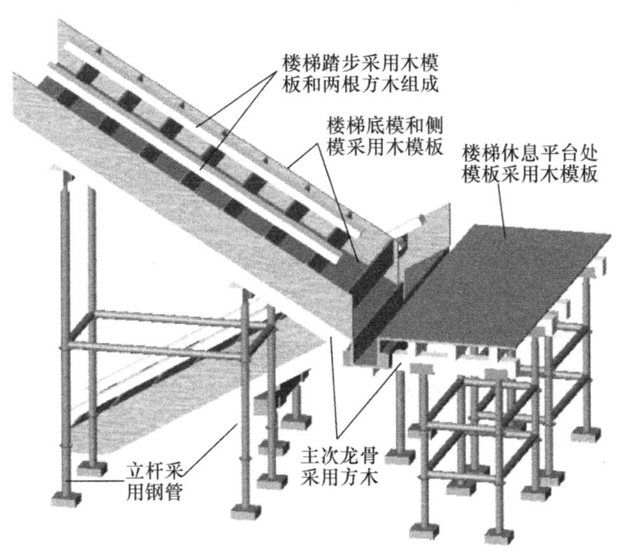

图 5-7　现浇混凝土楼梯模板示意图

二、消耗量定额计价

1. 定额说明：

（1）模板分组合钢模板、大钢模板、复合模板、木模板，定额未注明模板类型的，均按木模板考虑。

（2）模板按企业自有编制。组合钢模板包括装箱，且已包括回库维修耗量。

（3）复合模板适用于竹胶、木胶等品种的复合板。

（4）圆弧形带形基础模板执行带形基础相应项目，人工、材料、机械乘以系数 1.15。

（5）地下室底板模板执行满堂基础，满堂基础模板已包括集水井模板杯壳。

（6）满堂基础下翻构件的砖胎模，砖胎模中砌体执行基础定额“第四章 砌筑工程”砖基础相应项目；抹灰执行基础定额“第十一章 楼地面装饰工程”“第十二章 墙、柱面装饰与隔断、幕墙工程”抹灰的相应项目。

（7）独立桩承台执行独立基础项目；带形桩承台执行带形基础项目；与满堂基础相连的桩承台执行满堂基础项目。高杯基础杯口高度大于杯口大边长度 3 倍以上时，杯口高度部分执行柱项目，杯形基础执行柱项目。

（8）现浇混凝土柱（不含构造柱）、墙、梁（不含圈、过梁），板是按高度（板面或地面、垫层面至上层板面的高度＞3.6m）综合考虑的。如遇斜板面结构时，柱分别按各柱的中心高度为准；墙按分段墙的平均高度为准；框架梁按每跨两端的支座平均高度为准；板（含梁板合计的梁）按高点与低点的平均高度为准。

异形柱、梁，是指柱、梁的断面形状为 L 形、十字形、T 形、Z 形的柱、梁。

（9）柱模板如遇弧形和异形组合时，执行圆柱项目。

（10）短肢剪力墙是指截面厚度≤300mm，各肢截面高度与厚度之比的最大值＞4 但≤8 的剪力墙；各肢截面高度与厚度之比的最大值≤4 的剪力墙执行柱项目。

（11）外墙设计采用一次摊销止水螺杆方式支模时，将对拉螺栓材料换为止水螺杆，其消耗量按对拉螺栓数量乘以系数12，取消塑料套管消耗量，其余不变。墙面模板未考虑定位支撑因素，如图5-8所示。

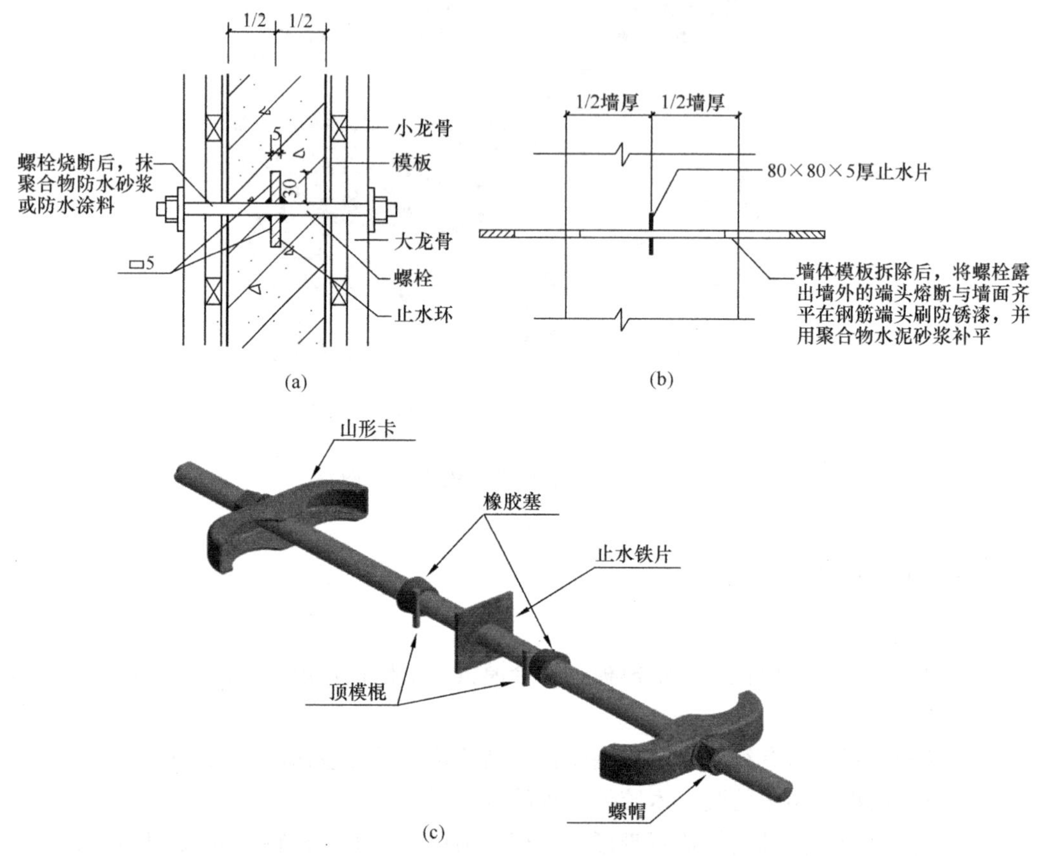

图5-8 对拉螺栓增加构造示意图
（a）对拉螺栓剖面图；（b）对拉螺栓大样图；（c）对拉螺栓三维图

柱、梁面对拉螺栓堵眼增加费，执行墙面螺栓堵眼增加费项目，柱面螺栓堵眼人工、机械乘以系数0.3，梁面螺栓堵眼人工、机械乘以系数0.35。

（12）板或拱形结构按板顶平均高度确定支模高度，电梯井壁按建筑物自然层层高确定支模高度。

（13）斜梁（板）按坡度大于10°且≤30°综合考虑。斜梁（板）坡度在10°以内的执行梁，板项目；坡度在30°以上、45°以内时人工乘以系数1.05；坡度在45°以上、60°以内时人工乘以系数1.10；坡度在60°以上时人工乘以系数1.20。

（14）混凝土梁、板应分别计算执行相应项目，混凝土板适用于截面厚度≤250mm；板中暗梁并入板内计算；墙、梁弧形且半径≤9m时，执行弧形墙、梁项目。

（15）现浇空心板执行平板项目，内模安装另行计算。

（16）薄壳板模板不分筒式、球形、双曲形等，均执行同一项目。

（17）型钢组合混凝土构件模板，按构件相应项目执行。

（18）屋面混凝土女儿墙高度＞1.2m时执行相应墙项目，≤1.2m时执行相应栏板项目。

(19) 混凝土栏板高度（含压顶扶手及翻沿），净高按 1.2m 以内考虑，超 1.2m 时执行相应墙项目。

(20) 现浇混凝土阳台板、雨篷板按三面悬挑形式编制，如一面为弧形栏板且半径≤9m时，执行圆弧形阳台板、雨篷板项目；如非三面悬挑形式的阳台、雨篷，则执行梁、板相应项目。

(21) 挑檐、天沟壁高度≤400mm，执行挑檐项目；挑檐、天沟壁高度>400mm 时，按全高执行栏板项目。单件体积 0.1m^3 以内，执行小型构件项目。

(22) 预制板间补现浇板缝执行平板项目。

(23) 现浇飘窗板、空调板执行悬挑板项目。

(24) 楼梯是按建筑物一个自然层双跑楼梯考虑，如单坡直行楼梯（即一个自然层、无休息平台）按相应项目人工、材料、机械乘以系数 1.2；三跑楼梯（即一个自然层、两个休息平台）按相应项目人工、材料、机械乘以系数 0.9；四跑楼梯（即一个自然层、三个休息平台）按相应项目人工、材料、机械乘以系数 0.75。剪刀楼梯执行单坡直行楼梯相应系数。

(25) 与主体结构不同时浇捣的厨房、卫生间等处墙体下部现浇混凝土翻边的模板执行圈梁相应项目。

(26) 散水模板执行垫层相应项目。

(27) 凸出混凝土柱、梁、墙面的线条，并入相应构件内计算，再按凸出的线条道数执行模板增加费项目；但单独窗台板、栏板扶手、墙上压顶的单阶挑檐不另计算模板增加费；其他单阶线条凸出宽度>200mm 的执行挑檐项目。

(28) 外形尺寸体积在 1m^3 以内的独立池槽执行小型构件项目，1m^3 以上的独立池槽及与建筑物相连的梁、板、墙结构式水池，分别执行梁、板、墙相应项目。

(29) 小型构件是指单件体积 0.1m^3 以内且本节未列项目的小型构件。

(30) 当设计要求为清水混凝土模板时，执行相应模板项目，并做如下调整：复合模板材料换算为镜面胶合板，机械不变，其人工按表 5-1 增加工日。

清水混凝土模板增加工日（单位：100m^2）　　**表 5-1**

项目	柱			梁			墙		有梁板、无梁板、平板
	矩形柱	圆形柱	异形柱	矩形梁	异形梁	弧形、拱形梁	直形墙、弧形墙、电梯井壁墙	短肢剪力墙	
工日	4	5.2	6.2	5	5.2	5.8	3	2.4	4

(31) 预制构件地模的摊销，已包括在预制构件的模板中。

2. 工程量计算规则

(1) 现浇混凝土构件模板：

1) 现浇混凝土构件模板，除另有规定者外，均按模板与混凝土的接触面积（扣除后浇带所占面积）计算。

2）基础：

① 有肋式带形基础，肋高（指基础扩大顶面至梁顶面的高）≤1.2m 时，合并计算；>1.2m 时，基础底板模板按无肋带形基础项目计算，扩大顶面以上部分模板按混凝土墙项目计算。

② 独立基础：高度从垫层上表面计算到柱基上表面。

③ 满堂基础：无梁式满堂基础有扩大或角锥形柱墩时，并入无梁式满堂基础内计算。有梁式满堂基础梁高（从板面或板底计算，梁高不含板厚）≤1.2m 时，基础和梁合并计算；>1.2m 时，底板按无梁式满堂基础模板项目计算，梁按混凝土墙模板项目计算。箱式满堂基础应分别按无梁式满堂基础、柱、墙、梁、板的有关规定计算。地下室底板按无梁式满堂基础模板项目计算。

④ 设备基础：块体设备基础按不同体积，分别计算模板工程量。框架设备基础应分别按基础、柱以及墙的相应项目计算；楼层面上的设备基础并入梁、板项目计算。如在同一设备基础中，部分为块体，部分为框架时，应分别计算。框架设备基础的柱模板高度应由底板或柱基的上表面算至板的下表面；梁的长度按净长计算，梁的悬臂部分应并入梁内计算。

⑤ 设备基础地脚螺栓套孔按不同深度以数量计算。

3）构造柱均应按图示外露部分计算模板面积。带马牙槎构造柱的宽度按马牙槎处的宽度计算。

4）现浇混凝土墙，板上单孔面积在 0.3m^2 以内的孔洞不予扣除，洞侧壁模板亦不增加；单孔面积在 0.3m^2 以上时，应予以扣除，洞侧壁模板面积并入墙、板模板工程量以内计算。

对拉螺栓堵眼增加费按墙面、柱面、梁面模板接触面分别计算工程量。

5）现浇混凝土框架分别按柱、梁、板有关规定计算，附墙柱凸出墙面部分按柱工程量计算，暗梁、暗柱并入墙内工程量计算。

6）柱、墙、梁、板、栏板相互连接的重叠部分，均不扣除模板面积。

7）挑檐、天沟与板（包括屋面板、楼板）连接时，以外墙外边线为分界线；与梁（包括圈梁等）连接时，以梁外边线为分界线；外墙外边线以外或梁外边线以外为挑檐、天沟。

8）现浇混凝土悬挑板、雨篷、阳台按图示外挑部分尺寸的水平投影面积计算，挑出墙外的悬臂梁及板边不另计算。

9）现浇混凝土楼梯（包括休息平台、平台梁、斜梁和楼层板的连接的梁）按水平投影面积计算。不扣除宽度小于 500mm 楼梯井所占面积，楼梯的踏步、踏步板、平台梁等侧面模板不另行计算，伸入墙内部分亦不增加。当整体楼梯与现浇楼板无梯梁连接时，以楼梯的最后一个踏步边缘加 300mm 为界。

10）混凝土台阶不包括梯带，按图示台阶尺寸的水平投影面积计算，台阶端头两侧不另计算模板面积；架空式混凝土台阶按现浇楼梯计算；场馆看台按设计图示尺寸，以水平投影面积计算。

11）凸出的线条模板增加费，以凸出棱线的道数分别按长度计算，两条及多条线条相互之间净距小于 100mm 的，每两条按一条计算。

12）后浇带按模板与后浇带的接触面积计算。

（2）预制混凝土构件模板：

预制混凝土模板按模板与混凝土的接触面积计算，地模不计算接触面积。

三、市场化计价

按承包内容混凝土模板接触面积计算，含拆除、倒运材料。其中模板制作占单价的15%，模板安装占价格40%，模板拆除现场清理堆放及结构验收占25%，剩余机具利润等组成占单价的20%。

1. 基础及主楼主体模板制作、安装及拆除清运劳务价格

参考单价：40～55元/m^2。

工程量计算规则：按混凝土模板接触面积计算。

施工内容：包含撑棍、柱、剪力墙模板底部缝隙处理，模板支撑，元钉、铁丝、黄胶带、刷脱模剂、双面胶、工程线带等各种辅材以倒料上楼的施工等。

2. 二次结构模板劳务价格（综合考虑）

参考单价：45～50元/m^2。

工程量计算规则：按混凝土模板接触面积计算。

施工内容：包含模板底部缝隙处理，模板支撑，元钉、铁丝、黄胶带、刷脱模剂、双面胶、工程线带等各种辅材以倒料上楼的施工等。

3. 二次结构模板劳务价格（分构件）

参考单价：压顶为15～15.5元/m；

过梁为30～31元/根；

构造柱为80～85元/颗；

混凝土门垛为80～85元/颗。

工程量计算规则：分别按照相应的规则计算。

施工内容：包含模板底部缝隙处理，模板支撑，元钉、铁丝、黄胶带、刷脱模剂、双面胶、工程线带等各种辅材以倒料上楼的施工等。

4. 模板支撑系统

参考单价：10～12元/m^2。

工程量计算规则：按混凝土模板接触面积计算。

施工内容：含钢背楞、木方、钢管、扣件、对拉螺栓、止水片、可调支座、蝴蝶扣、木垫板、钢支座、模板支撑扫地杆等所有支模用材料的购置费和租赁费，不包括木模板材料价格，可根据一次投入量进行成本测算。

5. 铝合金模板租赁

参考单价：民用建筑18～24元/m^2；

公用建筑22～25元/m^2。

工程量计算规则：按混凝土模板接触面积计算，需要注意：标准层越多单价越低。

施工内容：含产品设计、生产、试拼装费用、含税、含管理费、利润、税金等全费用（包含运至项目工地运费、模板回收运费），标准层三个楼层所需支撑系统及早拆系统，设

备的零部件、附件和辅助件，其中，螺杆、螺母、垫片、销钉和销片将在实际需求量的基础上增加5%的预留损耗提供。

第三节 垂直运输工程

一、工程量清单计价

1. 垂直运输

垂直运输指施工工程在合理工期内所需垂直运输机械。同一建筑物有不同檐高时，按建筑物的不同檐高作纵向分割，分别计算建筑面积，以不同檐高分别编码列项。垂直运输可按建筑面积计算，也可以按施工工期日历天数计算。如图5-9所示。

建筑物的檐口高度是指设计室外地坪至檐口滴水的高度（平屋顶系指屋面板底高度），凸出主体建筑物屋顶的电梯机房、楼梯出口间、水箱间、瞭望塔、排烟机房等不计入檐口高度。

垂直运输项目工作内容包括：垂直运输机械的固定装置、基础制作、安装；行走式垂直运输机械轨道的铺设、拆除、摊销。

2. 超高施工增加

单层建筑物檐口高度超过20m，多层建筑物超过6层时，可按超高部分的建筑面积计算超高施工增加。计算层数时，地下室不计入层数。同一建筑物有不同檐高时，可按不同高度的建筑面积分别计算建筑面积，以不同檐高分别编码列项。其工程量计算按建筑物超高部分的建筑面积计算。

超高施工增加项目工作内容包括：建筑物超高引起的人工工效降低，以及由于人工工效降低引起的机械降效，高层施工用水加压水泵的安装、拆除及工作台班，通信联络设备的使用及摊销。

二、消耗量定额计价

1. 定额说明

(1) 垂直运输工程：

1) 垂直运输工作内容，包括单位工程在合理工期内完成全部工程项目所需要的垂直运输机械台班，不包括机械的场外往返运输、一次安拆及路基铺垫和轨道铺拆等的费用。

2) 檐高3.6m以内的单层建筑，不计算垂直运输机械台班。

3) 本定额层高按3.6m考虑，超过3.6m者，应另计层高超高垂直运输增加费，每超过1m，其超高部分按相应定额增加10%，超高不足1m按1m计算。

4) 垂直运输是按现行工期定额中规定的Ⅱ类地区标准编制的，Ⅰ、Ⅲ类地区按相应定额分别乘以系数0.95和1.1。

(2) 建筑物超高增加费

建筑物超高增加人工、机械定额适用于单层建筑物檐口高度超过20m，多层建筑物超过6层的项目。

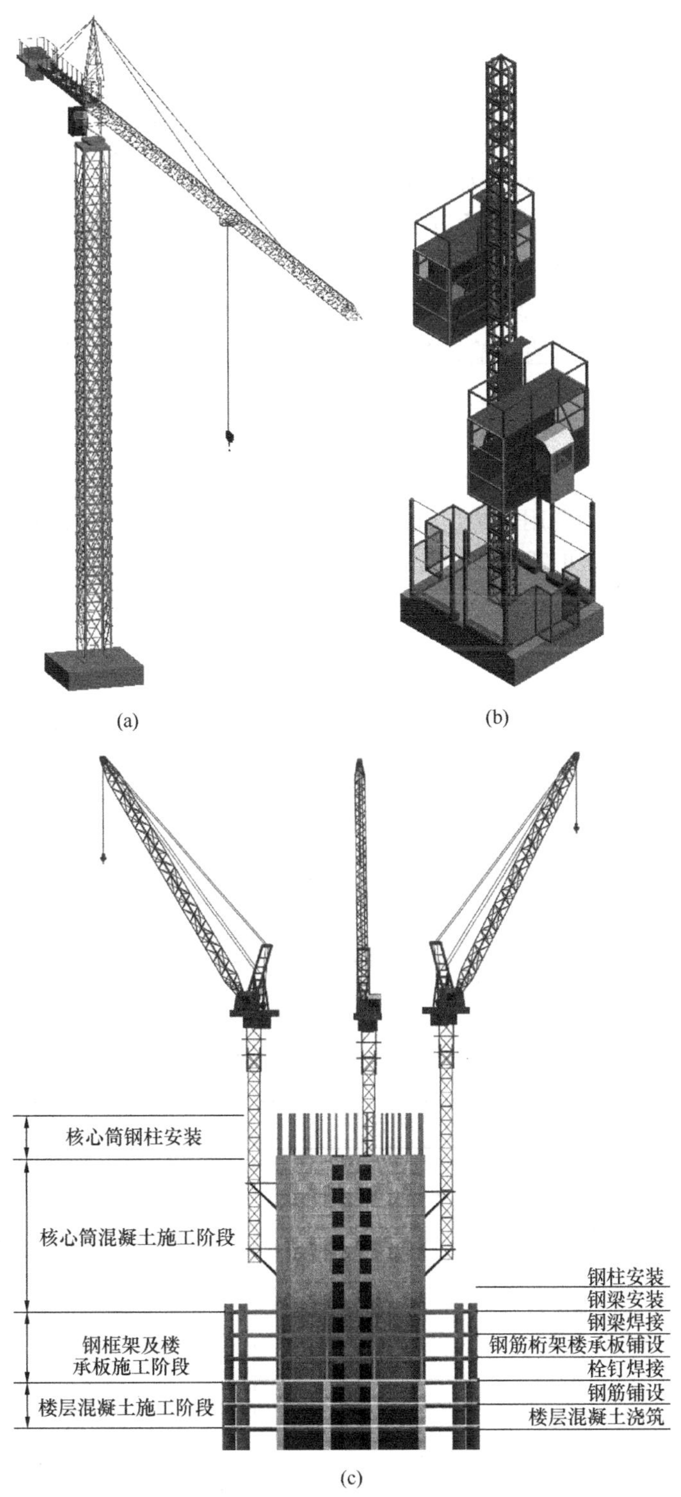

图 5-9　垂直运输机械示意图

(a) 塔式起重机；(b) 施工电梯；(c) 动臂塔式起重机

2. 工程量计算规则

(1) 垂直运输工程：

1) 建筑物垂直运输机械台班用量，区分不同建筑物结构及檐高按建筑面积计算。地下室面积与地上面积合并计算，独立地下室由各地根据实际自行补充。

2) 本章按泵送混凝土考虑，如采用非泵送，垂直运输费按以下方法增加：相应项目乘以调增系数（5%～10%），再乘以非泵送混凝土数量占全部混凝土数量的百分比。

(2) 建筑物超高增加费

1) 各项定额中包括的内容指单层建筑物檐口高度超过 20m、多层建筑物超过 6 层的全部工程项目，但不包括垂直运输、各类构件的水平运输及各项脚手架。

2) 建筑物超高增加费的人工、机械按建筑物超高部分的建筑面积计算。

三、市场化计价

垂直运输机械的使用费用需根据批准的施工方案进行计算，根据实际工期进行测算。租赁价格主要与设备的新旧程度和市场需求有很大的关系。

1. 塔式起重机租赁

如表 5-2 所示。

塔式起重机租赁费用 表 5-2

序号	设备名称、规格、型号	单位	日租金	备注
1	QTZ40A-4T (4708)	台	290	标准高度 29m
2	QTZ40B-4T (4708)	台	390	标准高度 34m
3	QTZ80-1-4T (5510)	台	580	标准高度 40m
4	STT113-6T (5510)	台	660	标准高度 40m
5	STT133-6T (55135)	台	700	标准高度 40m
6	STT133B-6T (55135)	台	790	标准高度 45m
7	STT139-8T (6012)	台	900	标准高度 45m
8	QTZ125-10T (6015)	台	1200	标准高度 59.8m
9	STT200-10T (7015)	台	1400	标准高度 59.7m
10	STT200-12T (6515)	台	1600	标准高度 59.7m
11	塔式起重机安全碰撞、安全监控系统	台	20	含通信费
12	塔式起重机监控平台	台	40	含通信费和吊钩可视费
13	QTZ40A	节	12	标准节
14		道	15	标准长度扶墙器
15	QTZ40B	节	15	标准节
16		道	18	标准长度扶墙器
17	QTZ80-1	节	20	标准节
18		道	25	标准长度扶墙器

2. 施工电梯租赁

如表 5-3 所示。

施工电梯租赁费用　　　　表 5-3

序号	设备名称、规格、型号		单位	日租金（元）	备注
1	SC200/200 施工升降机	三传动（方圆、京龙）（33m/min）	台	350	50m：功率 3×11×2
2		节能二传动（33m/min）	台	370	50m：功率 2×11×2
3	SC200/200 变频施工升降机	节能二传动低速（0～40m/min）	台	410	50m：功率 2×15×2
4		节能滑触线二传动低速（0～40m/min）	台	430	50m：功率 2×15×2
5		节能二传动低中速（0～46m/min）	台	410	50m：功率 2×11×2
6		节能三传动中速（0～63m/min）	台	450	50m：功率 3×11×2
7		三传动中速（0～63m/min）	台	430	50m：功率 3×18.5×2
8	SC200 变频施工升降机	节能三传动中速（0～63m/min）	台	370	50m：功率 3×11
9		节能二传动（0～40m/min）	台	330	50m：功率 2×11
10		三传动中速（0～63m/min）	台	370	50m：功率 3×18.5
11	物料提升机	单笼	台	180	标高：23m
12		双笼	台	200	标高：23m
13	物料提升机 施工升降机	标准节	节	5	
14		加强节	节	6	
15		扶墙器	道	5	标准长度

第四节　大型机械设备进出场及安拆

一、工程量清单计价

安拆费包括施工机械、设备在现场进行安装拆卸所需人工、材料、机械和试运转费用以及机械辅助设施的折旧、搭设、拆除等费用；进出场费包括施工机械、设备整体或分体自停放地点运至施工现场或由一施工地点运至另一施工地点所发生的运输、装卸、辅助材料等费用。

工程量以台次计量，按使用机械设备的数量计算。

二、消耗量定额计价

1. 定额说明：

（1）大型机械设备进出场及安拆费是指机械整体或分体自停放场地运至施工现场或由一个施工地点运至另一个施工地点，所发生的机械进出场运输和转移费用，以及机械在施工现场进行安装、拆卸所需的人工费、材料费、机械费、试运转费和安装所需的辅助设施的费用。

（2）塔式起重机及施工电梯基础：

1）塔式起重机轨道铺拆以直线形为准，如铺设弧线形时，定额乘以系数 1.15。

2）固定式基础适用于混凝土体积在 $10m^3$ 以内的塔式起重机基础，如超出者按实际混凝土工程、模板工程、钢筋工程分别计算工程量，按基础定额“第五章 混凝土及钢筋混凝土工程”相应项目执行。

3）固定式基础如需打桩时，打桩费用另行计算。

（3）大型机械设备安拆费

1）机械安拆费是安装、拆卸的一次性费用。

2）机械安拆费中包括机械安装完毕后的试运转费用。

3）柴油打桩机的安拆费中，已包括轨道的安拆费用。

4）自升式塔式起重机安拆费按塔高 45m 确定，＞45m 且檐高≤200m，塔高每增高 10m，按相应定额增加费用 10％，尾数不足 10m 按 10m 计算。

（4）大型机械设备进出场费

1）进出场费中已包括往返一次的费用，其中回程费按单程运费的 25％考虑。

2）进出场费中已包括了臂杆、铲斗及附件、道木、道轨的运费。

3）机械运输路途中的台班费，不另计取。

（5）大型机械设备现场的行驶路线需修整铺垫时，其人工修整可按实际计算。同一施工现场各建筑物之间的运输，定额按 100m 以内综合考虑，如转移距离超过 100m，在 300m 以内的，按相应场外运输费用乘以系数 0.3；在 500m 以内的，按相应场外运输费用乘以系数 0.6。使用道木铺垫按 15 次摊销，使用碎石零星铺垫按一次摊销。

2. 工程量计算规则：

（1）大型机械设备安拆费按台次计算。

（2）大型机械设备进出场费按台次计算。

三、市场化计价

1. 塔式起重机进出场及安拆

如表 5-4 所示。

塔式起重机进出场及安拆　　　　表 5-4

<table>
<tr><th>序号</th><th colspan="2">设备名称、规格、型号</th><th>单位</th><th>拆装吊装费（元）</th><th>30km运输费（元）</th><th>30km-70km内减30km运输补贴（元/km·台）</th><th>委托装车/卸车人工费（单次）</th><th>拆装人工费（元）</th><th>重度污染清理劳务费（元）</th><th>备注</th></tr>
<tr><td>1</td><td colspan="2">QTZ40A-4T塔机（4708）</td><td>台</td><td>1500</td><td>3200</td><td>20</td><td>500</td><td>4500</td><td></td><td>标准高度29m</td></tr>
<tr><td>2</td><td colspan="2">QTZ40B-4T塔机（4708）</td><td>台</td><td>1500</td><td>3200</td><td>20</td><td>500</td><td>5000</td><td></td><td>标准高度34m</td></tr>
<tr><td>3</td><td colspan="2">QTZ80-1-6T塔机（5510）</td><td>台</td><td>4000</td><td>6000</td><td>40</td><td>700</td><td>8000</td><td></td><td>标准高度40m</td></tr>
<tr><td>4</td><td colspan="2">STT113/133-6T塔机（5510）</td><td>台</td><td>4000</td><td>6000</td><td>40</td><td>700</td><td>8000</td><td></td><td>标准高度40m</td></tr>
<tr><td>5</td><td colspan="2">STT133/B-6T塔机（55135）</td><td>台</td><td>4000</td><td>6000</td><td>40</td><td>700</td><td>9000</td><td></td><td>标准高度45m</td></tr>
<tr><td>6</td><td colspan="2">STT139-8T塔机（6012）</td><td>台</td><td>4000</td><td>6000</td><td>40</td><td>700</td><td>9000</td><td></td><td>标准高度45m</td></tr>
<tr><td>7</td><td colspan="2">QTZ125-10T塔机（6015）</td><td>台</td><td>8000</td><td>16000</td><td>55</td><td>1000</td><td>22000</td><td></td><td>标准高度59.8m</td></tr>
<tr><td>8</td><td colspan="2">STT200塔机</td><td>台</td><td>18000</td><td>16000</td><td>60</td><td>1000</td><td>27000</td><td></td><td>标准高度59.7m</td></tr>
<tr><td>9</td><td colspan="2">STT293、PT7032塔机</td><td>台</td><td>20000</td><td>20000</td><td>65</td><td>1000</td><td>32000</td><td></td><td>标准高度61.2m</td></tr>
<tr><td>10</td><td colspan="2">接（截）臂</td><td>次</td><td></td><td></td><td></td><td></td><td>2000</td><td></td><td>按次收费</td></tr>
<tr><td>11</td><td rowspan="2">换绳</td><td>QTZ100以下</td><td>次</td><td></td><td></td><td></td><td></td><td>1200</td><td></td><td>按次收费</td></tr>
<tr><td>12</td><td>QTZ125以上</td><td>次</td><td></td><td></td><td></td><td></td><td>1800</td><td></td><td>按次收费</td></tr>
<tr><td>13</td><td colspan="2">防碰撞、监控平台、防倾翻</td><td>台</td><td></td><td></td><td></td><td></td><td>2000</td><td></td><td>安装按次收费</td></tr>
<tr><td>14</td><td rowspan="2">QTZ40A塔机</td><td>标准节</td><td>节</td><td></td><td>150元/节</td><td></td><td rowspan="2">50</td><td>900</td><td>30</td><td>一次或5个节内</td></tr>
<tr><td>15</td><td>扶墙器</td><td>道</td><td></td><td>150元/道</td><td></td><td>900</td><td></td><td>标准长度</td></tr>
<tr><td>16</td><td rowspan="2">QTZ40B塔机</td><td>标准节</td><td>节</td><td></td><td>150元/节</td><td></td><td rowspan="2">50</td><td>900</td><td>30</td><td>一次或5个节内</td></tr>
<tr><td>17</td><td>扶墙器</td><td>道</td><td></td><td>150元/道</td><td></td><td>900</td><td></td><td>标准长度</td></tr>
<tr><td>18</td><td rowspan="3">QTZ80-1塔机</td><td rowspan="2">标准节</td><td rowspan="2">节</td><td rowspan="2"></td><td rowspan="2">150元/节</td><td rowspan="2"></td><td rowspan="3">70</td><td>1000</td><td rowspan="2">34</td><td>一次或5个节内</td></tr>
<tr><td>19</td><td>200</td><td>同次每增1节</td></tr>
<tr><td>20</td><td>扶墙器</td><td>道</td><td></td><td>150元/道</td><td></td><td>1000</td><td></td><td>标准长度</td></tr>
<tr><td>21</td><td rowspan="3">STT113/133/139塔机</td><td rowspan="2">43A2标准节/46A1标准节</td><td rowspan="2">节</td><td rowspan="2"></td><td rowspan="2">200元/节</td><td rowspan="2"></td><td rowspan="3">70</td><td>1500</td><td rowspan="2">34</td><td>一次或5个节内</td></tr>
<tr><td>22</td><td>300</td><td>同次每增1节</td></tr>
<tr><td>23</td><td>扶墙器</td><td>道</td><td></td><td>200元/道</td><td></td><td>1300</td><td></td><td>标准长度</td></tr>
<tr><td>24</td><td rowspan="3">QTZ125塔机</td><td rowspan="2">68A1标准</td><td rowspan="2">节</td><td rowspan="2"></td><td rowspan="2">250元/节</td><td rowspan="2"></td><td rowspan="3">80</td><td>2000</td><td rowspan="2">34</td><td>一次或5个节内</td></tr>
<tr><td>25</td><td>400</td><td>同次每增1节</td></tr>
<tr><td>26</td><td>扶墙器</td><td>道</td><td></td><td>250元/道</td><td></td><td>2500</td><td></td><td>标准长度</td></tr>
<tr><td>27</td><td rowspan="3">STT200塔机</td><td rowspan="2">62B2标准节</td><td rowspan="2">节</td><td rowspan="2"></td><td rowspan="2">250元/节</td><td rowspan="2"></td><td rowspan="3">80</td><td>2500</td><td rowspan="2">34</td><td>一次或5个节内</td></tr>
<tr><td>28</td><td>500</td><td>同次每增1节</td></tr>
<tr><td>29</td><td>扶墙器</td><td>道</td><td></td><td>250元/道</td><td></td><td>2500</td><td></td><td>标准长度</td></tr>
<tr><td>30</td><td rowspan="3">STT293/PT7032塔机</td><td rowspan="2">69B2标准</td><td rowspan="2">节</td><td rowspan="2"></td><td rowspan="2">250元/节</td><td rowspan="2"></td><td rowspan="3">80</td><td>2500</td><td rowspan="2">34</td><td>一次或5个节内</td></tr>
<tr><td>31</td><td>500</td><td>同次每增1节</td></tr>
<tr><td>32</td><td>扶墙器</td><td>道</td><td></td><td>250元/道</td><td></td><td>2800</td><td></td><td>标准长度</td></tr>
</table>

2. 升降机进出场及安拆

如表 5-5 所示。

升降机进出场及安拆 **表 5-5**

序号	设备名称、规格、型号		单位	拆装吊装费（元）	30km 运输费（元）	30km-70km 内减 30km 运输补贴（元/km·台）	委托装车/卸车人工费（单次）	拆装人工费（元）	重度污染清理劳务费（元）	备注
1	SC200/200 施工升降机	三传动（方圆、京龙）（33m/min）	台	1000	2000	12	500	7500		50m：功率 3×11×2
2		节能二传动（33m/min）	台	1000	2000	12	500	7500		50m：功率 2×11×2
3	SC200/200 变频施工升降机	节能二传动低速（0～40m/min）	台	1000	2000	12	500	7500		50m：功率 2×11×2
4		节能二传动低中速（0～46m/min）	台	1000	2000	12	500	7500		50m：功率 2×11×2
5		节能三传动中速（0～63m/min）	台	1000	2000	12	500	7500		50m：功率 3×11×2
6		三传动中速（0～63m/min）	台	1000	2000	12	500	7500		50m：功率 3×18.5×2
7	SC200 变频施工升降机	节能三传动中速（0～63m/min）	台	1000	2000	12	500	7500		50m：功率 3×11
8		节能二传动（0～40m/min）	台	1000	2000	12	500	7500		50m：功率 2×11
9		三传动中速（0～63m/min）	台	1000	2000	12	500	7500		50m：功率 3×18.5
10	物料提升机	单笼	台	800	1500	10	500	2000		标高：23m
11		双笼	台	800	1500	10	500	2000		标高：23m
12	物料提升机施工升降机	标准节	节					750	20	一次或 6 个节内
13		加强节	节				50	750	20	一次或 6 个节内
14		扶墙器	道					500		标准长度

第六章　安全文明施工及其他

第一节　安全文明施工

一、工程量清单计价

安全文明施工及其他措施项目包括：安全文明施工，夜间施工，非夜间施工照明，二次搬运，冬雨季施工，地上、地下设施、建筑物的临时保护设施，已完工程及设备保护等。

1. 安全文明施工

(1) 环境保护：现场施工机械设备降低噪声、防扰民措施；水泥和其他易飞扬细颗粒建筑材料密闭存放或采取覆盖措施等；工程防扬尘洒水；土石方、建渣外运车辆防护措施等；现场污染源的控制、生活垃圾清理外运、场地排水排污措施；其他环境保护措施。

(2) 文明施工："五牌一图"；现场围挡的墙面美化（包括内外粉刷、刷白、标语等）、压顶装饰；现场厕所便槽刷白、贴面砖，水泥砂浆地面或地砖，建筑物内临时便溺设施；其他施工现场临时设施的装饰装修、美化措施；现场生活卫生设施；符合卫生要求的饮水设备、淋浴、消毒等设施；生活用洁净燃料；防煤气中毒、防蚊虫叮咬等措施；施工现场操作场地的硬化；现场绿化、治安综合治理；现场配备医药保健器材、物品和急救人员培训；现场工人的防暑降温、电风扇、空调等设备及用电；其他文明施工措施。

(3) 安全施工：安全资料、特殊作业专项方案的编制，安全施工标志的购置及安全宣传；"三宝"（安全帽、安全带、安全网）、"四口"（楼梯口、电梯井口、通道口、预留洞口）、"五临边"（阳台围边、楼板围边、屋面围边、槽坑围边、卸料平台两侧），水平防护架、垂直防护架、外架封闭等防护；施工安全用电，包括配电箱三级配电、两级保护装置要求、外电防护措施；起重机、塔式起重机等起重设备（含井架、门架）及外用电梯的安全防护措施（含警示标志）及卸料平台的临边防护、层间安全门、防护棚等设施；建筑工地起重机械的检验检测；施工机具防护棚及其围栏的安全保护设施；施工安全防护通道；工人的安全防护用品、用具购置；消防设施与消防器材的配置；电气保护、安全照明设施；其他安全防护措施。

(4) 临时设施：施工现场采用彩色、定型钢板，砖、混凝土砌块等围挡的安砌、维修、拆除；施工现场临时建筑物、构筑物的搭设、维修、拆除，如临时宿舍、办公室、食堂、厨房、厕所、诊疗所、临时文化福利用房、临时仓库、加工场、搅拌台、临时简易水塔、水池等；施工现场临时设施的搭设、维修、拆除，如临时供水管道、临时供电管线、小型临时设施等；施工现场规定范围内临时简易道路铺设，临时排水沟、排水设施安砌、维修、拆除；其他临时设施搭设、维修、拆除。

2. 夜间施工

夜间施工包含的工作内容及范围有：夜间固定照明灯具和临时可移动照明灯具的设置、拆除；夜间施工时，施工现场交通标志、安全标牌、警示灯等的设置、移动、拆除；夜间照明设备及照明用电、施工人员夜班补助、夜间施工劳动效率降低等。

3. 非夜间施工照明

非夜间施工照明包含的工作内容及范围有：为保证工程施工正常进行，在地下室等特殊施工部位施工时所采用的照明设备的安拆、维护、摊销及照明用电等。

4. 二次搬运

由于施工场地条件限制而发生的材料、成品、半成品等一次运输不能到达堆放地点，必须进行的二次或多次搬运。

5. 冬雨季施工

冬雨季施工包含的工作内容及范围有：冬雨（风）季施工时增加的临时设施（防寒保温、防雨、防风设施）的搭设、拆除；冬雨（风）季施工时，对砌体、混凝土等采用的特殊加温、保温和养护措施；冬雨（风）季施工时，施工现场的防滑处理、对影响施工的雨雪的清除；包括冬雨（风）季施工时增加的临时设施、施工人员的劳动保护用品、冬雨（风）季施工劳动效率降低等。

6. 地上、地下设施、建筑物的临时保护设施

地上、地下设施、建筑物的临时保护设施包含的工作内容及范围有：在工程施工过程中，对已建成的地上、地下设施和建筑物进行的遮盖、封闭、隔离等必要保护措施。

7. 已完工程及设备保护

已完工程及设备保护包含的工作内容及范围有：对已完工程及设备采取的覆盖、包裹、封闭、隔离等必要保护措施。

二、市场化计价

安全文明施工费应根据相关的施工方案以及相应工程量、相应定额施工内容，结合市场化计价中的价格进行测算，一般工程越大，此部分占的比例会减少。

1. 安全文明施工费

参考单价：10～15 元/m^2。

工程量计算规则：按建筑面积计算。

施工内容：环境保护，文明施工，安全施工。

其中标准化定型化设施的材料购置费：

参考单价：7～8 元/m^2。

工程量计算规则：按建筑面积计算。

施工内容：包括雾炮、太阳能路灯、实名打卡通道、扬尘噪声监测仪、洗车机、限时限电器、三轮洒水车（带雾炮）喷淋降尘系统（包括但不限于塔式起重机、基坑临边防护、施工道路两侧、场区围挡、脚手架）、雨水及基坑降水回收利用系统、楼层垃圾垂直运输通道、所有“四口”“五临边”的防护、加工棚、各类防护棚及安全通道、临时施工电梯门、起重设备的操作平台、坡道及防护搭设、安全通道和出入口均采用标准化产品进行配备。

2. 临时设施费

（1）活动板房：

板房安装参考单价：19～21 元/m^2。

板房拆除参考单价：13～15 元/m^2。

工程量计算规则：按建筑面积计算。

施工内容：包含板房装车、卸车、搭设，小型辅材（钻尾丝、膨胀螺丝、密封胶），不含运费。

（2）彩钢板活动板房加工定作安装：

参考价格如表 6-1 所示。

彩钢板活动板房加工定作安装　　表 6-1

序号	项目名称	项目特征	单位	税后单价
1	彩钢板房	2K×18K×6P（双梯）50mm 岩棉板 铁皮厚度 0.27mm	m^2	210～230
2	彩钢板房	2K×18K×6P（双梯）50mm 岩棉板铁皮厚度 0.32mm	m^2	230～255
3	旧板房拆装	旧板房拆装（包含破损件更换）	m^2	60～65
4	旧板房更换钢制防盗门	930mm×2000mm×40mm	樘	230～245
5	旧板房更换塑钢窗	1740mm×960mm	樘	140～150
6	旧板房更换内墙板	950mm×2670mm×50mm 岩棉板	m^2	50～55
7	旧板房更换楼板	1220mm×2440mm×8mm 多层胶合板	m^2	30～35
8	旧板房更换顶板	950mm×4050mm×50mm	m^2	60～65
9	石膏板吊顶	60mm×60mm	m^2	35～40
10	木地板	200mm×1220mm	m^2	60～70
11	工人食堂雨棚	立柱方管 120mm×40mm×4mm，檩条 C 型钢 140mm×3mm，200mm×200mm×2mm 预埋件	m^2	90～100
12	铝合金门窗	900mm×2700mm	樘	400～450
13	生活区门窗防盗网	1.6mm×1.2m	樘	115～120
14	厢房拆装	厢房拆装（包括受损构件的更换）	个	5000～5500
15	垃圾池彩钢板围护	1. 檩条 C80mm×40mm×1.5mm 镀锌@1.5m； 2. 撑杆方管 20mm×20mm×1mm@2.5m； 3. 0.4mm 厚彩钢压型板	m^2	120～130
16	厢房	3m×6m 彩钢板	个	12000～18000
17	金刚护栏	立柱：50mm×50mm 横梁 40mm×40mm 方钢 20mm×20mm	m	130～150
18	门卫室	彩钢板	个	4000～5000
19	洗手棚	轻钢结构，阳光板	m^2	210～230

施工内容：包工包料。坡顶彩钢岩棉活动板房制作及工地现场安装，包括铁件的制作、50mm 厚岩棉夹芯彩钢墙板、屋面板、钢板走道、彩钢屋檐、钢楼梯、塑钢门窗及五金、15mm 多层板楼板以及室内硅钙板吊顶、复合木地板等装修工作内容。不包括彩钢房基础。

第二节 其　　他

根据实际项目的需要，在《房屋建筑与装饰工程工程量计算规范》中未列明的项目，根据住房和城乡建设部、财政部关于印发《建筑安装工程费用项目组成》（建标［2013］44号）中的要求，属于企业管理费，主要包括工程水电费、外委托咨询费、检验试验费、职工薪酬、办公费用、差旅交通费、业务招待费等。在计价文件中，一般是采用百分率进行计算。

一、工程水电费

在实际工程中，工程水电费可以采用建筑面积进行测算，也可以按照造价百分数进行测算。

1. 工程水费

参考单价：3～5元/m^2。

工程量计算规则：按建筑面积计算。

施工内容：包括施工范围内用水。

2. 工程电费

参考单价：8～13元/m^2。

工程量计算规则：按建筑面积计算。

施工内容：包括施工范围内用电。

二、职工薪酬

在实际工程中，一般根据现场人员配置进行计算，包括项目经理、生产经理、商务经理、技术总工、安全总监、质量总监、技术员、财务、造价员、资料等，与项目的规模也有关系。

1. 管理人员

参考单价：40～60元/m^2。

工程量计算规则：按建筑面积计算。

施工内容：包括项目管理人员。

2. 勤杂人员

参考单价：9～13元/m^2。

工程量计算规则：按建筑面积计算。

施工内容：包括炊事人员、保卫人员、清洁人员等工种。

第七章　钢筋工程量计算

第一节　一　般　构　造

一、带“E”钢筋

根据《混凝土结构工程施工规范》GB 50666—2011 的要求：

第 5.2.2 条 对有抗震设防要求的结构，其纵向受力钢筋的性能应满足设计要求；当设计无具体要求时，对按一、二、三级抗震等级设计的框架和斜撑构件（含梯段）中的纵向受力钢筋应采用 HRB335E、HRB400E、HRB500E、HRBF335E、HRBF400E 或 HRBF500E 钢筋，其强度和最大力下总伸长率的实测值应符合下列规定：

1. 钢筋的抗拉强度实测值与屈服强度实测值的比值不应小于 1.25；
2. 钢筋的屈服强度实测值与屈服强度标准值的比值不应大于 1.30；
3. 钢筋的最大力下总伸长率不应小于 95%。

根据《混凝土结构工程施工质量验收规范》GB 50204—2015 的要求：

5.2.3 条 本条提出了部分框架、斜撑构件（含梯段）中纵向受力钢筋强度、伸长率的规定，其目的是保证重要构件的抗震性能。本条第 1 款中抗拉强度实测值与屈服强度实测值的比值工程中习惯称为“强屈比”（这个是为了保证当构件某个部位出现塑性铰以后，塑性铰处有足够的转动能力和耗能能力，大变形下具有必要的强度潜力）或“超屈比”，第 2 条超强比是为了保证按设计要求实现“强柱弱梁”“强剪弱弯”的效果不会因钢筋强度离散性过大而受到干扰，第 3 条款中最大力下总伸长率习惯称为“均匀伸长率”（这是为了保证在抗震大变形的条件下，钢筋具有足够的塑性变形能力）。

牌号带“E”的钢筋是专门为满足本条性能要求生产的钢筋，其表面轧有专用标志。

本条中的框架包括各类混凝土结构中的框架梁、框架柱、框支梁、框支柱及板柱一抗震墙的柱等，其抗震等级应根据国家现行相关标准由设计确定；斜撑构件包括伸臂桁架的斜撑、楼梯的梯段等，相关标准中未对斜撑构件规定抗震等级，当建筑中其他构件需要应用牌号带“E”钢筋时，则建筑中所有斜撑构件均应满足本条规定；剪力墙及其边缘构件、筒体、楼板、基础不属于本条规定的范围之内。

根据国家标准《混凝土结构设计规范》GB 50010—2010 的有关规定，HRB335E、HRF335E 不得用于框架梁、柱的纵向受力钢筋，只可用于斜撑构件。

二、钢筋锚固与锚固长度

钢筋混凝土结构中钢筋能够受力，主要是依靠钢筋和混凝土之间的粘结锚固作用，因此钢筋的锚固是混凝土结构受力的基础。如锚固失效，则结构将丧失承载能力并由此导致结构破坏。

《混凝土结构设计规范》GB 50010—2010（2015 年版）中关于受拉钢筋锚固包括基本锚固长度 l_{ab}、抗震设计时基本锚固长度 l_{abE}；锚固长度 l_a、抗震锚固长度 l_{aE}。施工中应按 G101 系列图集中标准构造图样所标注的长度进行加工。受拉钢筋的锚固长度应根据锚固条件确定，且不应小于 200mm。

$$l_{ab} = \alpha \times (f_y / f_t) \times d$$

受拉钢筋的锚固长度由受拉钢筋的基本锚固长度 l_{ab} 与锚固长度修正系数 ξ_a 相乘而得，即：

$$l_a = \xi_a \times l_{ab}$$

受拉钢筋的抗震基本锚固长度 l_{abE} 由受拉钢筋的基本锚固长度 l_{ab} 与钢筋的抗震锚固长度修正系数 ξ_{aE} 相乘而得，即：

$$l_{abE} = \xi_{aE} \times l_{ab}$$

受拉钢筋的锚固长度 l_{aE} 由受拉钢筋的锚固长度 l_a 与受拉钢筋的抗震锚固长度修正系数 ξ_{aE} 相乘而得，即：

$$L_{aE} = \xi_{aE} \times l_a = \xi_{aE} \times \xi_a \times l_{ab} = \xi_a \times l_{abE}$$

式中 f_y——普通钢筋的抗拉强度设计值，见表 7-1；

普通钢筋强度设计值（N/mm^2） **表 7-1**

牌号	抗拉强度设计值 f_y	抗压强度设计值 f'_y
HPB300	270	270
HRB335、HRBF335	300	300
HRB400、HRBF400、RRB400	360	360
HRB500、HRBF500	435	410

f_t——混凝土轴心抗拉强度设计值，当混凝土强度等级大于 C60 时，按 C60 取值，见表 7-2；

混凝土轴心抗拉强度设计值（N/mm^2） **表 7-2**

强度	混凝土强度等级													
	C15	C20	C25	C30	C35	C40	C45	C50	C55	C60	C65	C70	C75	C80
f_t	0.91	1.10	1.27	1.43	1.57	1.71	1.80	1.89	1.96	2.04	2.09	2.14	2.18	2.22

ξ_a——锚固长度修正系数；

ξ_{aE}——纵向受拉钢筋抗震锚固长度修正系数；对一、二级抗震等级取 1.15，三级抗震等级取 1.05，对四级抗震等级取 1.00；

α——钢筋的外形系数，光圆钢筋为 0.16，带肋钢筋为 0.14。

例：混凝土强度等级为 C30，钢筋级别为 HRB400，求 l_{ab} 的取值：

0.14[钢筋的外形系数]×(360×[普通钢筋的抗拉强度设计值]/1.43[混凝土轴心抗拉

强度设计值])$\times d$ =0.14×251.7$\times d\approx 35d$

例：混凝土强度等级为C30，钢筋级别为HRB400（小数点后一位按四舍五入取整）：

$l_{ab}=35d$（四级抗震等级取1.00）

$l_{abE}=35d\times 1.05=36.75d\approx 37d$（三级抗震等级取1.05）

$l_{abE}=35d\times 1.15=40.25d\approx 40d$（一、二级抗震等级取1.15）

受拉钢筋的锚固长度l_a、l_{aE}计算值不应小于200mm，图集中特别说明非框架梁下部钢筋锚固长度为$12d$不是受拉钢筋锚固长度，不受200mm的约束。从锚固长度（表7-3～表7-6）中看出，受拉钢筋最短锚固长度为$21d$（≥C60、HPB300、四级抗震），当$21d$小于200mm时，只有当$d<9.5$mm的时候才发生，所以l_a（l_{aE}）>200mm仅仅是针对直径小于8mm及以下受拉钢筋锚固的一项补充要求。

受拉钢筋基本锚固长度表 l_{ab} 表7-3

钢筋种类	混凝土强度等级							
	C25	C30	C35	C40	C45	C50	C55	≥C60
HPB300	$34d$	$30d$	$28d$	$25d$	$24d$	$23d$	$22d$	$21d$
HRB400、HRBF400、RRB400	$40d$	$35d$	$32d$	$29d$	$28d$	$27d$	$26d$	$25d$
HRB500、HRBF500	$48d$	$43d$	$39d$	$36d$	$34d$	$32d$	$31d$	$30d$

抗震设计时受拉钢筋基本锚固长度表 l_{abE} 表7-4

钢筋种类		混凝土强度等级							
		C25	C30	C35	C40	C45	C50	C55	≥C60
HPB300	一、二级	$39d$	$35d$	$32d$	$29d$	$28d$	$26d$	$25d$	$24d$
	三级	$36d$	$32d$	$29d$	$26d$	$25d$	$24d$	$23d$	$22d$
HRB400 HRBF400	一、二级	$46d$	$40d$	$37d$	$33d$	$32d$	$31d$	$30d$	$29d$
	三级	$42d$	$37d$	$34d$	$30d$	$29d$	$28d$	$27d$	$26d$
HRB500 HRBF500	一、二级	$55d$	$49d$	$45d$	$41d$	$39d$	$37d$	$36d$	$35d$
	三级	$50d$	$45d$	$41d$	$38d$	$36d$	$34d$	$33d$	$32d$

22G101-1中的l_a、l_{aE}已考虑带肋钢筋直径大于25mm时系数1.1的情况，这是考虑粗直径带肋钢筋相对肋高减小，对钢筋锚固作用有降低的影响。

采用环氧树脂涂层钢筋时，表中数据尚应乘以1.25，为解决恶劣环境中钢筋的耐久性问题，工程中采用环氧树脂涂层钢筋，该种钢筋表面光滑对锚固有不利的影响，试验表明涂层使钢筋的锚固降低了20%左右。

受施工扰动影响时，表中数据尚应乘以1.1，当钢筋在混凝土施工过程中易受扰动的情况下（如滑模施工或其他施工期依托钢筋承载的情况），因混凝土在凝固前受扰动而影响与钢筋的粘结锚固作用。

受拉钢筋锚固长度表 l_a 表 7-5

钢筋种类	混凝土强度等级															
	C25		C30		C35		C40		C45		C50		C55		≥C60	
	d≤25	d>25	d≤25	d>25	d≤25	d>25	d≤25	d>25	d≤25	d>25	d≤25	d>25	d≤25	d>25	d≤25	d>25
HPB300	34d	—	30d	—	28d	—	25d	—	24d	—	23d	—	22d	—	21d	—
HRB400、HRBF400 RRB400	40d	44d	35d	39d	32d	35d	29d	32d	28d	31d	27d	30d	26d	29d	25d	28d
HRB500、HRBF500	48d	53d	43d	47d	39d	43d	36d	40d	34d	37d	32d	35d	31d	34d	30d	33d

受拉钢筋抗震锚固长度表 l_{aE} 表 7-6

钢筋种类及抗震等级		混凝土强度等级															
		C25		C30		C35		C40		C45		C50		C55		≥C60	
		d≤25	d>25	d≤25	d>25	d≤25	d>25	d≤25	d>25	d≤25	d>25	d≤25	d>25	d≤25	d>25	d≤25	d>25
HPB300	一、二级	39d	—	35d	—	32d	—	29d	—	28d	—	26d	—	25d	—	24d	—
	三级	36d	—	32d	—	29d	—	26d	—	25d	—	24d	—	23d	—	22d	—
HRB400 HRBF400	一、二级	46d	51d	40d	45d	37d	40d	33d	37d	32d	36d	31d	35d	30d	33d	29d	32d
	三级	42d	46d	37d	41d	34d	37d	30d	34d	29d	33d	28d	32d	27d	30d	26d	29d
HRB500 HRBF500	一、二级	55d	61d	49d	54d	45d	49d	41d	46d	39d	43d	37d	40d	36d	39d	35d	38d
	三级	50d	56d	45d	49d	41d	45d	38d	42d	36d	39d	34d	37d	33d	36d	32d	35d

当混凝土保护层厚度 C 较大时，握裹作用加强，锚固长度可适当减短，如图 7-1 所示。

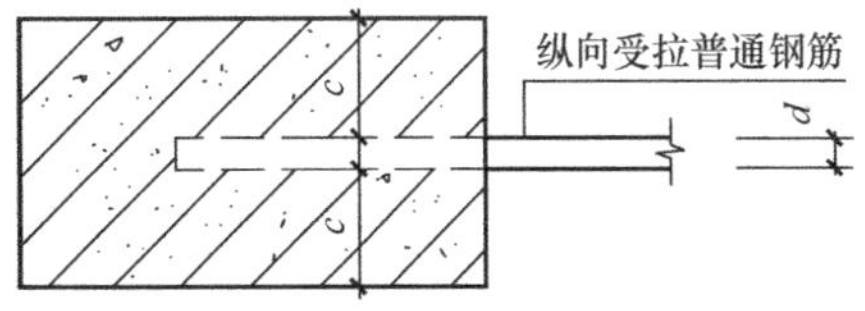

图 7-1　锚固钢筋的混凝土保护层厚度示意图

当 $3d<c<5d$ 时，为 0.95-0.05c/d；

当 $c=3d$ 时，为 0.8；

当 $c=5d$ 时，为 0.7；

内插法为当 $c=4d$ 时，则为 0.75。

钢筋与混凝土能够共同工作的要素之一，是混凝土对钢筋有粘结强度。粘结强度的大小与钢筋表面以外的混凝土厚度有关，混凝土越厚粘结强度越高，当混凝土厚度达到钢筋直径的 5 倍时，粘结强度最高。经试验研究及可靠度分析，并根据工程实践经验，保护层混凝土厚度继续加大超过 $5d$ 时，粘结强度不再提高，锚固长度修正系数最低取 0.7。

三、光圆钢筋锚固长度末端弯钩

光圆钢筋系指 HPB300 级钢筋，由于钢筋表面光滑，主要靠摩阻力锚固，锚固强度很低，一旦发生滑移即被拔出，因此光圆钢筋末端应做 180°弯钩，但作受压钢筋时不做弯钩。

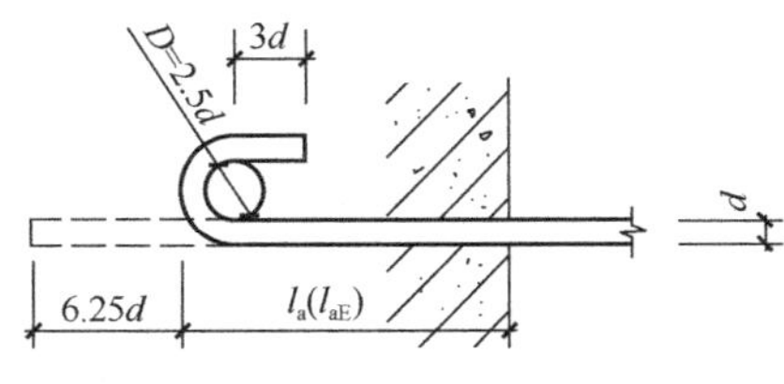

图 7-2　HPB300 级钢筋末端 180°弯钩示意图

1. HPB300 级钢筋末端做 180°弯钩时，其锚固长度是指包括弯钩在内的投影长度；弯钩的弯后平直段长度不应小于 $3d$，弯弧内直径 $2.5d$，180°弯钩需在锚固长度基础上增加长度 $6.25d$（增加长度按钢筋中心线计算）。如图 7-2 所示。

2. 板中分布筋（不作为抗温度收缩钢筋使用），或者按构造详图已经设有直钩时，可不再设 180°弯钩。

四、纵向受拉钢筋弯钩与机械锚固形式

弯钩和机械锚固主要是利用受力钢筋端头锚头（弯钩，贴焊锚筋，焊接锚板或螺栓锚头）对混凝土的局部挤压作用加大锚固承载力，可以有效减小直线锚固长度，采用弯锚或机械锚固后，包括弯钩或锚固端头在内的锚固长度（投影长度）可取基本锚固长度 l_{ab} 的 60%。弯钩和机械锚固的形式，如图 7-3 所示。对于弯钩和机械锚固作如下说明：

1. 末端带 90°弯钩的形式：可用于框架梁、框架柱、板、剪力墙等支座节点处的锚固，如图 7-3（a）所示。当用于截面侧边，角部偏置锚固时，端头弯钩应向截面内侧偏斜，弯钩为 $12d+4d\div2+d=15d$。

2. 末端带 135°弯钩形式：可用于非框架梁、板支座节点处的锚固，如图 7-3（b）所示。当用于截面侧边、角部偏置锚固时，端头弯钩应向截面内侧偏斜。

3. 末端与钢板穿孔塞焊及末端带螺栓锚头的形式：可用于任何情况，但需注意螺栓锚头和焊接钢板的净挤压面积应不小于 4 倍锚筋截面积，且应满足最小间距要求，当钢筋净距小于 $4d$ 时应考虑群锚效应的不利影响，如图 7-3（c）、图 7-3（d）所示。

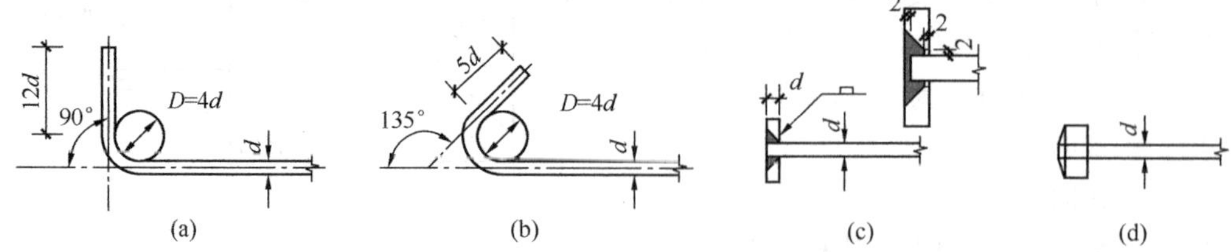

图 7-3　纵向受拉钢筋弯钩与机械锚固形式示意图

(a) 末端带 90°弯钩；(b) 末端带 135°弯钩；(c) 末端与锚板穿孔塞焊；(d) 末端带螺栓锚头

五、弯折段长度

对于钢筋的弯折锚固，其平直段长度均需满足相应要求，实际工程中对于因支座长度限制而造成无法满足弯折前平直段长度的情况，有些人认为可以将平直段减短些，弯折段加长些，总的长度满足锚固长度 l_a 或抗震锚固长度 l_{aE} 就可以了，这种做法是不合适的。弯折锚固是利用受力钢筋端部弯钩对混凝土的局部挤压作用加大锚固承载能力，从而保证了钢筋不会发生锚固拔出。弯折锚固要求弯钩之前必须有一定的平直段锚固长度，是为了控制锚固钢筋的滑移，使构件不至于发生较宽的裂缝和较大的变形。

六、钢筋保护层厚度

根据混凝土碳化反应的差异和构件的重要性，按平面构件（板、墙、壳）及杆件（梁、柱、杆）分两类确定保护层厚度，见表 7-7。

混凝土保护层的最小厚度表（设计使用年限 50 年，单位 mm）　　**表 7-7**

环境类别	板、墙（平面构件）	梁、柱（杆件）
一	15	20
二 a	20	25
二 b	25	35
三 a	30	40
三 b	40	50

表中不再列入强度等级的影响，C30 及以上统一取值，C25 及以下均增加 5mm。

方法如下（以环境类别为“一”类时举例）：

板、墙（平面构件）15＋5＝20mm；

梁、柱（杆件）20＋5＝25mm。

1. 构件中普通钢筋的混凝土保护层厚度满足下列要求：

1）构件中受力钢筋的混凝土保护层厚度不应小于钢筋的公称直径 d（为了保证握裹层混凝土对受力钢筋的锚固）。

2）设计使用年限 50 年的混凝土结构，最外层钢筋的保护层厚度应符合表 7-7 的规定；设计使用年限为 100 年的混凝土结构，最外层钢筋的保护层厚度不应小于表 7-7 中数值的 1.4 倍（因考虑碳化速度的影响），见表 7-8。

混凝土保护层的最小厚度表（设计使用年限 100 年，单位 mm）　　**表 7-8**

环境类别	板、墙（平面构件）	梁、柱（杆件）
一	15×1.4=21	20×1.4=28
二 a	20×1.4=28	25×1.4=35
二 b	25×1.4=35	35×1.4=42

2. 最外层钢筋保护层厚度指箍筋、构造筋、分布筋等外边缘至混凝土表面的距离（从混凝土碳化、脱钝和钢筋锈蚀的耐久性角度考虑）。对于用作梁、柱类构件符合箍筋中单肢箍的拉筋，梁侧纵筋间的拉筋，剪力墙边缘构件、扶壁柱、非边缘暗柱中的拉筋，剪力墙水平、竖向分布筋间的拉结筋，若拉筋或拉结筋的弯钩位于最外侧，此时混凝土保护层厚度指拉筋或拉结筋外边缘至混凝土表面的距离。

3. 混凝土结构中的竖向结构在地上、地下由于所处环境类别不同，因此要求保护层厚度也不同，此时也可以对地下竖向构件采用外扩附加保护层的方法，使主筋在同一位置不变。如图 7-4 所示。

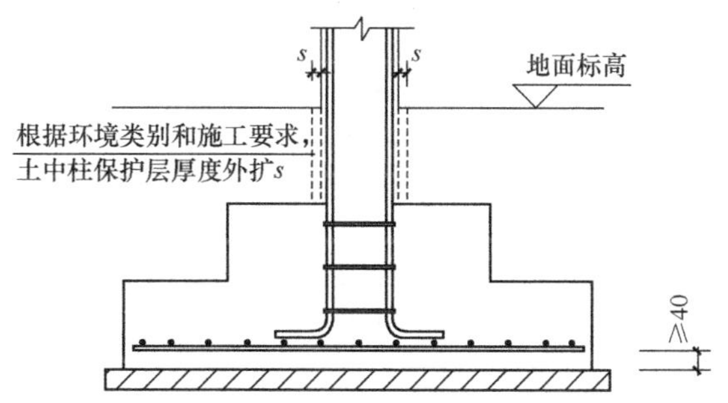

图 7-4　柱保护层厚度改变处外扩附加保护层示意图

4. 混凝土保护层厚度在采取下列有效措施时可适当减小，但减小之后受力钢筋的保护层厚度不应小于钢筋公称直径。

（1）构件表面设有抹灰层或者其他各种有效的保护性涂料层。

（2）混凝土中采用掺阻锈剂等防锈措施时，可适当减小混凝土保护层厚度。使用阻锈剂应经试验检验效果良好，并应在确定有效的工艺参数后应用。

（3）采用环氧树脂涂层钢筋、镀锌钢筋或采取阴极保护处理等防锈措施时，保护层厚度可适当减小。

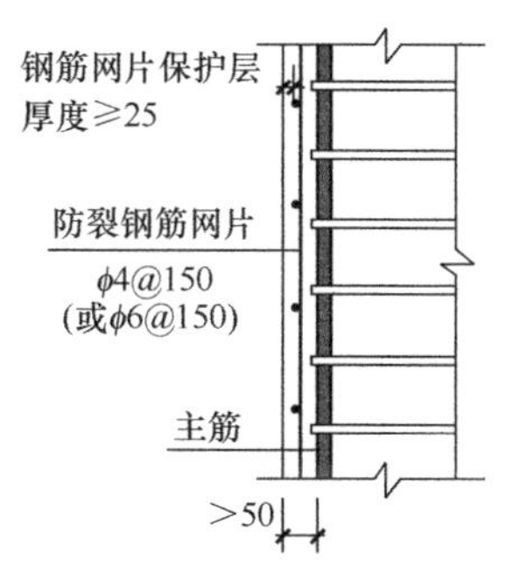

图 7-5　保护层防裂钢筋网片构造示意图

（4）当对地下室外墙采取可靠的建筑防水做法或防护措施时，与土壤接触面的保护层厚度可适当减少，但不应小于 25mm。

（5）当柱、墙、梁中纵向受力钢筋的保护层厚度大于 50mm 时，宜对保护层采取有效的防裂构造措施。保护层防裂钢筋网片构造如图 7-5 所示，应对防裂钢筋网片采取有效的绝缘和定位措施。

七、混凝土结构的环境类别

混凝土结构环境类别的划分目的是保证设计使用年限内钢筋混凝土结构构件的耐久性，不同环境下耐久性的要求是不同的。混凝土结构应根据设计使用年限和环境类别进行耐久性设计，包括混凝土材料耐久性基本要求，钢筋的混凝土保护层厚度。不同环境条件下的耐久性技术措施以及结构使用阶段的检测和维护要求。

混凝土结构环境类别是指混凝土暴露表面所处的环境条件，见表 7-9。

混凝土结构的环境类别表　　表 7-9

环境类别	条　件
一	室内干燥环境； 无侵蚀性静水浸没环境
二 a	室内潮湿环境； 非严寒和非寒冷地区的露天环境； 非严寒和非寒冷地区与无侵蚀性的水或土壤直接接触的环境； 严寒和寒冷地区的冰冻线以下与无侵蚀性的水或土壤直接接触的环境
二 b	干湿交替环境； 水位频繁变动环境； 严寒和寒冷地区的露天环境； 严寒和寒冷地区冰冻线以上与无侵蚀性的水或土壤直接接触的环境
三 a	严寒和寒冷地区冬季水位变动区环境； 受除冰盐影响环境； 海风环境
三 b	盐渍土环境； 受除冰盐作用环境； 海岸环境
四	海水环境
五	受人为或自然的侵蚀性物质影响的环境

1. 严寒地区系指最冷月平均温度≤－10℃，日平均温度≤－5℃的天数不少于 145d 的地区。

2. 寒冷地区系指最冷月平均温度－10～0℃，日平均温度≤－5℃的天数为 90～145d 的地区。

3. 室内干燥环境是指构件处于常年干燥、低湿度的环境；室内潮湿环境是指构件表面经常处于结露或湿润状态的环境。

4. 干湿交替环境是指混凝土表面经常交替接触到大气和水的环境条件。

5. 受除冰盐影响环境是指收到除冰盐盐雾影响的环境；受除冰盐作用环境是指被除冰盐溶液溅射的环境以及使用除冰盐地区的洗车房、停车楼等建筑。

6. 海岸环境和海风环境宜根据当地情况，考虑主导风向及结构所处迎风、背风部位等因素的影响，由调查研究和工程经验确定。

7. 四类和五类环境中的混凝土结构，其耐久性要求应符合有关的规定。

施工设计文件应注明构件的环境类别，若施工中无法准确判断环境类别，应由设计单位明确解释。

八、钢筋连接

钢筋连接方式主要有绑扎搭接、机械连接和焊接三种，各自的特点见表 7-10。

绑扎搭接、机械连接及焊接的特点表　　表 7-10

类型	机理	优点	缺点
绑扎搭接	利用钢筋与混凝土之间的（粘）结锚固作用实现传力	应用广泛，连接形式简单	对于直径较粗的受力钢筋，绑扎搭接长度较长，施工不方便，且连接区域容易发生过宽的裂缝
机械连接	利用钢筋与连接件的机械咬合作用或钢筋端面的承压作用实现钢筋连接	比较简便、可靠	机械连接接头连接件的混凝土保护层厚度以及连接件间的横向净距将减小
焊接连接	利用热熔化金属实现钢筋连接	节省钢筋、接头成本低	焊接接头由于人工操作的差异，当连接质量的不稳定性

钢筋连接需遵循以下原则：

接头宜尽量设置在受力较小处，宜避开结构受力较大的关键部位。抗震设计时需避开梁端、柱端箍筋加密区范围，如必须在该区域连接，则应采用机械连接或焊接。

在同一跨度或同一层高内的同一受力钢筋上宜少设连接接头，不宜设置 2 个或 2 个以上接头。

接头位置宜互相错开，在同一连接区段，接头钢筋面积百分率宜限制在规定范围内。

梁、柱类构件的纵向受力钢筋采用绑扎搭接时，应采取必要的构造措施，在纵向受力钢筋搭接长度范围内应配置横向构造钢筋。

绑扎搭接钢筋在受力后的分离趋势及搭接区混凝土的纵向劈裂，尤其是受弯构件翘曲变形，要求对搭接连接区域采取加强约束措施。

纵向受力钢筋搭接区箍筋既要满足搭接区对箍筋直径与间距的要求，又要满足构件该处箍筋的计算与构造配筋要求。

轴心受拉及小偏心受拉杆件（如桁架和拱的拉杆）的纵向受力钢筋不得采用绑扎搭接接头。

当受拉钢筋的直径 $d>25$mm 及受压钢筋的直径 $d>28$mm 时，不宜采用绑扎搭接接头。

1. 绑扎搭接

(1) 同一构件中相邻纵向受力钢筋的绑扎搭接接头宜相互错开。钢筋绑扎搭接连接区段长度为 1.3 倍的搭接长度（$1.3l_l$ 或 $1.3l_{lE}$），凡搭接接头中点位于该连接区段长度内的搭接接头均属于同一连接区段，严格来说，箍筋加密区范围不包括错开距离，如图 7-6 所示。

同一连接区段内纵向受力钢筋搭接接头面积百分率为该区段内有搭接接头的纵向受力钢筋与全部纵向受力钢筋截面面积的比值。同一连接区段内纵向受力钢筋搭接接头面积百分率宜满足要求。钢筋搭接接头面积百分率按下列公式计算：

$$l_l = \xi_l \times l_a$$

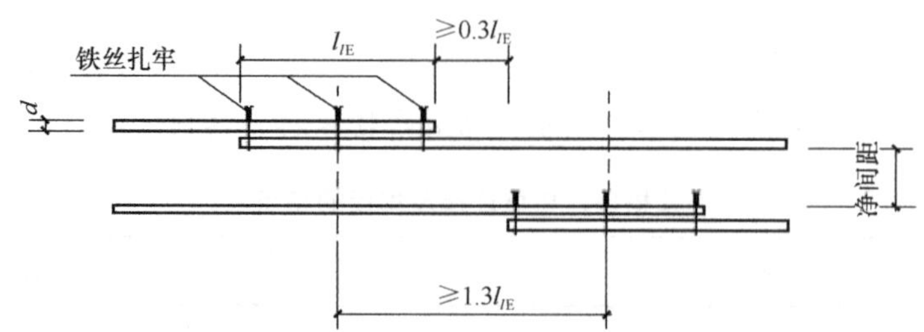

图 7-6　同一连接区段内纵向受拉钢筋绑扎搭接接头示意图

$$l_{lE} = \xi_l \times l_{aE}$$

式中　l_l——纵向受拉钢筋的搭接长度；

l_{lE}——纵向受拉钢筋的抗震搭接长度；

l_a——纵向受拉钢筋的锚固长度；

l_{aE}——纵向受拉钢筋的抗震锚固长度。

ξ_l——纵向受拉钢筋搭接长度修正系数。当纵向受拉钢筋搭接接头面积百分率≤25%时取 1.2；当纵向受拉钢筋搭接接头面积百分率≤50%时取 1.4；当纵向受拉钢筋搭接接头面积百分率≤100%时取 1.6。

当纵向受力钢筋搭接接头百分率在 25%～50%之间时，公式为

$$\xi_l = 1 + 0.2 \times \text{实际百分率}/25\%$$

当纵向受力钢筋搭接接头百分率在 50%～100%之间时，公式为

$$\xi_l = 1.2 + 0.2 \times \text{实际百分率}/50\%$$

注意：当设计文件或图集中钢筋搭接处已标注具体搭接长度时，不需按本条取值（比如剪力墙的竖向和水平分布筋的连接）。

（2）位于同一连接区段内的受压钢筋搭接接头面积百分率：

1）梁类、板类及墙类构件，不宜大于 25%。

2）柱类构件，不宜大于 50%。

3）当工程中需要增大受拉钢筋搭接接头面积百分率时，梁类构件不宜大于 50%；板类、墙类及柱类构件，可根据实际情况放宽。

（3）梁板受弯构件，按一侧纵向受拉钢筋面积计算搭接接头面积百分率，即上部、下部钢筋分别计算；柱、剪力墙按全截面钢筋面积计算搭接接头面积百分率。

（4）搭接钢筋接头除满足接头百分率的要求外，宜交错式布置，不应相邻钢筋接头连续布置；如钢筋直径相同，接头面积百分率为 50%时隔一搭一，接头面积百分率为 25%时隔三搭一。如图 7-7 所示。

（5）直径不相同钢筋搭接时，不应因直径不同钢筋搭接而使构件截面配筋面积减少，需按较小钢筋直径计算搭接长度及接头面积百分率。如图 7-8 所示。

相邻纵向受力钢筋直径不同时，各自的搭接长度也不同，此时连接区段长度应按相邻搭接钢筋中较大直径钢筋搭接长度的 1.3 倍计算。如图 7-9 所示。

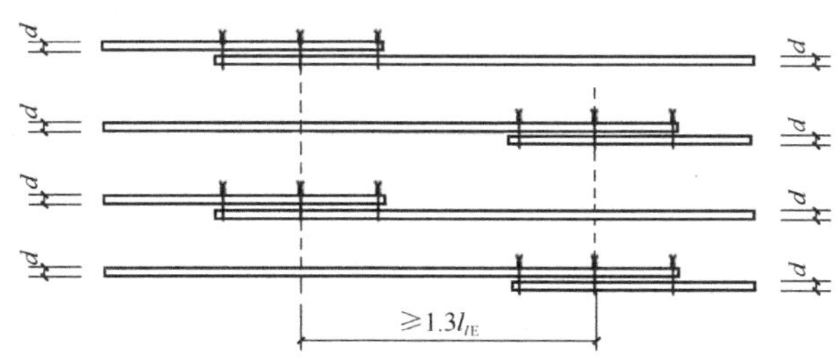

图 7-7 50%绑扎搭接接头示意图

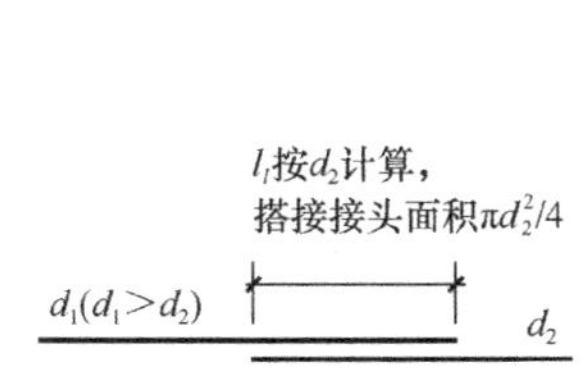

图 7-8 直径不同钢筋搭接接头面积示意图

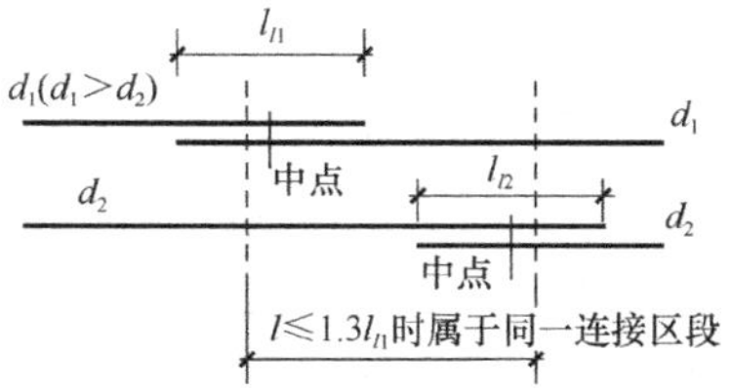

图 7-9 直径不同钢筋搭接连接区段长度计算示意图

2. 机械连接

(1) 钢筋机械连接接头性能根据极限抗拉强度、残余变形、最大力下总伸长率以及高应力和大变形条件下反复拉压性能，分为Ⅰ级、Ⅱ级、Ⅲ级三个等级，其接头的极限抗拉强度尚应符合《钢筋机械连接技术规程》JGJ 107—2016 相关规定。

(2) 纵向受力钢筋机械连接接头保护层：条件允许时，钢筋连接件的混凝土保护层厚度宜符合 G101 图集的规定，且不应小于 0.75 倍钢筋保护层最小厚度和 15mm 的较大值。必要时可对连接件采取防锈措施。连接件之间的横向净距不宜小于 25mm。

(3) 钢筋机械连接的连接区段长度为 35d，d 为连接钢筋的较小直径。同一连接区段内纵向受拉钢筋接头百分率不宜大于 50%，受压时接头百分率可不受限制。纵向受力钢筋的机械连接接头宜相互错开。位于同一连接区段内钢筋机械连接接头的面积百分率应符合下列要求：

1) 即使是Ⅰ级接头，抗震设计的框架梁端、柱端箍筋加密区，不宜设置接头。当无法避开时，应采用Ⅱ级接头或Ⅰ级接头，接头面积百分率均不应大于 50%，如图 7-10 所示。

2) 框架梁端、柱端的箍筋加密区以外，在内力较小处当接头面积百分率大于 50%时，应采用Ⅰ级接头。

3) 延性要求不高部位可采用Ⅲ级接头，其接头百分率不应大于 25%，如图 7-11 所示。

4) 不同直径钢筋机械连接时，接头面积百分率按较小直径计算。同一构件纵向受力钢筋直径不同时，连接区段长度按较大直径计算，如图 7-12 所示。

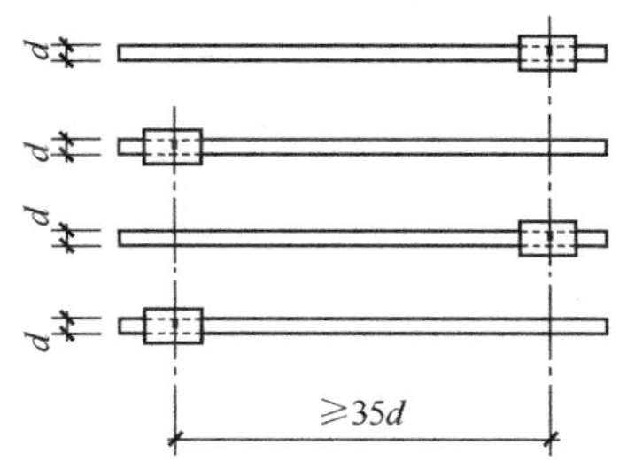

图 7-10 接头百分率 50%（钢筋直径相同时）示意图

3. 焊接

常用焊接方法包括：电阻点焊、闪光对焊、电渣压

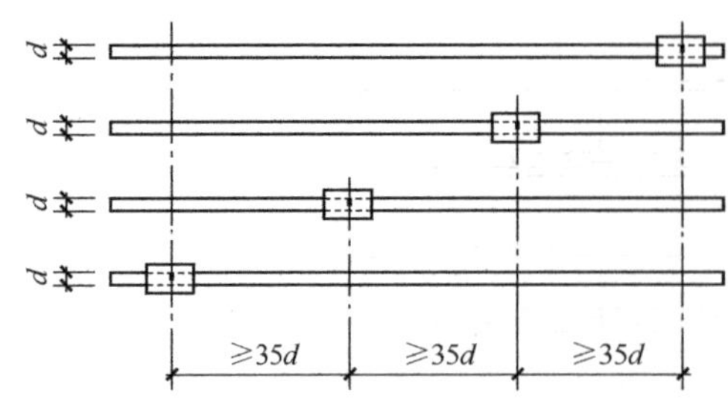

图 7-11 接头百分率 25%（钢筋直径相同时）示意图

力焊、气压焊、电弧焊等，在使用中应注意以下几方面。

（1）电阻点焊：用于钢筋焊接骨架和骨架焊接网。焊接骨架较小钢筋直径不大于 10mm 时，大小钢筋直径之比不宜大于 3 倍；较小直径为 12～16mm 时，大小钢筋直径之比不宜大于 2 倍。焊接网较小钢筋直径不得小于较大直径的 60%。

（2）闪光对焊：在《钢筋焊接及验收规程》JGJ 18—2012 规定的范围内，可采用“连续闪光对焊”；当钢筋直径超过该规程规定，端面较平整时，宜采用“预热闪光焊”；当钢筋直径超过该规程规定且端面不平整时，宜采用“闪光一预热闪光焊”。连续闪光对焊所能焊接的钢筋直径上限应根据焊接容量、钢筋牌号等具体情况而定，并应符合该规程的要求。闪光对焊时钢筋径差不得超过 4mm。

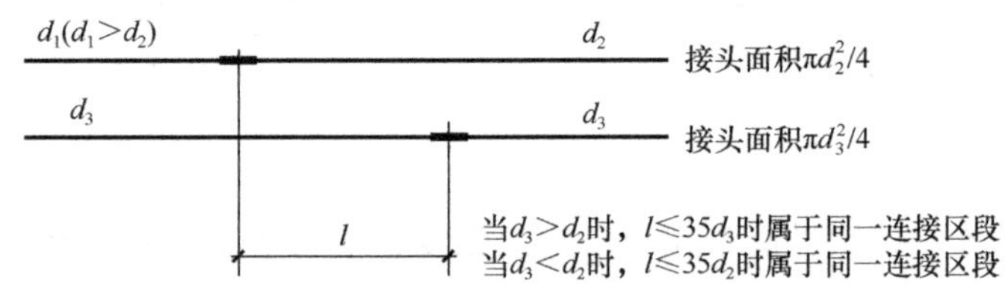

图 7-12 不同直径钢筋机械连接区段示意图

（3）电渣压力焊：仅应用于柱、墙等构件中竖向或斜向（倾斜度不大于 10°）钢筋。不同直径钢筋焊接时径差不得超过 7mm。

（4）气压焊：可用于钢筋在垂直位置、水平位置或倾斜位置的对接焊接。不同直径钢筋焊接时径差不得超过 7mm。

（5）电弧焊：包括帮条焊、搭接焊、坡口焊、窄间隙焊和熔槽帮条焊。帮条焊、熔槽帮条焊使用时应注意钢筋间隙的要求。窄间隙焊用于直径≥16mm 钢筋的现场水平连接。熔槽帮条焊用于直径≥20mm 钢筋的现场安装焊接。在现有的各种钢筋连接方法中，人工电弧焊可能是最不可靠和最贵的方法。

（6）不同直径钢筋焊接连接时，接头面积百分率按较小直径计算。同一构件纵向受力钢筋直径不同，连接区段长度按较大直径计算，如图 7-13 所示。

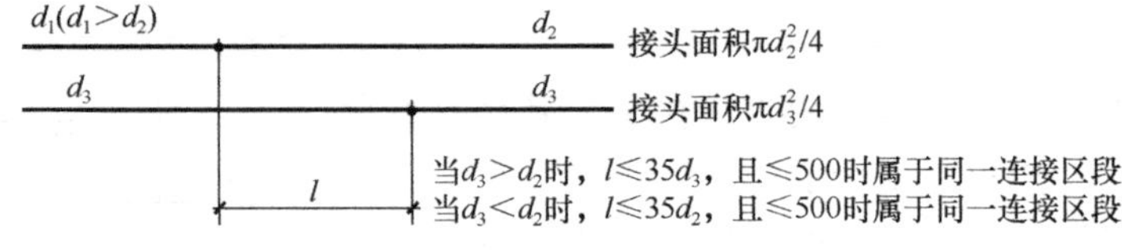

图 7-13 不同直径钢筋焊接连接区段示意图

九、并筋详解

由两根单独钢筋组成的并筋可按竖向或横向的方式布置，柱中具体排布形式应在施工图设计文件中明确说明，由三根单独钢筋组成的并筋宜按品字形布置。直径≤28mm 的钢筋并筋数量不应超过 3 根；直径 32mm 的钢筋并筋数量宜为 2 根；直径≥36mm 的钢筋不应采用并筋。

并筋等效直径按截面积相等原则换算确定。当直径相同的单根钢筋数量为两根时，并筋有效直径取 1.41 倍单根钢筋直径；当直径相同的单根钢筋数量为三根时，并筋等效直径取 1.73 倍单根钢筋直径，如图 7-14 所示，见表 7-11。

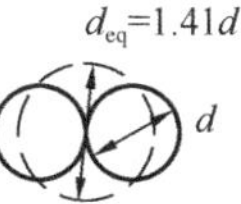

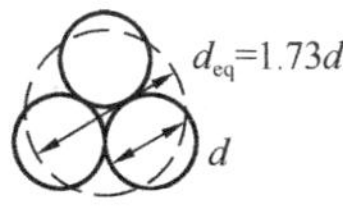

图 7-14　并筋形式示意图

梁并筋等效直径、最小净距表　　**表 7-11**

单筋直径 d	25	28	32
并筋根数	2	2	2
等效直径 d_{eq}	35	39	45
层净距 S_1	35	39	45
上部钢筋净距 S_2	53	59	68
下部钢筋净距 S_3	35	39	45

比如：单根直径 d 为 25mm，直径相同的单根钢筋数量为两根时，并筋有效直径取 1.41 倍单根钢筋直径，即 25×1.41＝35.25≈35mm（四舍五入）。

当采用并筋时，构件中钢筋间距、钢筋基本锚固长度及保护层厚度都应按并筋的等效直径计算，且并筋的锚固宜采用直线锚固。并筋保护层厚度除应满足图集要求外，其实际外轮廓边缘至混凝土外边缘距离尚不应小于并筋的等效直径，如图 7-15、图 7-16 所示。

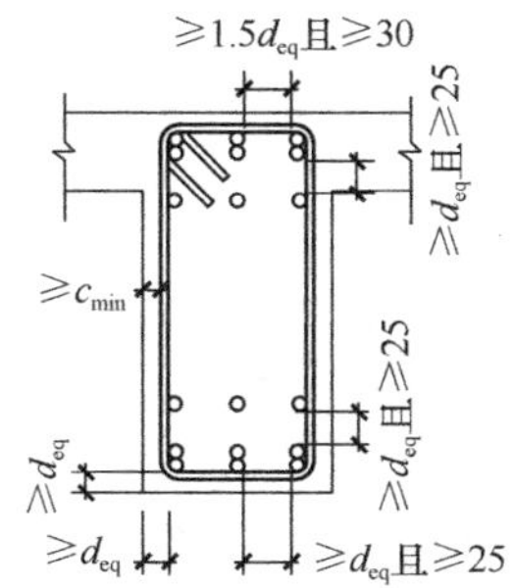

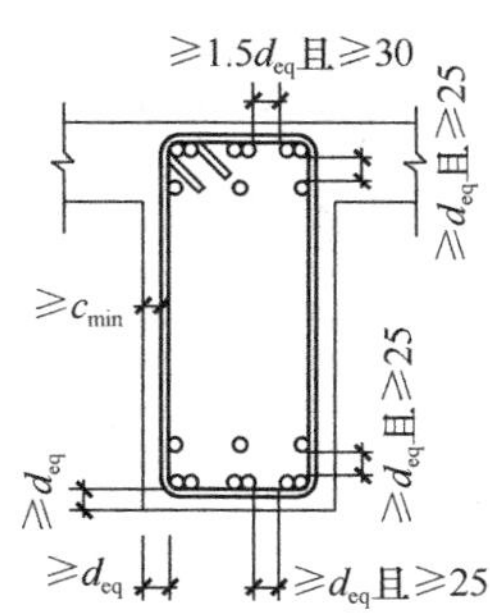

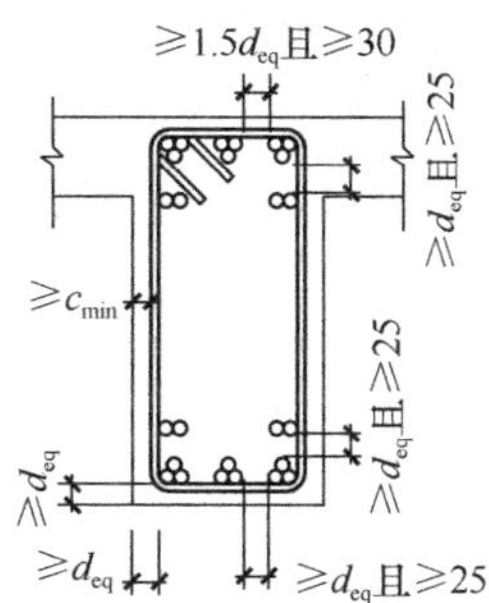

图 7-15　梁混凝土保护层厚度、钢筋间距要求示意图

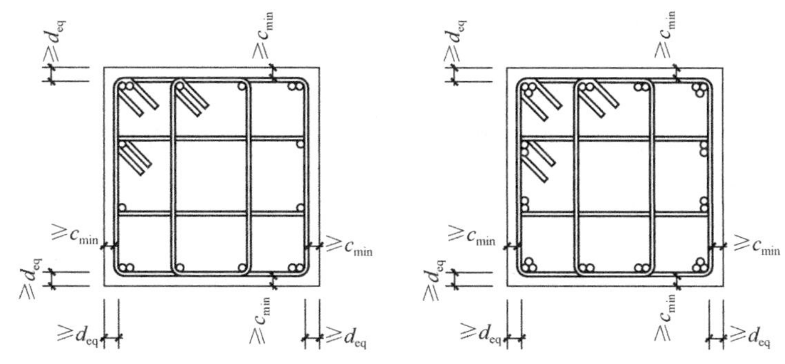

图 7-16　柱混凝土保护层厚度示意图

并筋采用绑扎搭接连接时，应按每根单筋错开搭接的方式连接。接头百分率应按同一连接区段内所有的单根钢筋计算，并筋中钢筋的搭接长度应按单筋分别计算。

十、有关箍筋的规定

上部结构构件中，G101 系列图集要求的箍筋都为封闭箍筋，封闭箍筋可采取焊接封闭箍筋的做法，也可在末端设置弯钩。

1. 焊接封闭箍筋宜采用闪光对焊；采用气压焊或单面搭接焊时，应注意最小直径适用范围。单面搭接焊适用于直径不小于 10mm 的钢筋，气压焊适用于直径不小于 12mm 的钢筋。为保证焊接质量，焊接封闭箍筋应在专业加工场地并采用专用设备完成，《钢筋焊接及验收规程》JGJ 18—2012 规定了详细的施工操作和验收规程。焊接封闭箍筋要求如下：

(1) 每个箍筋的焊接连接点数量应为 1 个，焊点宜位于多边形箍筋的某边中部，且距离弯折处的位置不小于 100mm，如图 7-17 所示。

(2) 矩形柱箍筋焊点宜设在柱短边，等边多边形柱箍筋焊点可设在任一边。

(3) 梁箍筋焊点应设置在顶部或底部。

(4) 箍筋焊点应沿纵向受力钢筋方向错开布置。

2. 非焊接封闭箍筋末端应设弯钩，弯钩做法及长度要求如下：

(1) 非抗震设计的结构构件箍筋弯钩的弯折角度不应小于 90°，弯折后平直段长度不应小于箍筋直径的 5 倍；为保证受力可靠，工程多采用 135°弯折，如图 7-18 所示。

(2) 对有抗震设防要求的结构构件，箍筋弯钩的弯折角度为 135°，弯折后平直段不应小于箍筋直径 10 倍和 75mm 两者中的较大值，如图 7-18 所示。

(3) 构件受扭时（如梁侧面构造纵筋以“N”打头表示），箍筋弯钩的弯折角度为 135°，弯折后平直段长度不应小于箍筋直径 10 倍，如图 7-18 所示。

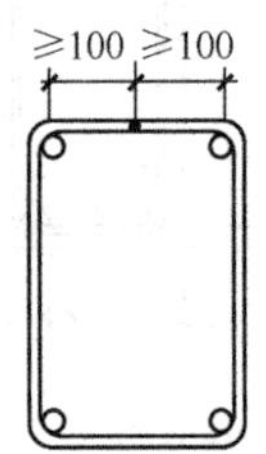

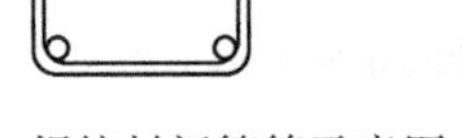

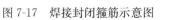

图 7-17　焊接封闭箍筋示意图

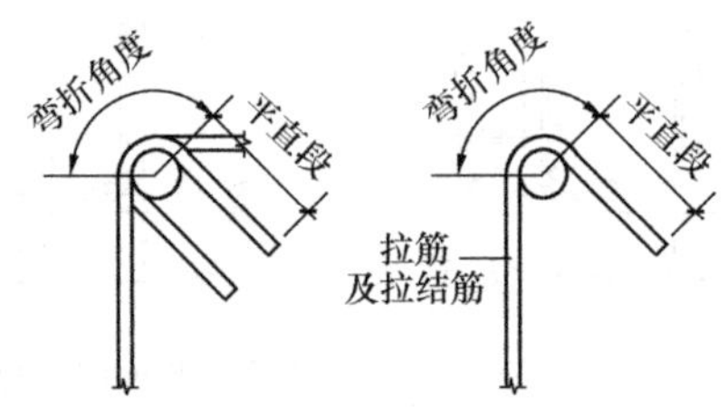

图 7-18　箍筋、拉筋及拉结筋弯钩示意图

(4) 圆形箍筋（非螺旋箍筋）搭接长度不应小于其受拉锚固长度 l_{aE} 且不应小于 300mm，末端均做 135°弯钩，弯折后平直段长度不应小于箍筋直径 10 倍和 75mm 两者中的较大值，如图 7-19 所示。

3. 拉筋、拉结筋末端也应做弯钩，具体要求如下：

(1) 拉筋用于梁、柱复合箍筋中单肢箍筋时，两端弯折角度均为 135°，弯折后平直段长度同箍筋。

(2) 拉筋用于梁腰筋间拉结时，两端弯折角度均为 135°，弯折后平直段长度同箍筋。

(3) 拉结筋用作剪力墙分布筋（约束边缘构件沿墙肢长度 l_c 范围以外，构造边缘构件范围以外）间拉结时，可采用一端 135°、另一端 135°弯钩，也可采用一端 135°、另一端 90°弯钩，当采用一端 135°、另一端 90°弯钩时，拉结筋需交错布置，弯折后平直段长度不应小于箍筋直径的 5 倍，如图 7-20 所示。

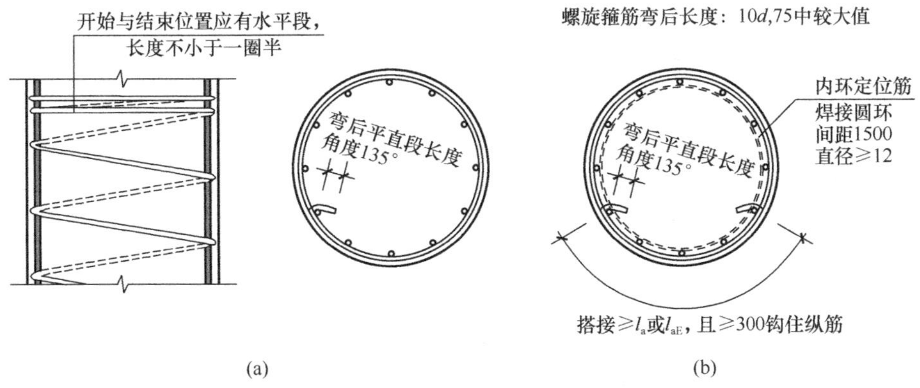

图 7-19　圆柱环状箍筋、螺旋箍筋构造详图

（a）螺旋箍筋端部构造；（b）螺旋箍筋搭接构造

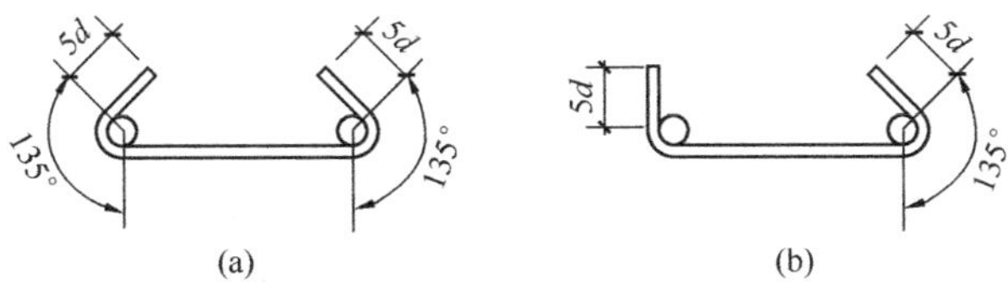

图 7-20　拉结筋构造详图

（a）两侧 135°弯钩；（b）一侧 135°、一侧 90°弯钩

根据《混凝土结构工程施工质量验收规范》GB 50204—2015 钢筋弯折的弯弧内径应符合下列规定：

1. 光圆钢筋，不应小于钢筋直径的 2.5 倍；

2. 335MPa、400MPa 级带肋钢筋，不应小于钢筋直径的 4 倍。

十一、箍筋算法

均考虑抗震要求，如图 1-21 所示。

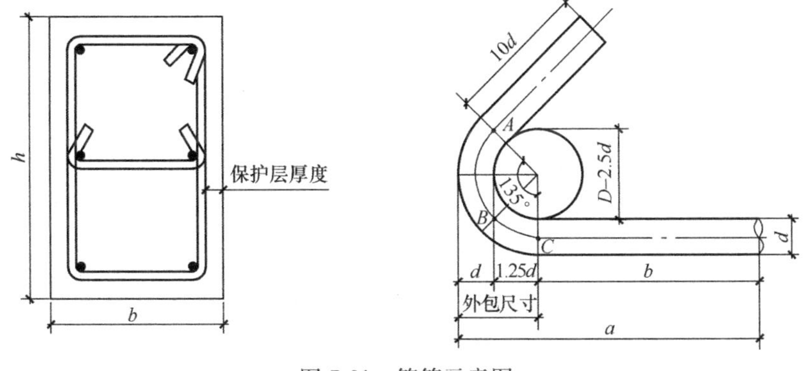

图 7-21　箍筋示意图

HPB300 按照常用做法讲解；HRB400 按照推导计算考虑，即所谓的中心线长度考虑。

1. HPB300 钢筋弯弧内直径不应小于钢筋直径的 2.5 倍，如图 7-22（a）所示。

弯弧内直径（$D=2.5d$）推导的量度差值（$1.9d$），即

当直径≥8mm 时，[(b−保护层厚度×2)+(h−保护层厚度×2)]×2+2×10d+2×1.9d=[(b−保护层厚度×2)+(h−保护层厚度×2)]×2+23.8d

当直径<8mm 时，[(b−保护层厚度×2)+(h−保护层厚度×2)]×2+2×75+2×1.9d=[(b−保护层厚度×2)+(h−保护层厚度×2)]×2+150+3.8d

135°弯钩钢筋度量差=4.12d−2.25d=1.87d≈1.9d

中心线长度=b+ABC 弧长+10d

135°中心线 ABC 弧长=$(R+d/2)\times\pi\times\theta/180°$

$=(1.25d+0.5d)\times3.14\times135/180=4.12d$

2.25d 是 135°弯钩外包长度=d+1.25d=2.25d

$D=2.5d$ 是圆轴直径，是设 135°弯曲内半径为 1.25d，也就是 $R=1.25d$，d 为箍筋直径。

2. HRB400 钢筋弯弧内直径不应小于钢筋直径的 4 倍，如图 7-22（b）所示。

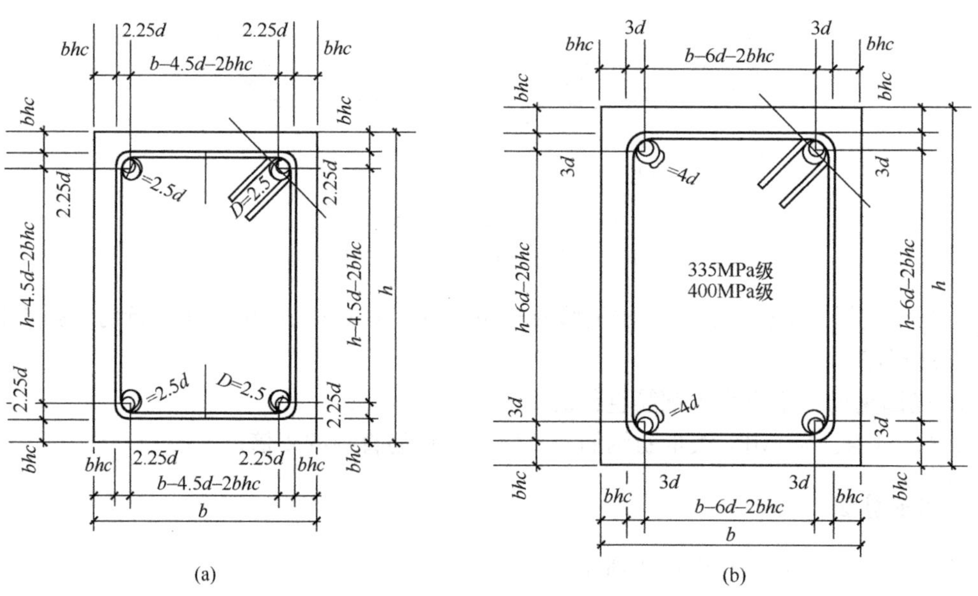

图 7-22　箍筋算法示意图

（a）用于 HPB300；（b）用于 HRB400

弯弧内直径（$D=4d$）推导的量度差值（$2.89d$），即

当直径≥8mm 时，[(b−保护层厚度×2)+(h−保护层厚度×2)]×2+2×10d+2×2.89d−2.075×3[三个直角部分]=[(b−保护层厚度×2)+(h−保护层厚度×2)]×2+19.555d

当直径<8mm 时，[(b−保护层厚度×2)+(h−保护层厚度×2)]×2+2×75+2×2.89d−2.075×3[三个直角部分]=[(b−保护层厚度×2)+(h−保护层厚度×2)]×2+150−0.445d

135°弯钩钢筋度量差＝5.89d－3d＝2.89d

中心线长度＝b＋ABC弧长＋10d

135°中心线　ABC弧长＝$(R+d/2)\times\pi\times\theta/180°$

$=(2d+0.5d)\times3.14\times135/180=5.89d$

3d是135°弯钩外包长度＝$d+2d=3d$

$D=4d$是圆轴直径，是设135°弯曲内半径为2d，也就是$R=2d$，d为箍筋直径。

设：钢筋采用400MPa级带肋钢筋，钢筋弯折的弯弧内直径不应小于钢筋直径的4倍，故半径$r=2d$，如图7-23所示。

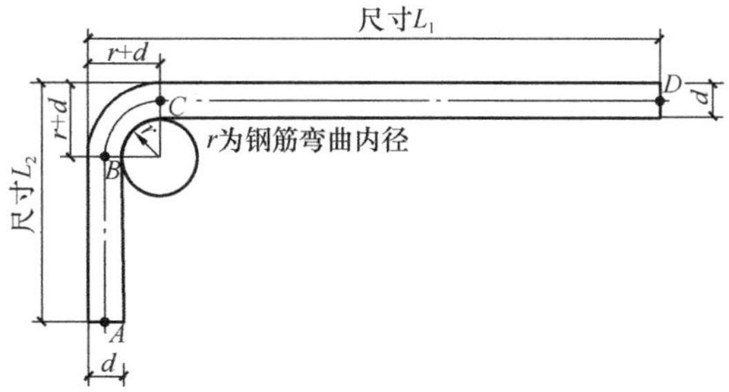

图7-23　中心线长度推导示意图

设计钢筋长度＝$AB+BC$弧长＋CD

$$AB=L_2-(r+d)=L_2-3d$$

$$CD=L_1-(r+d)=L_1-3d$$

$$BC\text{弧长}=2\times\pi\times(r+d)\times90°/360°$$
$$=2\times3.14\times(2d+d)\times90°/360°$$
$$=4.71d$$

即设计钢筋长度＝$AB+BC$弧长＋CD

$$=L_2-3d+4.71d+L_1-3d$$
$$=L_2+L_1-3d+4.71d-3d$$
$$=L_2+L_1-1.29d$$

当采用中心线长度时，中心线钢筋长度：

设计钢筋长度＝$AB+BC$弧长＋CD

$$AB=L_2-(r+d)=L_2-3d$$

$$CD=L_1-(r+d)=L_1-3d$$

$$BC\text{弧长}=2\times\pi\times(r+d/2)\times90°/360°$$
$$=2\times3.14\times(2d+d/2)\times90°/360°$$
$$=3.925d$$

即中心线钢筋长度＝$AB+BC$弧长＋CD

$$=L_2-3d+3.925d+L_1-3d$$
$$=L_2+L_1-2.075d$$

十二、复合内箍筋尺寸算法

内箍筋尺寸的计算方法：

1. 按肢均分；
2. 按上支座筋均分；
3. 按上下较多均分；
4. 按上通长筋均分；

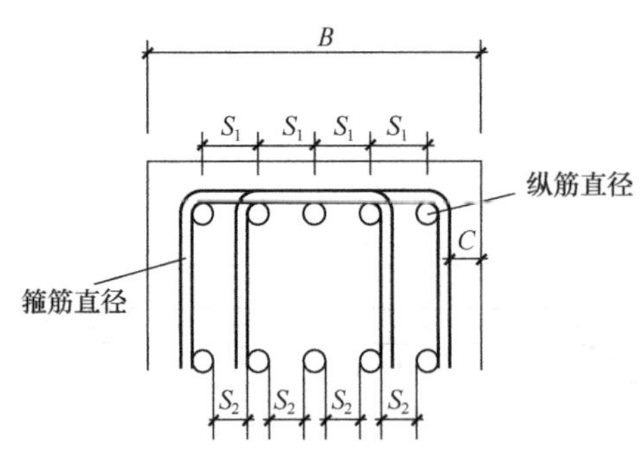

图 7-24　箍筋内箍平均分示意图

5. 按长度平均分。

通常使用以下情况较多，如图 7-24 所示。

S_1是指纵筋中心线的均分，按照纵筋的中心线均分，即（$B-2\times C$—箍筋的直径×2－纵筋直径）/内空段数，然后再增加上 1 个纵筋直径和 2 个箍筋的直径，最后即为内箍的长度。

S_2是指纵筋内净长的均分，按照纵筋的净长均分，即（$B-2\times C$—箍筋的直径×2—所有的纵筋直径）/空挡，然后内箍根据箍筋套用的根数，加上直径和箍筋直径，最后即为内箍的长度。

当梁箍筋为复合箍时，梁上部纵筋、下部纵筋及箍筋的排布有关联，钢筋排布应按以下规则综合考虑：

（1）梁上部纵筋、下部纵筋及箍筋的排布时应遵循对称原则；

（2）梁复合箍筋应采用截面外封闭大箍加内封闭小箍的组合方式（大箍套小箍）。内部复合箍筋可采用相邻两肢形成一个内封闭小箍的形式，如图 7-25 所示。

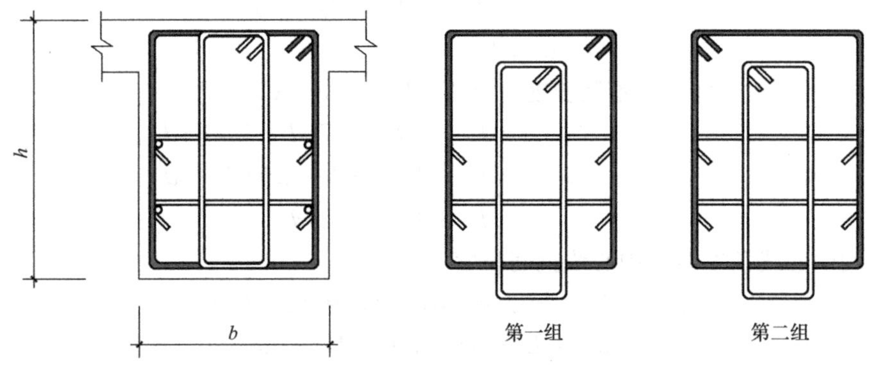

图 7-25　梁复合箍筋排布构造示意图

（3）梁复合箍筋肢数为单数时，设一个单肢箍。单肢箍筋宜紧靠箍筋并勾住纵筋。

（4）梁箍筋转角处应有纵向钢筋，当箍筋上部转角处的纵向钢筋未能贯通全跨时，在跨中上部可设置架立筋（架立筋的直径按设计标注，与梁纵向钢筋搭接长度为 150mm）。

（5）梁上部通长筋应对称设置，通长筋宜置于箍筋转角处。

（6）梁同一跨内各组箍筋的复合方式应完全相同。当同一组内复合箍筋各肢位置不能满足对称性要求时，此跨内每相邻两组箍筋各肢的安装绑扎位置应沿梁纵向交错对称排布。

（7）梁横截面纵向钢筋与箍筋排布时，除考虑本跨内钢筋排布关联外，还应综合考虑相邻之间的关联影响。

十三、度量差值

度量差值，是指弯弧中心线与直线段的差值。根据《混凝土结构工程施工质量验收规范》GB 50204—2015 第 5.3.1 条钢筋弯折的弯弧内径应符合下列规定：

1. 光圆钢筋，不应小于钢筋直径的 2.5 倍；

2. 335MPa、400MPa 级带肋钢筋，不应小于钢筋直径的 4 倍；

3. 500MPa 级带肋钢筋，当直径为 28mm 以下时不应小于钢筋直径的 6 倍，如图 7-26 所示。钢筋中心线 1/4 圆的直径是 $7d$，90°圆心角对应的圆周长度 $=7\pi d/4=5.5d$。

所以，90°弯钩所需要的展开长度为 $11d+5.5d-4d=12.5d$。

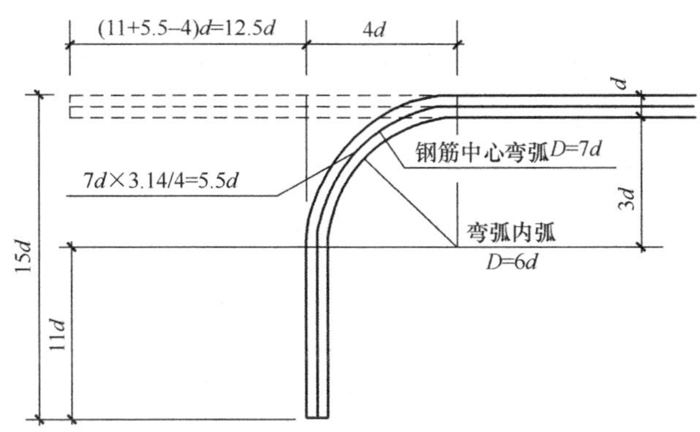

图 7-26　90°弯直钩增加的展开长度（6d）推导示意图

当直径为 28mm 及以上时不应小于钢筋直径的 7 倍，如图 7-27 所示。钢筋中心线 1/4 圆的直径是 $8d$，90°圆心角对应的圆周长度 $=8\pi d/4=6.28d$。

所以，90°弯钩所需要的展开长度为 $10d+6.28d-5d=11.28d$。

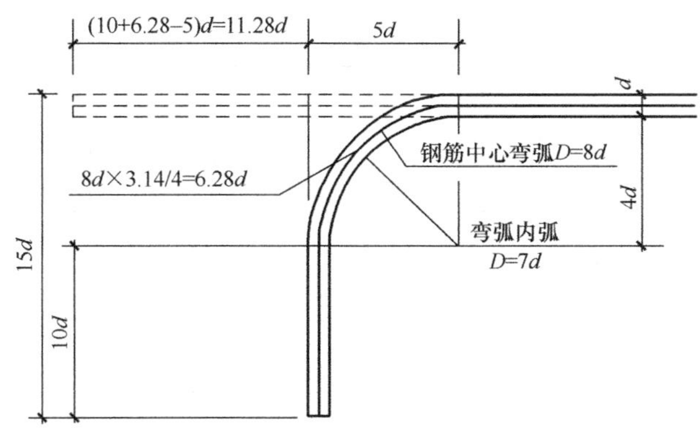

图 7-27　90°弯直钩增加的展开长度（7d）推导示意图

根据理论推算并结合实践经验，弯曲调整值见表 7-12。

钢筋弯曲调整值表　　**表 7-12**

钢筋弯曲角度	30°	45°	60°	90°	135°
光圆钢筋弯曲调整值	$0.3d$	$0.54d$	$0.9d$	$1.75d$	$0.38d$
热轧钢筋弯曲调整值	$0.3d$	$0.54d$	$0.9d$	$2.08d$	$0.11d$

十四、其他要求

1. 钢筋加工的允许偏差

钢筋加工的形状、尺寸应符合设计要求，其偏差应符合表 7-13 的规定。

钢筋加工的允许偏差表　　表 7-13

项目	允许偏差（mm）
受力钢筋沿长度方向的净尺寸	±10
弯起钢筋的弯折位置	±20
箍筋外廓尺寸	±5

2. 钢筋安装及检验方法

因考虑到纵向受力钢筋锚固长度对结构受力性能的重要性，所以增加了锚固长度的允许偏差要求；梁、板类构件上部受力钢筋的位置对结构构件的承载能力有重要影响，由于上部纵向受力钢筋移位而引发的事故通常较为严重，应加以避免，见表 7-14。

钢筋安装允许偏差及和检验方法表　　表 7-14

项目		允许偏差（mm）	检验方法
绑扎钢筋网	长、宽	±10	尺量
	网眼尺寸	±20	尺量连续三档，取最大偏差值
绑扎钢筋骨架	长	±10	尺量
	宽、高	±5	尺量
纵向受力钢筋	锚固长度	−20	尺量
	间距	±10	尺量两端，中间各一点，取最大偏差值
	排距	±5	
纵向受力钢筋、箍筋的混凝土保护层厚度	基础	±10	尺量
	柱、梁	±5	尺量
	板、墙、壳	±3	尺量
绑扎箍筋、横向钢筋间距		±20	尺量连续三档，取最大偏差值
钢筋弯起点位置		20	尺量，沿纵、横两个方向量测，并取其中偏差的较大值
预埋件	中心线位置	5	尺量
	水平高差	+3，0	塞尺量测

3. 钢筋每米重量计算方法，见表 7-15。

（1）$0.00617\times d^2$（d 为钢筋直径）

（2）单位理论重量可查表 5-4 直接找到（截面面积×7850kg/m^3）

例如：公称直径为 20mm 时，单位理论重量计算方法为：314.2（π×钢筋半径^2）×7850＝2.46647≈2.47kg/m。

钢筋每米长度理论质量　　表 7-15

公称直径（mm）	单根钢筋理论重量（kg/m）	截面面积（mm^2）	公称直径（mm）	单根钢筋理论重量（kg/m）	截面面积（mm^2）
6	0.222	28.3	18	2.00	254.5
6.5	0.260	33.2	20	2.47	314.2
8	0.395	50.3	22	2.98	380.1

续表

公称直径（mm）	单根钢筋理论重量（kg/m）	截面面积（mm^2）	公称直径（mm）	单根钢筋理论重量（kg/m）	截面面积（mm^2）
10	0.617	78.5	25	3.85	490.9
12	0.888	113.1	28	4.83	615.8
14	1.21	153.9	32	6.31	804.2
16	1.58	201.1	36	7.99	1017.9

钢筋工程量（t）＝图示钢筋长度（m）×单位理论质量（kg/m）÷1000

4. 缩尺钢筋

一组钢筋中存在多种不同长度的情况，这种配筋形式称为“缩尺钢筋”。

缩尺钢筋长度计算原理是先计算首根钢筋长度，然后根据每档钢筋差值及总根数，一次性计算出每根钢筋长度。根据每档钢筋差值之和计算出每档钢筋的下料长度。

根据比例原理，如图 7-28 所示，每根钢筋的长短差值Δ，可按下式计算：

$$\Delta=\frac{l_c-l_d}{n-1}$$

式中　l_c——钢筋的最大长度；

l_d——钢筋的最小长度；

n——钢筋个数，等于 $s/a+1$；

s——最长钢筋和最短钢筋之间的总距离；

a——钢筋间距。

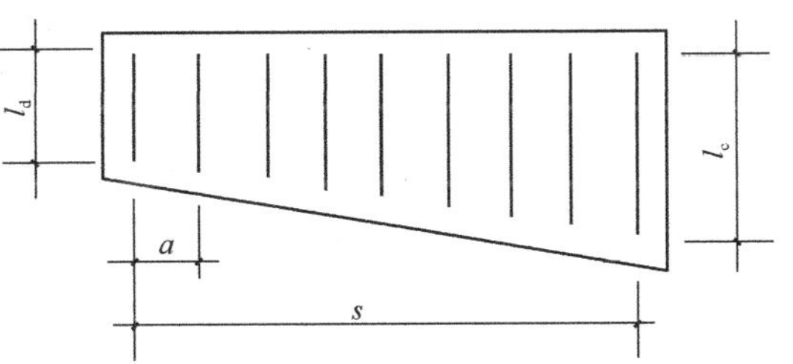

图 7-28　变截面构件钢筋示意图

第二节　基础钢筋计算

一、独立基础钢筋构造

1. 独立基础底板长向、短向宽度＜2500mm 时，所有底板受力钢筋的计算长度为基础底板边长减去两边的保护层厚度；基础边缘的第一根钢筋离底板边满足≤75mm 且≤0.5 倍的受力钢筋的间距，如图 7-29 所示。

所有底板钢筋的下料长度＝底板边长－2×保护层

底板钢筋的排布范围＝底板边长－2min（75，$S/2$）

S 代表底板长向钢筋间距；S'代表底板短向钢筋间距。

根数＝底板钢筋的排布范围/钢筋间距＋1

2. 独立基础底板长向、短向宽度≥2500mm 时，底板受力钢筋（除最外侧钢筋外）的长度可取相应方向底板长度的 0.9 倍；基础边缘的第一根钢筋离底板边满足≤75mm 且≤0.5 倍的受力钢筋的间距，如图 7-30 所示。

底板不缩减钢筋的下料长度＝底板边长－2×保护层

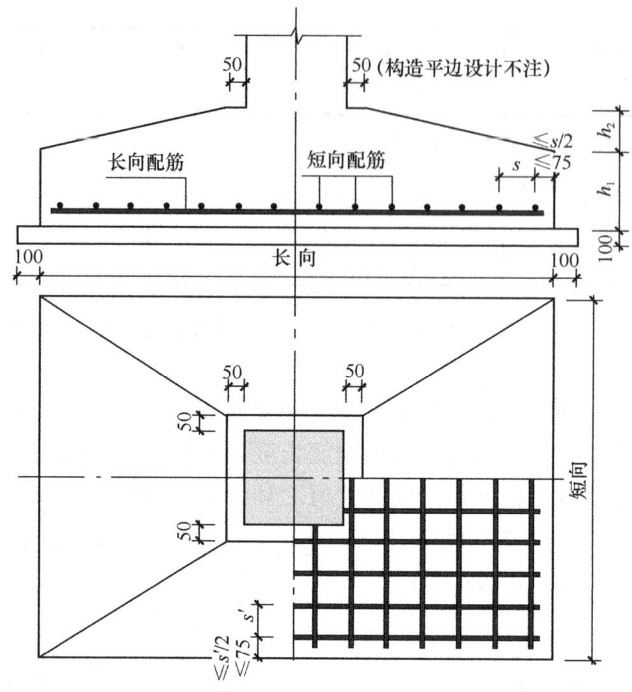

图 7-29　独立基础底板配筋构造示意图

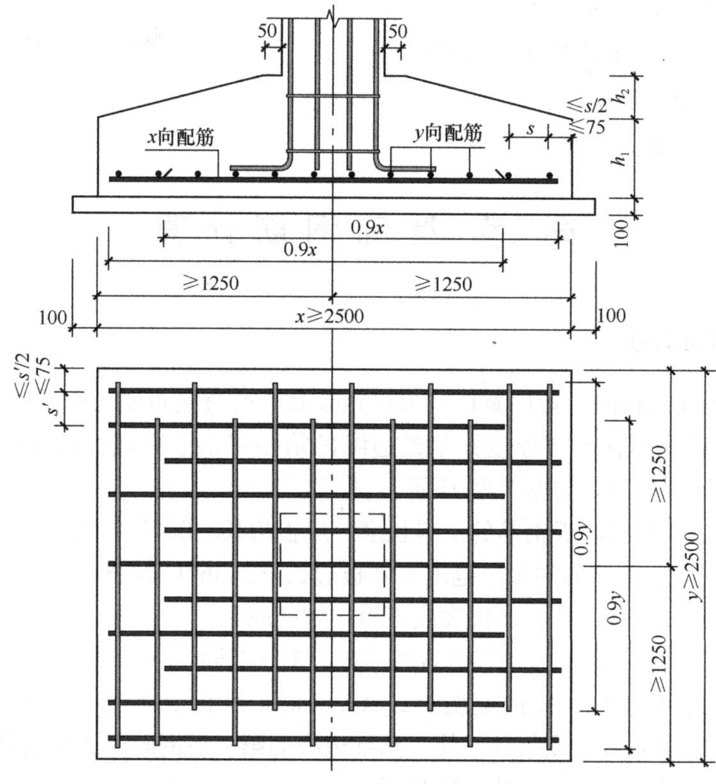

图 7-30　对称独立基础底板配筋长度减短 10%构造示意图

底板缩减钢筋的下料长度＝0.9×底板边长（不需要扣除保护层）

底板钢筋的排布范围＝底板边长－2min（75，$S/2$）

钢筋总根数＝［底板边长－2min（75，$S/2$）］/S＋1

当计算数值为奇数时，总根数不变，其中底板不缩减钢筋根数＝底板缩减钢筋根数＋1，即总根数＝底板不缩减钢筋根数＋底板缩减钢筋根数（因为两端有 2 根长度不缩减，减少 10％缩减长度，就要下调 1 根）。

当计算数值为偶数时，总根数不变，其中底板不缩减钢筋根数＝底板缩减钢筋根数，即总根数＝底板不缩减钢筋根数＋底板缩减钢筋根数。

二、筏板基础钢筋构造

1. 筏板封边构造：当筏板基础平板端部无支承时，应对自由边进行封边处理，根据现行的国家标准，这种处理方式有两种，并在封边处设置纵向构造钢筋。需要封边的筏板基础平面布置，如图 7-31 所示。

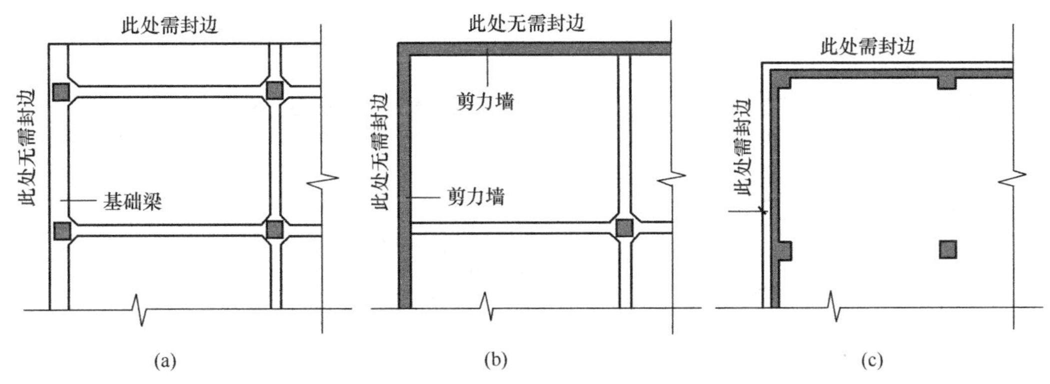

图 7-31　筏板基础平面布置示意图

2. 端部有外伸时，如图 7-32 所示。

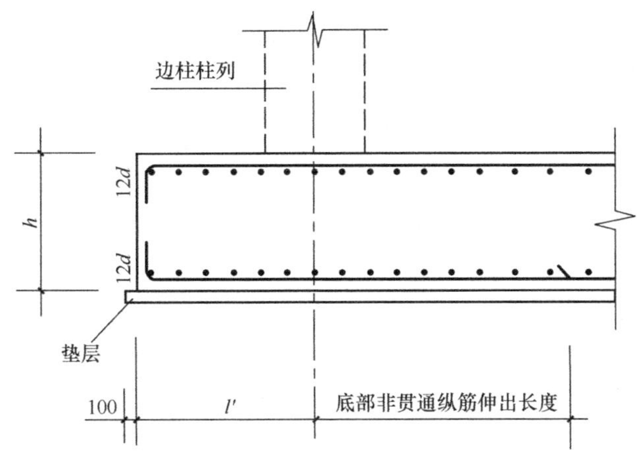

图 7-32　平板式筏形基础平板端部等截面外伸部位钢筋排布构造示意图

当筏板厚度较小时，可采用板的上层纵向钢筋与板下层纵向钢筋 90°弯折搭接，并在搭接范围内至少布置一道纵向钢筋。

当筏板厚度较厚时，可在端面设置附加 U 形构造钢筋与板上、下层弯折钢筋搭接，并设置端面的纵向构造钢筋。

施工图设计文件中应根据 22G101-3 图集中的两种做法指定一种对封边的处理方式。

基础平板（不包括基础梁宽范围）的封边构造做法如下：

底部贯通筋长度=筏板长度−保护层厚度×2+弯折长度×2

顶部贯通筋长度=筏板长度−保护层厚度×2+弯折长度×2

底、顶部筋根数=［筏板长度−min（$S/2$，75）×2］/间距+1

1）封边钢筋可采用 U 形钢筋，如图 7-33 所示；间距宜与板上、下层纵向钢筋一致。

弯折长度=12d

U 形封边长度=筏板高度−保护层厚度×2+max（15d，200）×2

2）可将板上、下纵向钢筋弯折搭接 150mm 作为封边钢筋，如图 7-34 所示。

弯折长度=筏板高度÷2−保护层+75mm

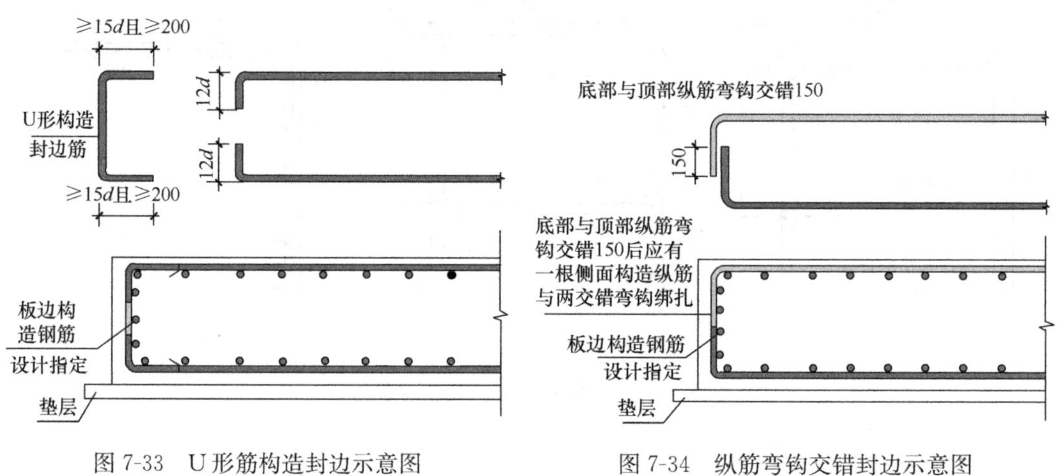

图 7-33　U 形筋构造封边示意图　　图 7-34　纵筋弯钩交错封边示意图

三、集水坑钢筋构造

电梯是建筑楼层间的固定式升降设备，电梯一般要求设置机房、井道和底坑等。底坑位于最下端与基础相连，底坑深度根据电梯型号等因素确定。缓冲器的墩座预留钢筋和预埋件位置一般待电梯订货后配合厂家预留。集水坑根据集水的要求设计相应的深度。

设计和施工时应注意：

1. 电梯基坑配筋同基础底板配筋。

2. 施工前核对电梯基坑尺寸、预埋件与厂家提供的技术资料一致。

3. 电梯井周边的墙体插筋构造，基础顶面按基坑顶计算，自基坑顶墙体开始设置水平分布筋。

4. 墙体下，筏板上部钢筋伸至墙对边向下弯折至基坑底板内并满足锚固要求 l_a 的要求。基坑中钢筋的锚固要求，如图 7-35 所示：

1. 钢筋伸到对边，满足锚固长度不小于 l_a 即可（注意锚固长度从垫层顶的弯折处开

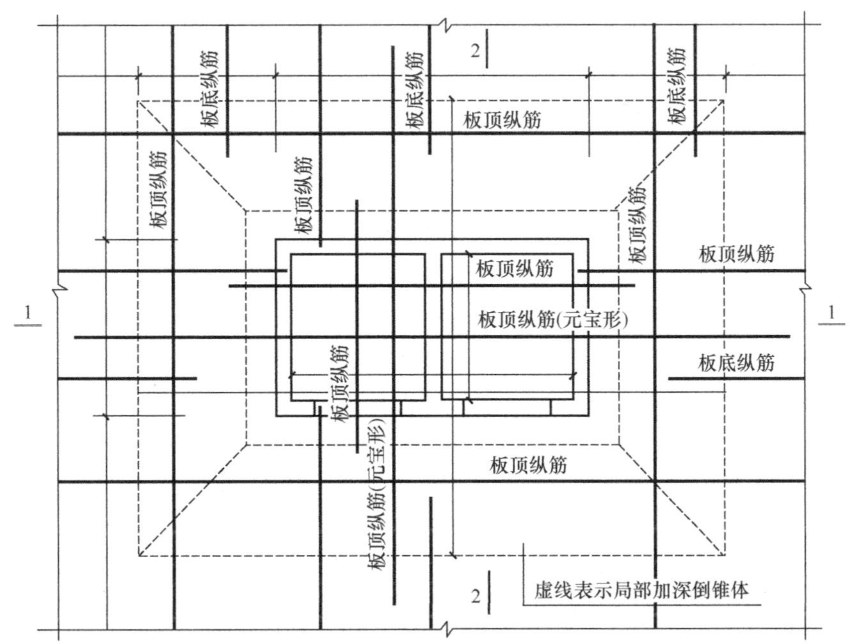

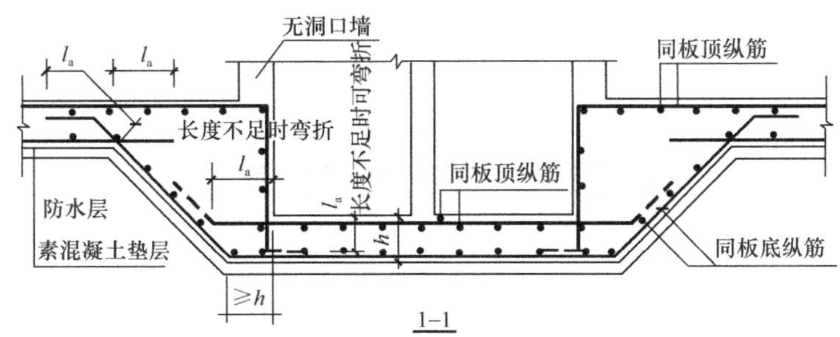

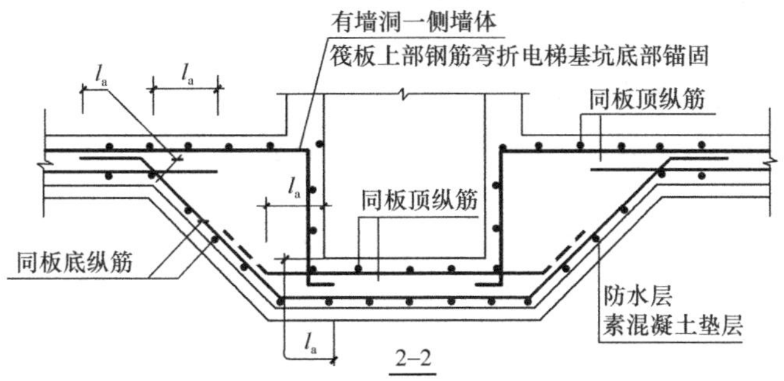

图 7-35 筏板基础电梯基坑配筋构造示意图

始计算)。

2. 当截面尺寸不满足直线锚固长度要求时，钢筋伸到对边弯折锚固，使总长度满足锚固长度不小于 l_a的要求。

3. 根据施工是否方便，基坑侧壁的水平钢筋可位于内侧，也可位于外侧。

在筏形基础中，当底坑底面比筏形基础的底板低时，为防止在此处应力集中，侧面会

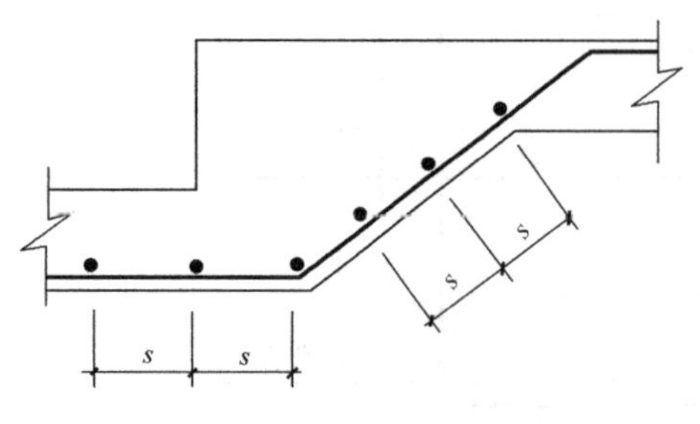

图 7-36 底坑斜向钢筋间距示意图

设计成一定角度的斜面，斜面的钢筋也是受力钢筋，不应按垂直地面方向布置钢筋间距，应按垂直斜面方向布置钢筋间距 S，如图 7-36 所示。

在实际工作中，往往都会根据现场基坑挖好后采用实测实量的方式进行下料，因现场施工时往往为了施工方便，都会采用大型施工机械进行施工，从而导致现场与设计图纸不符，但是应以设计图纸为准进行施工。

在计算集水坑时，需要注意保护层之间的误差，如图 7-37 所示。

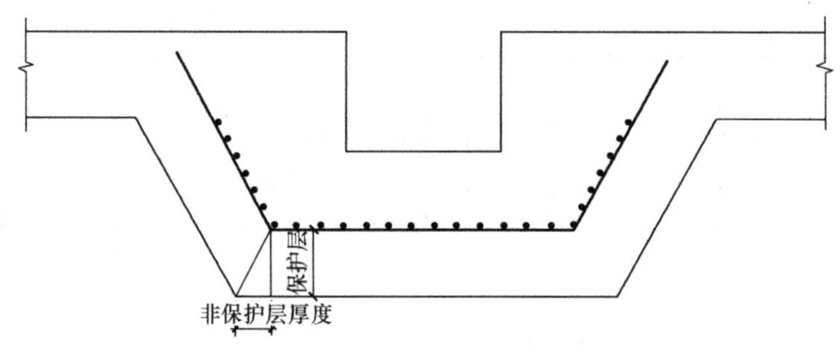

图 7-37 筏板基础电梯基坑斜角保护层示意图

第三节 柱钢筋计算

一、基础中钢筋长度及箍筋计算

1. 在基础中插筋的长度（以嵌固部位不在基础顶面时讲解，实际遇到嵌固部位在基础顶面时，只需连接区改为 $H_n/3$），如图 7-38 所示。

（1）当基础高度满足直锚，如图 7-38（a）所示。

基础短向插筋长度＝max（$6d$，150）＋基础高度－保护层厚度－底部钢筋网片的钢筋直径＋max（$H_n/6$，h_c，500）

基础长向插筋长度＝max（$6d$，150）＋基础高度－保护层厚度－底部钢筋网片的钢筋直径＋max（$H_n/6$，h_c，500）＋max（$35d$，500）

机械连接之所以未考虑 500mm 的界限，是因为框架柱纵向受力钢筋一般比较大，当直径大于 16mm 时（500÷35≈14.28）都可以满足大于 500mm 的要求。

（2）当纵向受力钢筋保护层厚度≤$5d$ 的情况，基础高度满足直锚，如图 7-38（b）所示。

基础短向插筋长度＝max（$6d$，150）＋基础高度－保护层厚度－底部钢筋网片的钢筋直径＋max（$H_n/6$，h_c，500）

基础长向插筋长度＝max（$6d$，150）＋基础高度－保护层厚度－底部钢筋网片的钢筋直径＋max（$H_n/6$，h_c，500）＋max（$35d$，500）

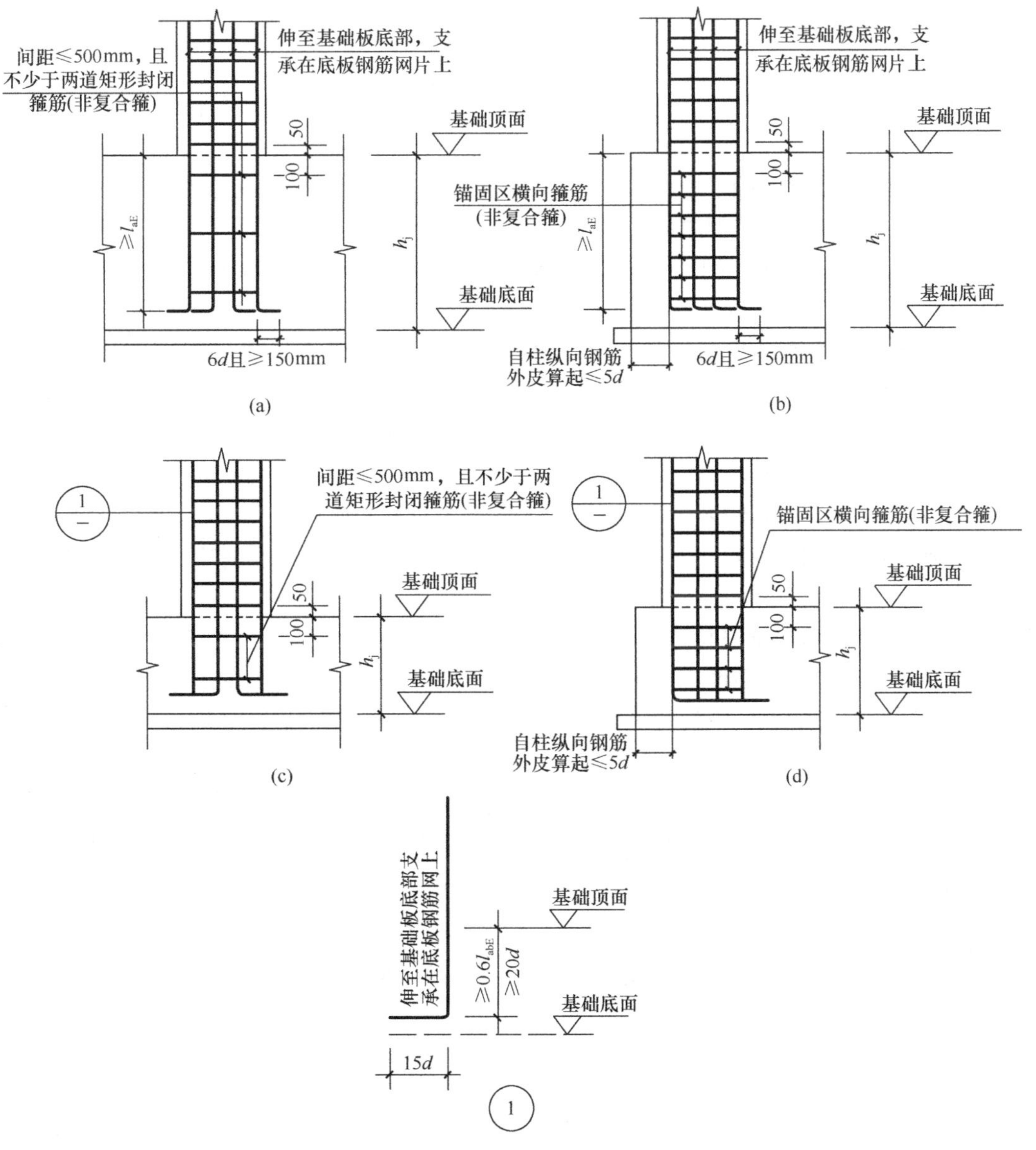

图 7-38　柱纵筋在基础中构造示意图

(a) 保护层厚度>5d；基础高度满足直锚；(b) 保护层厚度≤5d；基础高度满足直锚；(c) 保护层厚度>5d；基础高度不满足直锚；(d) 保护层厚度≤5d；基础高度不满足直锚

(3) 当纵向受力钢筋保护层厚度>5d 的情况，基础高度满足直锚，如图 7-38 (c) 所示。

基础短向插筋长度=15d+基础高度−保护层厚度−底部钢筋网片的钢筋直径+max (H_n/6，h_c，500)

基础长向插筋长度=15d+基础高度−保护层厚度−底部钢筋网片的钢筋直径+max (H_n/6，h_c，500) +max (35d，500)

(4) 当纵向受力钢筋保护层厚度≤5d 的情况，基础高度不满足直锚，如图 7-38 (d) 所示。

基础短向插筋长度＝15d＋基础高度－保护层厚度－底部钢筋网片的钢筋直径＋max（$H_n/6$，h_c，500）

基础长向插筋长度＝15d＋基础高度－保护层厚度－底部钢筋网片的钢筋直径＋max（$H_n/6$，h_c，500）＋max（35d，500）

柱纵筋在基础内锚固要求：

当基础高度满足直锚要求时，柱纵向钢筋伸入基础内的锚固长度应不小于 l_{aE}，钢筋下端宜伸至基础底部钢筋网片上 90°弯折，弯折后水平投影长度为 6d（d 为纵向钢筋直径）且不小于 150mm，此弯钩为构造要求，可起到"坐"在钢筋网片上的作用。

当基础高度不能满足直锚要求时，柱纵筋伸入基础内直段投影长度应满足不小于 0.6l_{abE}且不小于 20d 的要求，且伸至基础底部钢筋网片上 90°水平弯折，弯折后水平投影长度为 15d（d 为纵向钢筋直径），此弯钩为受力要求。

2. 基础内箍筋根数计算，如图 7-38 所示。

1）间距≤500，且不少于两道矩形封闭箍筋（非复合箍）。

基础中箍筋根数＝max［（基础高度－100－保护层－底部钢筋网片的钢筋直径）/500＋1，2］

2）柱锚固区横向钢筋构造要求：

柱竖向钢筋在基础高度范围内保护层不大于 5d 时，为保证竖向钢筋锚固可靠，防止发生混凝土的劈裂产生，应设置横向构造钢筋。

① 柱竖向钢筋锚固区横向构造钢筋应满足直径不小于 d/4（取保护层厚度小于或等于 5d 纵筋的最大直径），间距不大于 5d（取不满足要求纵筋的最小直径）且不大于 100mm，即 min（5d，100）。

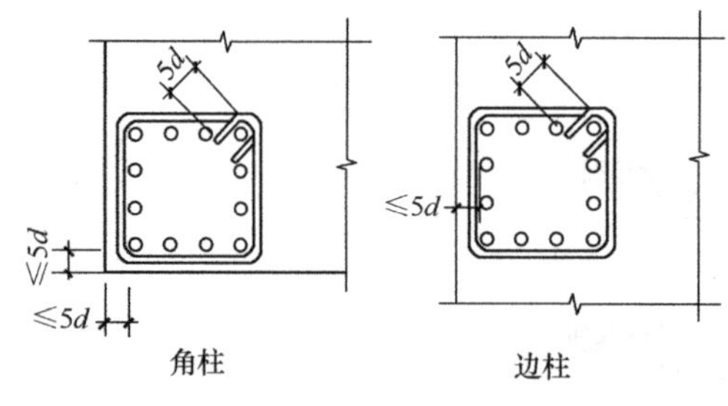

图 7-39　横向构造箍筋示意图

② 柱竖向钢筋锚固区横向构造钢筋，可为非复合箍筋，箍筋端部宜为 135°弯钩，弯钩后平直段长度可取 5d，因此部分为构造要求。如图 7-39 所示。

③ 当柱竖向钢筋周边配有其他与插筋相垂直的钢筋（比如筏形基础外边缘设有封边构造钢筋及侧面构造钢筋时），且满足第①款要求时，可替代锚固区横向构造钢筋。

基础中箍筋根数＝max［（基础高度－100－保护层－底部钢筋网片的钢筋直径）/min（5d，100）＋1，2］

注意：单肢箍为紧靠箍筋并钩住纵筋，也可以同时钩住箍筋和纵筋。

二、首层柱钢筋长度及箍筋计算

在工程实际中，钢筋供货定尺与实际结构往往还有不太适应的情况，在不能争取完全适应层高的定尺钢筋的情况下，应充分考虑原材的利用率。注意当采用电渣压力焊时，需要考虑电渣压力焊的热熔损耗所减少的纵筋长度。

1. 因柱钢筋直径较大，故按照机械连接接头或焊接连接接头讲解（按照有嵌固部位考虑），如图 7-40 所示。

柱首层纵筋长度＝首层层高－非连接区 $H_n/3$＋max($H_n/6$，h_c，500)［当考虑焊接连接时，应考虑纵筋的烧熔量损耗］

2. 首层箍筋数量（计算值取整），如图 7-41 所示。

上部加密区箍筋根数＝［max($H_n/6$，500，h_c)＋节点区梁高－50］/加密区间距＋1

下部加密区箍筋根数＝($H_n/3$－50)/加密区间距＋1

非加密区箍筋根数＝{层高－［50＋(上部加密区箍筋根数－1)×加密区间距］＋［50＋(下部加密区箍筋根数－1)×加密区间距］}/非加密区间距－1

箍筋数量＝上部加密区箍筋根数＋非加密区箍筋根数＋下部加密区箍筋根数

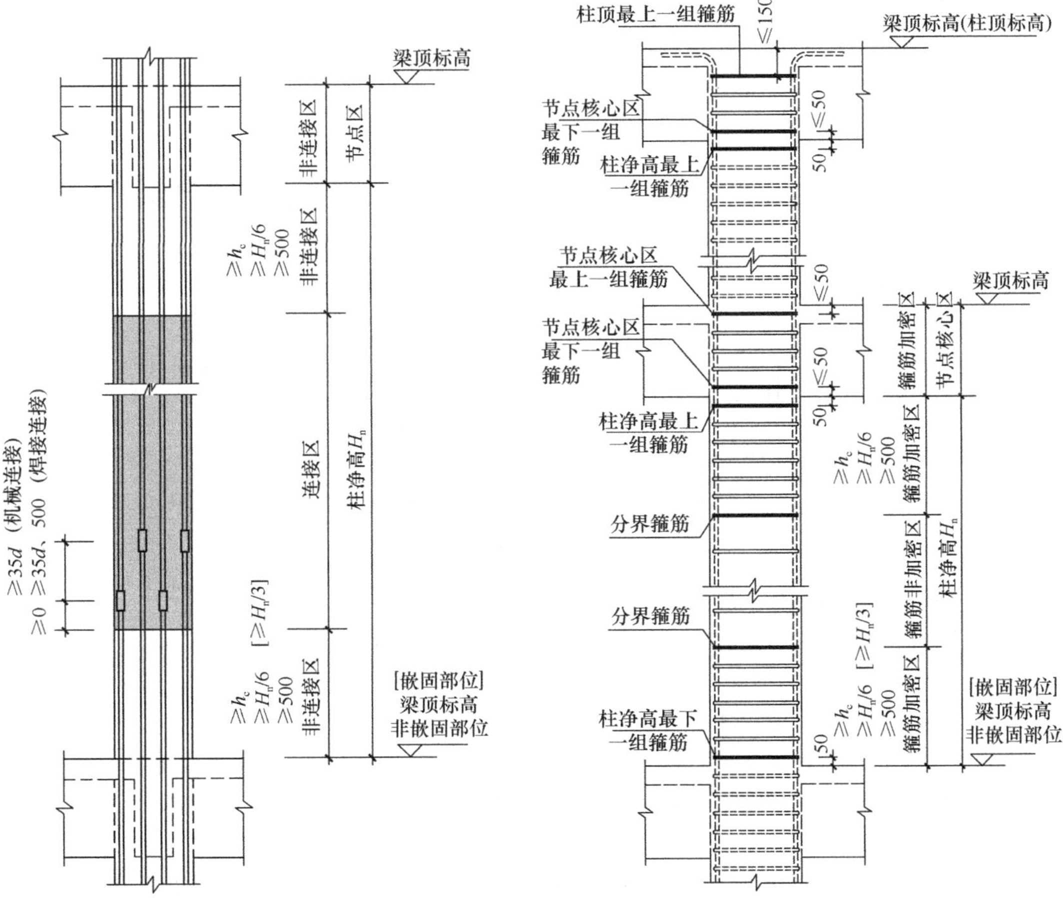

图 7-40 框架柱机械连接、焊接连接示意图

图 7-41 柱箍筋排布构造示意图

三、中间层柱钢筋长度及箍筋计算

1. 因柱钢筋直径较大，故按照机械连接接头或焊接连接接头讲解（按照有嵌固部位考虑），如图 7-40、图 7-41 所示。

柱中间层纵筋长度＝中间层层高－当前层非连接区 max($H_n/6$，h_c，500)＋(当前层＋1)层非连接区 max($H_n/6$，h_c，500)［当考虑焊接连接时，应考虑纵筋的烧熔量损耗］

2. 中间层箍筋数量（计算值取整），如图 7-41 所示。

上部加密区箍筋根数=[max(H_n/6，500，h_c)+节点区梁高-50]/加密区间距+1

下部加密区箍筋根数=[max(H_n/6，500，h_c)-50]/加密区间距+1

非加密区箍筋根数={层高-[50+(上部加密区箍筋根数-1)×加密区间距]+[50+(下部加密区箍筋根数-1)×加密区间距]}/非加密区间距-1

箍筋数量=上部加密区箍筋根数+非加密区箍筋根数+下部加密区箍筋根数

四、顶层柱钢筋长度及箍筋计算

顶层框架柱分为中柱、边柱和角柱三种情况。

框架梁、柱在顶层端节点（边节点和角节点）处钢筋有三种构造做法：一是搭接接头沿顶层端节点外侧及梁端顶部布置；二是沿节点柱顶外侧直线布置；三是顶层端节点柱外侧纵向钢筋可弯入梁内作梁上部纵向钢筋。

1. 顶层中柱钢筋构造，如图 7-42 所示。

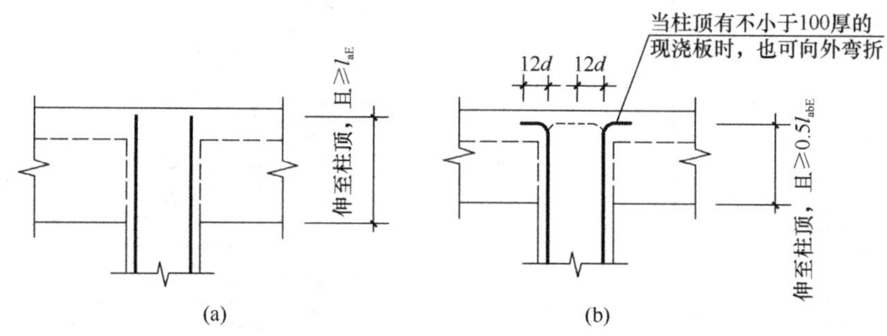

图 7-42　中柱柱顶纵向钢筋构造示意图

（a）满足直锚要求；（b）柱纵向钢筋弯折锚固

（1）当截面尺寸满足直锚长度

顶层中柱长筋长度=顶层层高-保护层厚度-max(H_n/6，500，h_c)

顶层中柱短筋长度=顶层层高-保护层厚度-max(H_n/6，500，h_c)-max(35d，500)

（2）当截面尺寸不满足直锚长度

顶层中柱长筋长度=顶层层高-保护层厚度+12d-max(H_n/6，500，h_c)

顶层中柱短筋长度=顶层层高-保护层厚度+12d-max(H_n/6，500，h_c)-max(35d，500)

1）当顶层框架梁的底标高不相同时，柱纵向钢筋的锚固长度起算点以梁截面高度小的梁底算起，如图 7-43（a）所示。

2）沿某一方向，与柱相连的梁为竖向加腋梁，此时柱纵向钢筋的锚固起算点以与柱交界面处竖向加腋梁的腋底算起，如图 7-43（b）所示。

3）无梁楼盖的中柱柱顶纵筋锚固，如图 7-44 所示。当框架梁纵向钢筋以托板或柱帽底算起，伸入长度满足 l_{aE}时还应伸至柱顶并弯折 12d；或不满足直锚要求时，柱纵向钢筋应伸至柱顶，包括弯弧段在内的钢筋竖向投影长度不应小于 0.5l_{abE}，在弯折平面内包含弯弧段的水平投影长度不宜小于 12d。

2. 顶层边角柱钢筋构造

在承受以静力荷载为主的框架中，顶层端节点的梁、柱端均主要承受负弯矩作用，相

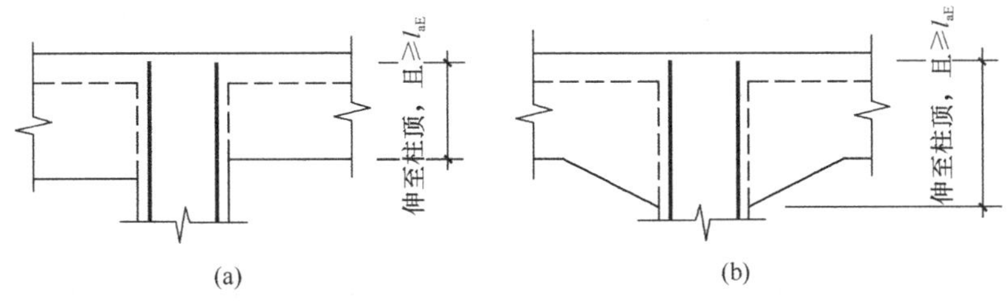

图 7-43　中柱柱顶纵向钢筋锚固起算点示意图

（a）框架梁的底标高不相同时；（b）与柱相连的梁为竖向加腋梁时

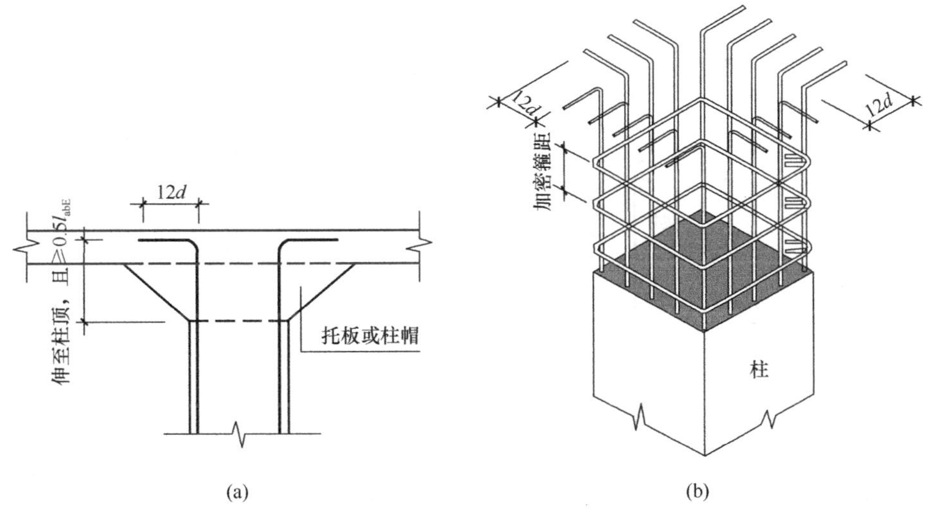

图 7-44　无梁楼盖中柱柱顶纵筋构造示意图

（a）立面图；（b）三维图（适用于中柱）

当于 90°折梁。节点外侧钢筋不是锚固受力，而属于搭接传力问题，故不允许将柱纵筋伸至柱顶，而将梁上部钢筋锚入节点的做法。

搭接接头设在节点外侧和梁顶顶面的 90°弯折搭接（柱锚梁）和搭接接头设在柱顶部外侧的直线搭接（梁锚柱）这两种方法：第一种做法（柱锚梁）适用于梁上部钢筋和柱外侧钢筋数量不致过多的民用建筑框架。其优点是梁上部钢筋不伸入柱内，有利于梁底标高处设置柱内混凝土施工缝。但当梁上部和柱外侧钢筋数量过多时，采用第一种做法将造成节点顶部钢筋的拥挤，不利于自上而下浇筑混凝土。此时，宜改为第二种方法（梁锚柱）。

采用柱锚梁时（需要与梁部分结合起来）方法如下：

1）节点外侧和梁端顶面 90°弯折搭接，如图 7-45 所示。

① 梁上部纵向钢筋伸至柱外侧纵筋内侧弯折，弯折段伸至梁底（需要与梁部分结合起来）。

② 伸入梁内的柱外侧钢筋（钢筋①）与梁上部纵向钢筋搭接，从梁底算起的搭接长度不应小于 $1.5l_{abE}$，伸入梁内的柱外侧钢筋截面积不宜小于柱外侧纵向钢筋全部面积的 65%。

③ 梁宽范围以外柱外侧钢筋（钢筋②）

位于柱顶第一层时，伸至柱内边后向下弯折 8d，如图 7-45 中 A 节点 ②a；

位于柱顶第二层时，伸至柱内边截断，如图 7-45 中 A 节点 ②b；

当有≥100mm 的现浇板时，也可伸入现浇板内，其长度与伸入梁内的柱纵向钢筋相同，如图 7-45 中 C 节点。

④ 当柱外侧纵向钢筋配筋率大于 1.2%时，钢筋①分两批截断，截断点之间距离不宜小于 $20d$，如图 7-45 中 B 节点。

配筋率＝柱外侧纵向钢筋面积/柱截面面积

⑤ 当梁的截面高度较大，梁、柱纵向钢筋相对较小，钢筋①从梁底算起的弯折搭接长度未伸至柱内侧边缘即已满足 $1.5l_{abE}$ 的要求时，其弯折后包括弯弧在内的水平段长度不应小于 $15d$，如图 7-45 中 D 节点。

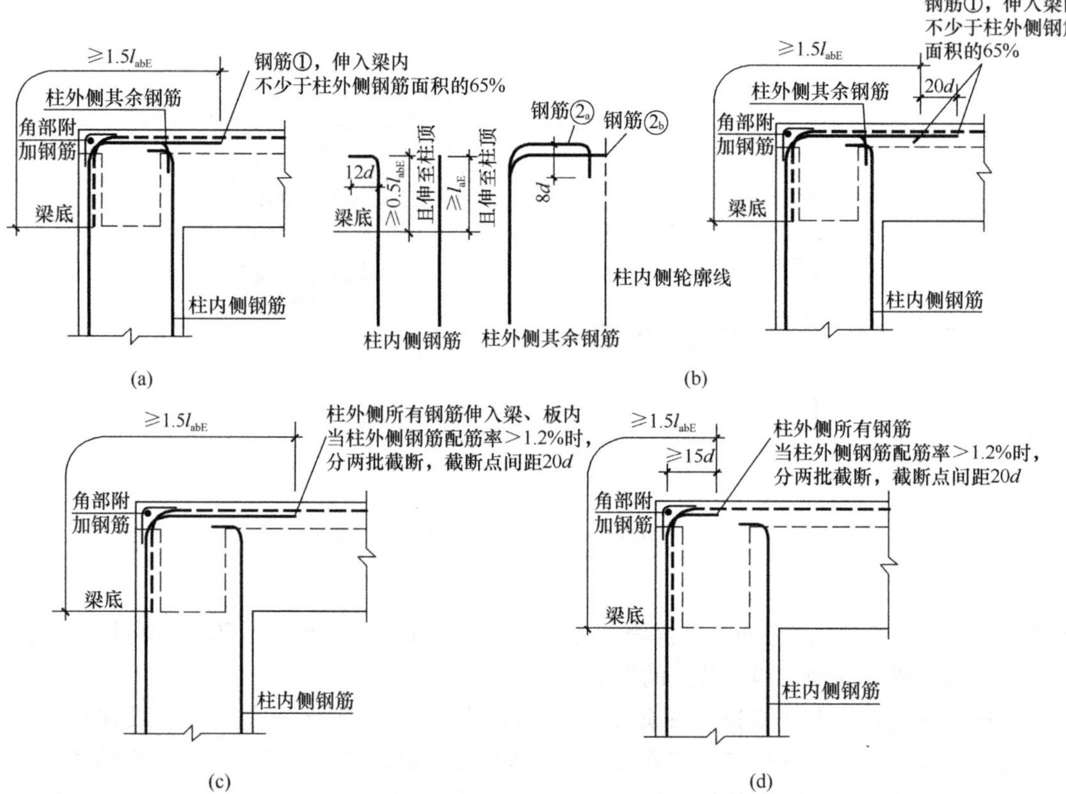

图 7-45 节点外侧和梁端顶面 90°搭接构造示意图

(a) A 节点：柱外侧钢筋配筋率≤1.2%；(b) B 节点：柱外侧钢筋配筋率>1.2%；(c) C 节点：现浇板厚度不小于 100mm；(d) D 节点：梁截面高度较大

柱外侧纵向钢筋长度，内侧钢筋长度（同顶层中柱长度）。

A 节点：顶层柱外侧纵筋长筋长度＝顶层层高－max(H_n/6，500，h_c)－梁高＋$1.5l_{abE}$

顶层柱外侧纵筋短筋长度＝顶层层高－max(H_n/6，500，h_c)－梁高＋$1.5l_{abE}$－max(35d，500)

B 节点：与 A 节点相同，但是长的部分需要多增加 $20d$。

C 节点：与 A 节点和 B 节点相同。

D 节点：注意当柱外侧纵向钢筋配筋率大于 1.2%时，需要长的部分需要多增加 $20d$

顶层柱外侧纵筋长筋长度＝顶层层高－max(H_n/6，500，h_c)－梁高＋max($1.5l_{abE}$，

梁高－保护层厚度＋15d)

顶层柱外侧纵筋短筋长度＝顶层层高－max(H_n/6，500，h_c)－梁高＋max(1.5l_{abE}，梁高－保护层厚度＋15d)－max(35d，500)

2）柱外侧钢筋与梁上部钢筋合并做法，如图 3-9 所示。

当梁上部钢筋和柱外侧钢筋数量匹配时，可将柱外侧处于梁截面宽度内的纵向钢筋直接弯入梁上部做梁负弯矩钢筋使用，如图 7-46 所示。

顶层柱外侧纵筋长筋长度＝顶层层高－max(H_n/6，500，h_c)－梁高－保护层厚度＋弯入梁内的长度

顶层柱外侧纵筋短筋长度＝顶层层高－max(H_n/6，500，h_c)－梁高－保护层厚度＋弯入梁内的长度－max(35d，500)

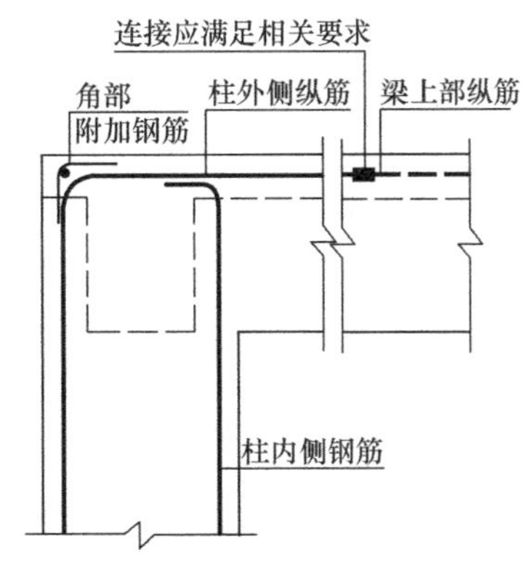

图 7-46　柱外侧纵筋弯入梁内作梁筋示意图

3. 柱顶角部附加钢筋构造，如图 7-47 所示。

框架柱顶层端节点处，柱外侧纵向受力钢筋弯弧内半径比其他部位要大，是为了防止节点内弯折钢筋的弯弧下混凝土局部被压碎；框架梁上部纵向钢筋及柱外侧纵向钢筋在顶层端节点处的弯弧内半径，根据钢筋直径的不同，而规定弯弧内半径不同，在施工中这种不同经常被忽略，特别是框架梁的上部纵向受力钢筋。梁上部纵向受力钢筋与柱外侧纵向钢筋在节点角部的弯弧内半径，当钢筋的直径不大于 25mm 时，取不小于 6d。当钢筋的直径大于 25mm 时，取不小于 8d（d 为钢筋的直径）。

由于顶层梁上部钢筋和柱外侧纵向钢筋的弯弧内半径加大，框架角节点钢筋外弧以外可能形成保护层很厚的素混凝土区，因此要设置附加构造钢筋加以约束，防止混凝土裂缝、坠落。构造要求是保证结构安全的一种措施，不可以随意取消。框架柱在顶层端节点外侧上角处，至少设置 3 根 ϕ10 的钢筋，间距不大于 150mm，并与主筋扎牢。在角部设置 1 根 ϕ10 的附加钢筋，当有框架边梁通过时，此钢筋可以取消，如图 7-48 所示。

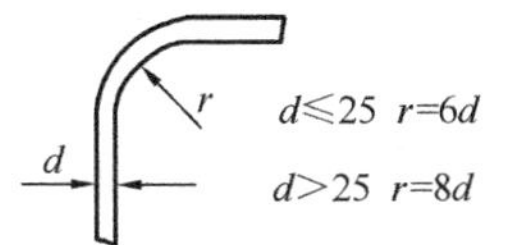

图 7-47　顶层节点角部纵筋钢筋弯折要求示意图

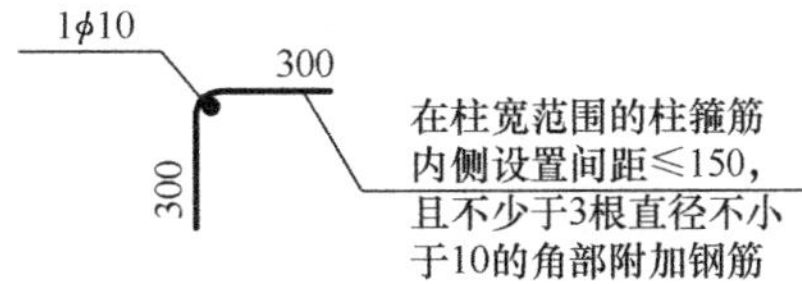

图 7-48　角部附加钢筋示意图

4. 柱纵筋变化钢筋构造

框架柱根据承载力计算要求而配置纵向受力钢筋，上下层柱计算出的纵向钢筋面积不同时，能够贯通的钢筋尽量贯通；钢筋面积相差不大的情况，可通过改变部分纵筋直径的方式解决，或不影响已有纵筋排布位置时增加少量钢筋，因搭接方式采用不多，本书按机械连接接头或焊接连接接头讲解。

需要注意：必须保证纵筋的接头面积百分率均不大于 50%，需要根据实际情况来确定纵筋的长度。

当上层柱比下层柱的纵向钢筋根数多，但上、下层柱钢筋直径相同时，上层柱多出的纵向钢筋截断后应锚固在下层柱内，从框架梁顶算起的长度不应小于 $1.2l_{aE}$，如图 7-49 所示。

柱短插筋 $=\max(H_n/6，500，h_c)+1.2l_{aE}$

柱长插筋 $=\max(H_n/6，500，h_c)+1.2l_{aE}+\max(35d，500)$

当下层柱比上层柱的纵向钢筋根数多，但上、下层柱钢筋直径相同时，下层柱多出的钢筋截断后应锚固在上层的柱内，从框架梁底算起的长度不应小于 $1.2l_{aE}$，如图 7-50 所示。

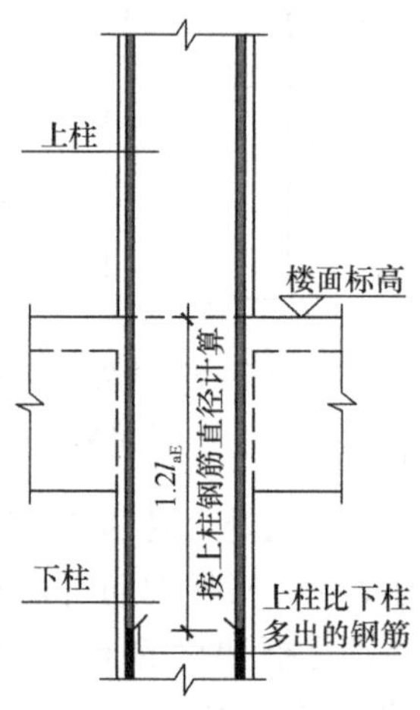

图 7-49　上柱纵筋比下柱多示意图

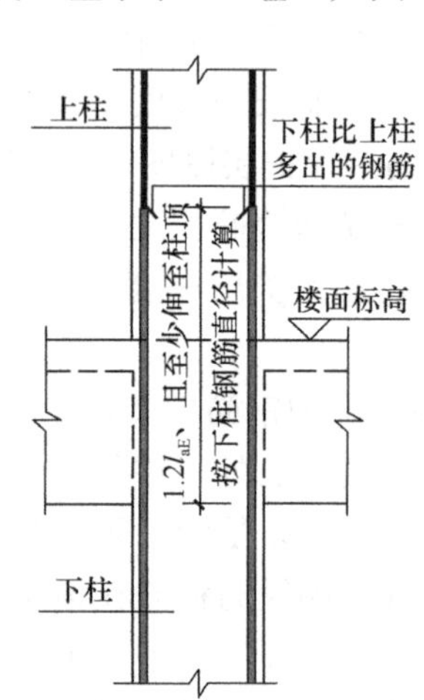

图 7-50　上柱纵筋比下柱少示意图

当上层柱与下层柱钢筋根数相同但部分钢筋直径不同时，上柱较大直径钢筋可在下层柱内采用机械连接或搭接连接。若采用搭接连接，应在箍筋加密区以外进行连接，且接头面积百分率均不宜大于 50%，如图 7-51 所示。

当下层柱与上层柱纵向钢筋根数相同，但下层柱钢筋直径大于上层柱时，可在上层柱采用机械连接或搭接连接。若采用搭接连接，应在箍筋加密区以外进行连接，且接头面积百分率均不宜大于 50%，如图 7-52 所示。

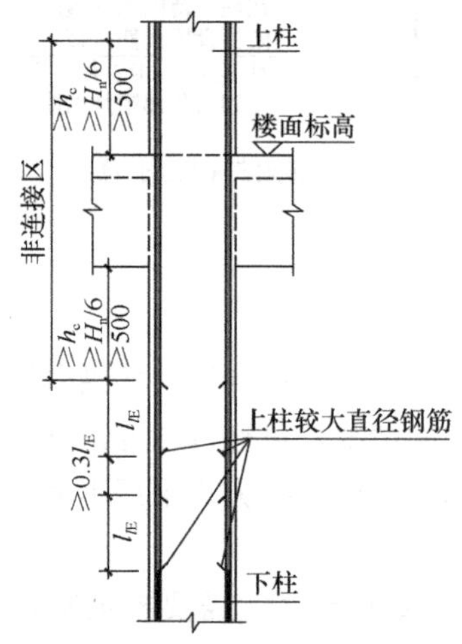

图 7-51　上柱纵筋直径比下柱大示意图

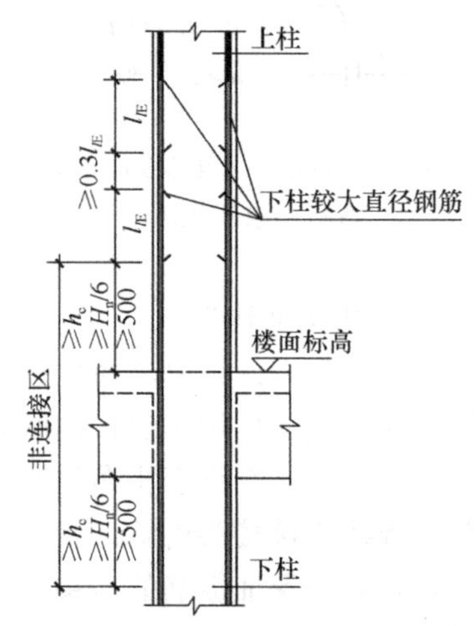

图 7-52　上柱纵筋直径比下柱小示意图

5. 柱变截面钢筋构造

Δ 值是指上层框架柱的宽度与本层框架柱的宽度同一侧的差值，包括保护层厚度。

当 $\Delta/h_b \leqslant 1/6$ 时，柱纵向钢筋应微弯贯通，梁高范围内梁底开始弯折，上部需要从梁顶下 50mm 开始弯折，如图 7-53 所示。

当 $\Delta/h_b > 1/6$ 时，柱纵向钢筋在同方向上下层不能连通时，应在本层断开弯折（当在室内侧时，包括 Δ 在内弯折长度为 $12d$；当在室外侧时，为了增大对柱纵筋的约束，柱纵筋外侧需要弯折 Δ－保护层厚度＋l_{aE}），上柱向下需要锚固 $1.2l_{aE}$，如图 7-53 所示。

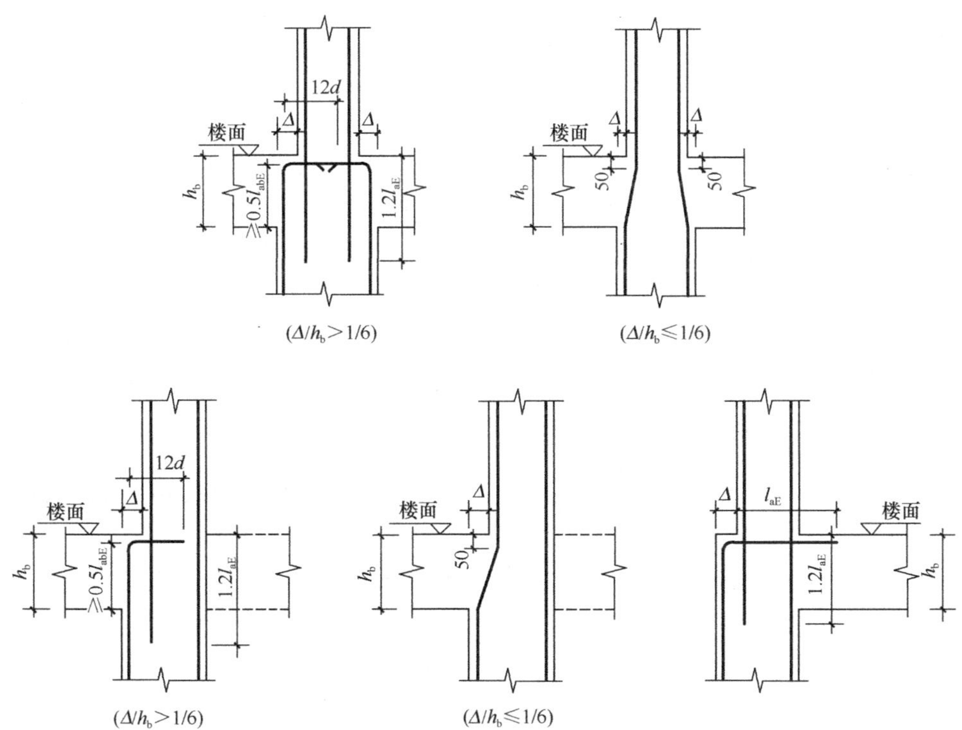

图 7-53　柱变截面位置纵向钢筋示意图

6. 柱钢筋的其他构造

（1）刚性地面钢筋构造

刚性地面平面内的刚度比较大，在水平力作用下，平面内变形很小，对柱根有较大的侧向约束作用。通常现浇混凝土地面会对混凝土柱产生约束，其他硬质地面达到一定厚度也属于刚性地面。如石材地面、沥青混凝土地面及有一定基层厚度的地砖地面等。

在刚性地面上下各 500mm 范围内设置箍筋加密，其箍筋直径和间距按柱端箍筋加密区的要求。当柱两侧均为刚性地面时，加密范围取各自上下的 500mm；当柱仅一侧有刚性地面时，也应按要求设置加密区，如图 7-54 所示。

当与柱端箍筋加密区范围重叠时，重叠区域的箍筋可按柱端部加密箍筋要求设置，加密区范围同时满足柱端加密区高度及刚性地面上下各 500mm 的要求。

（2）框架芯柱的构造要求

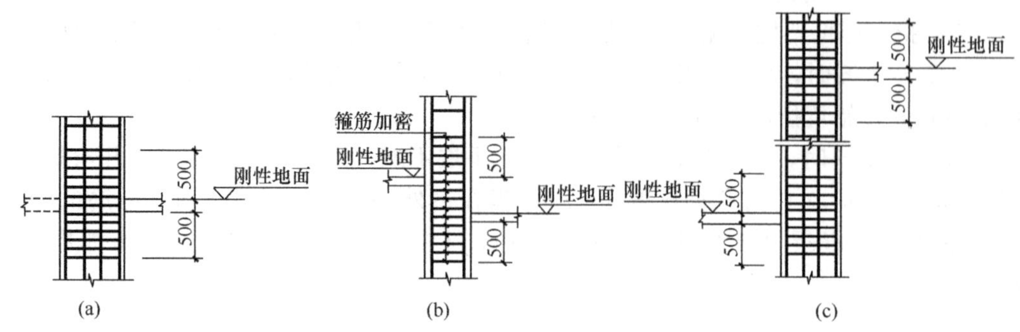

图 7-54　刚性地面柱箍筋加密区范围示意图

(a) 两侧等高仅一侧有；(b) 两侧刚性地面净高差≤100；(c) 两侧刚性地面净高差>1000

抗震设计的框架柱，为了提高柱的受压承载力，增强柱的变形能力，可在框架柱内设置芯柱；试验研究和工程实践都证明在框架柱内设置芯柱，可以有效地减少柱的压缩，具有良好的延性和耗能能力。芯柱在大地震的情况下，能有效地改善在高轴压比情况下的抗震性能，特别是对高轴压比下的短柱，更有利于提高变形能力，延缓倒塌。

芯柱的设置应由设计确定，并在施工图设计文件中注明芯柱尺寸和芯柱内配筋。芯柱应设置在框架柱的截面中心部位，其截面尺寸的确定需要考虑框架梁纵向钢筋方便穿过。

(3) 顶层边角柱

顶层角柱的钢筋计算和顶层边柱的钢筋计算相同，只是外侧钢筋和内侧钢筋的根数不相同，如图 7-55、图 7-56 所示。

图 7-55 (a) 中的柱外侧纵筋根数为 7 根，按照伸入梁内的柱外侧纵筋不宜少于柱外侧全部纵筋面积的 65%，即 7×65%=4.55 根（取整为 5 根），如图 7-55 (a) 中阴影部分黑点所示；

图 7-55 (b) 中的柱外侧纵筋根数为 4 根，按照伸入梁内的柱外侧纵筋不宜少于柱外侧全部纵筋面积的 65%，即 4×65%=2.6 根（取整为 3 根），如图 7-55 (b) 中阴影部分黑点所示。

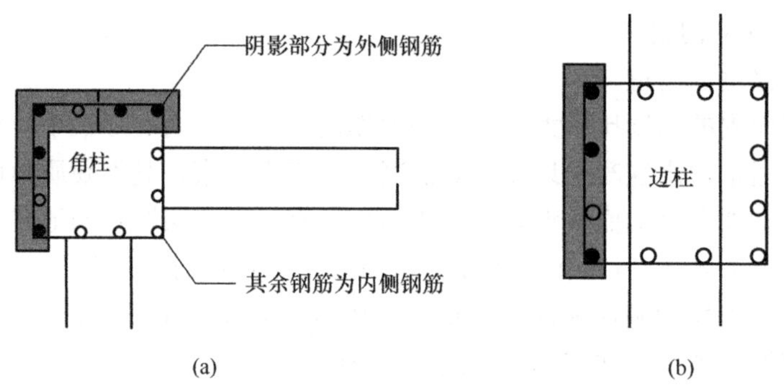

图 7-55　顶层边角柱内外侧钢筋示意图

(a) 角柱内外侧钢筋示意图；(b) 边柱内外侧钢筋示意图

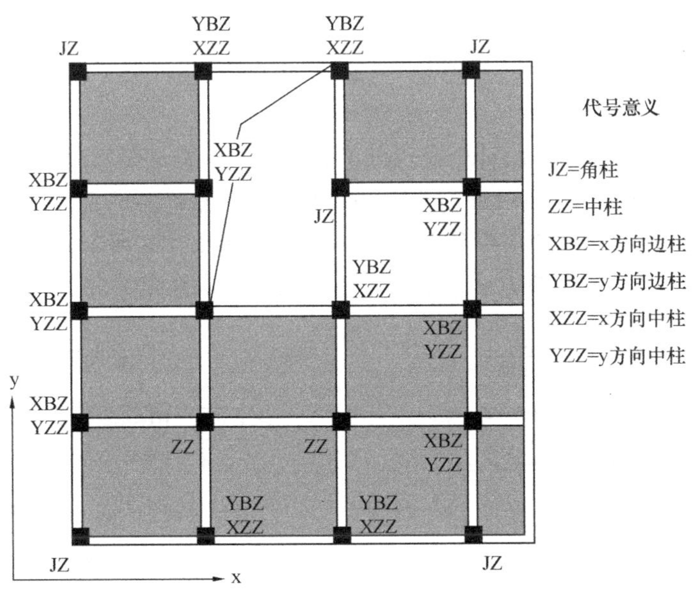

图 7-56　柱代号示意图

第四节　剪力墙钢筋计算

剪力墙主要有墙身、墙柱、墙梁、洞口四大部分构成，其中墙身钢筋包括水平分布筋、垂直分布筋、拉筋和洞口加强筋；墙柱包括暗柱和端柱两种类型，其钢筋主要有纵筋和箍筋；墙梁包括暗梁和连梁两种类型，其钢筋主要有纵筋和箍筋。如图 7-57 所示。

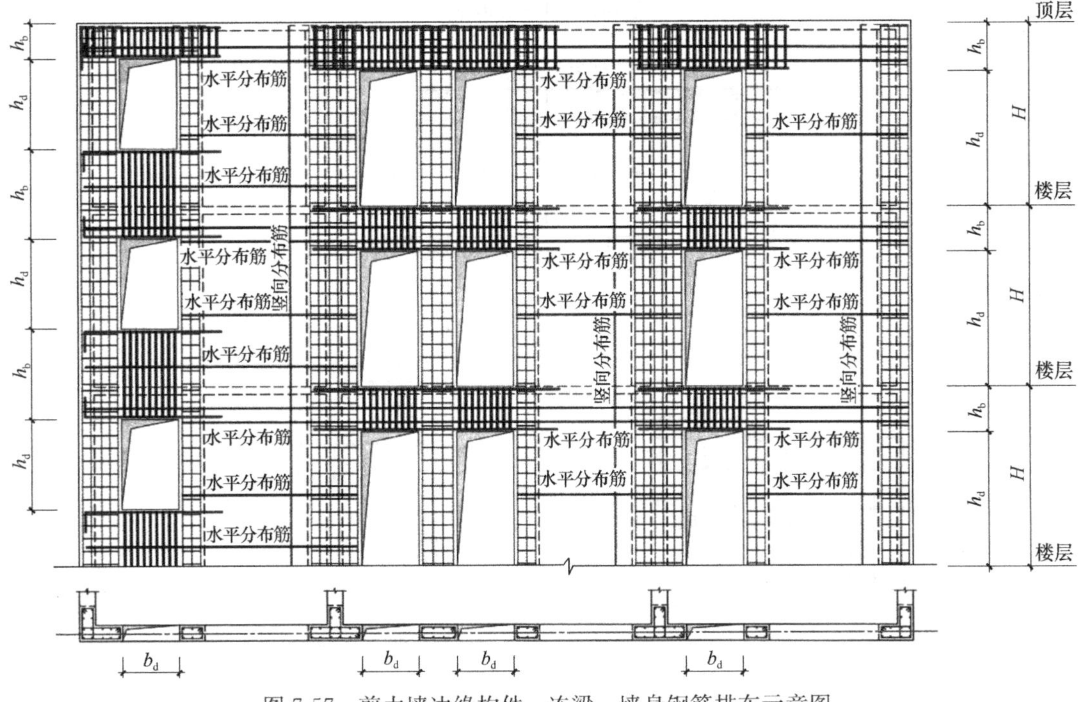

图 7-57　剪力墙边缘构件、连梁、墙身钢筋排布示意图

一、剪力墙墙身

1. 剪力墙水平分布筋构造

剪力墙水平筋的保护层＝暗柱角部纵筋的直径＋暗柱箍筋的直径＋墙柱纵筋保护层厚度[墙身的保护层(15mm)＋max(墙身水平分布筋直径、暗柱箍筋直径)]

(1) 端部有暗柱时剪力墙水平分布筋端部做法，如图 7-58 所示。

(2) 端部有 L 形暗柱时剪力墙水平分布筋端部做法，如图 7-59 所示。

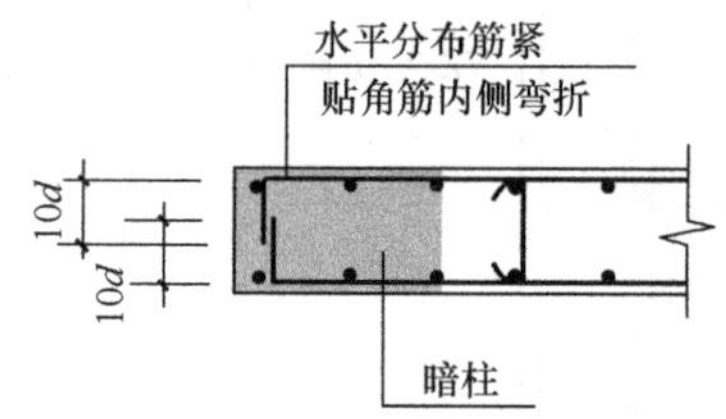

图 7-58　端部有暗柱时剪力墙水平分布筋端部做法示意图

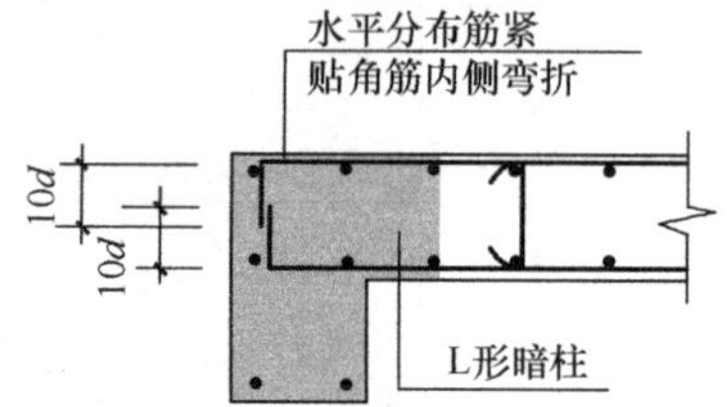

图 7-59　端部有 L 形暗柱时剪力墙水平分布筋端部做法示意图

(3) 转角墙剪力墙水平分布筋端部做法，如图 7-60 所示，分为三种做法：

1) 外侧水平分布筋连续通过转弯在同侧墙体搭接，如图 7-60 (a) 所示；

2) 外侧水平分布筋连续通过转弯在异侧墙体搭接，如图 7-60 (b) 所示；

3) 外侧水平分布筋在转角处搭接 (即为 100%搭接，长度为 1.6l_{aE}，故得出 0.8l_{aE}×2)，如图 7-60 (c) 所示。

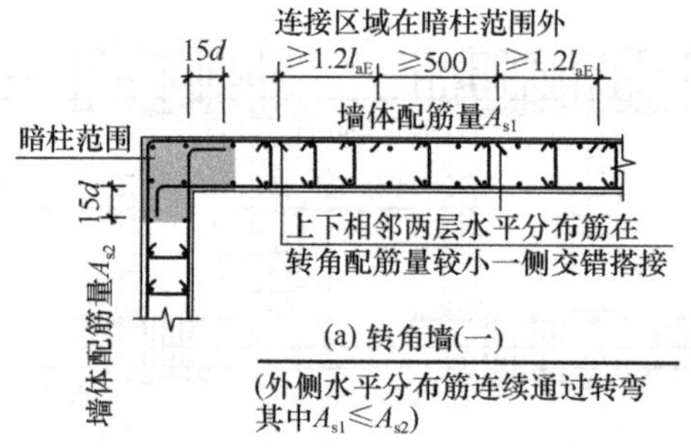

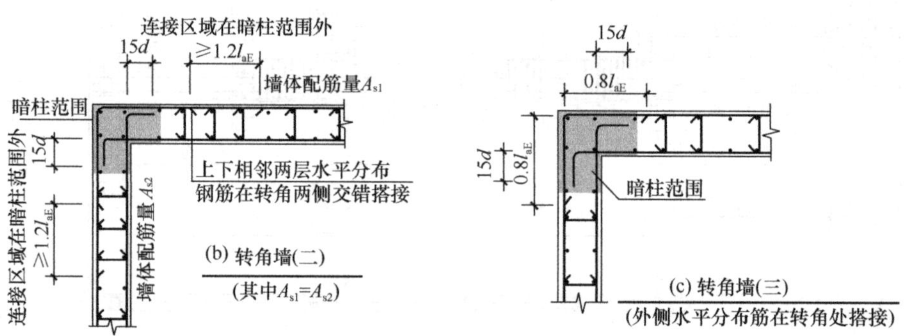

图 7-60　转角墙水平分布筋端部做法示意图

注意：当剪力墙转角墙一肢较短，暗柱外较短肢长度$\leqslant 2.4l_{aE}+500$mm时，应采用外侧水平分布筋连续通过转弯在同侧墙体搭接的转角墙（一）的构造（图7-60a）。

（4）端部有翼墙时剪力墙水平分布筋端部做法，如图7-61所示。

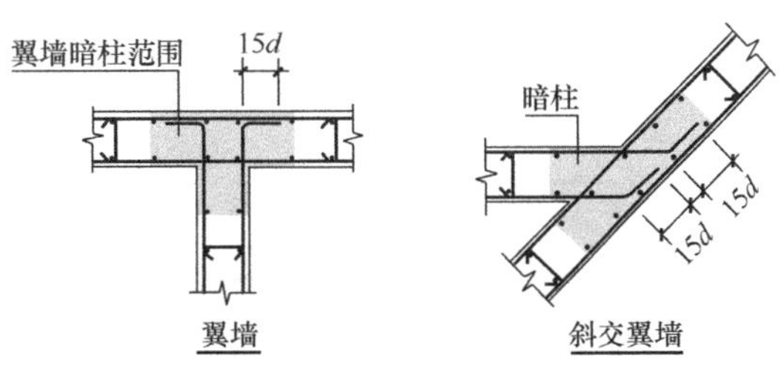

图7-61　剪力墙翼墙水平分布筋端部做法示意图

设斜交翼墙的锐角为α角，则伸入斜墙的长度=（斜墙厚度－保护层厚度）/sinα，弯折角=180°－α，弯折后的长度为15d。

（5）端部为端柱时，如图7-62所示。

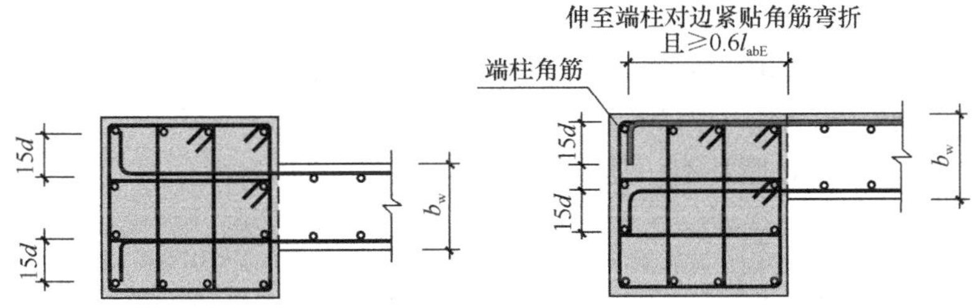

图7-62　剪力墙端柱水平分布筋端部做法示意图

根据16G101-1图集，位于端柱纵向钢筋内侧的墙水平分布筋（端柱节点中图示黑色墙体水平分布筋）伸入端柱的长度$\geqslant l_{aE}$时，可直锚。位于端柱纵向钢筋外侧的墙水平分布筋（端柱节点中图示红色墙体水平分布筋）应伸至端柱对边紧贴角筋弯折15d。

（6）剪力墙水平分布筋交错搭接，如图7-63所示。

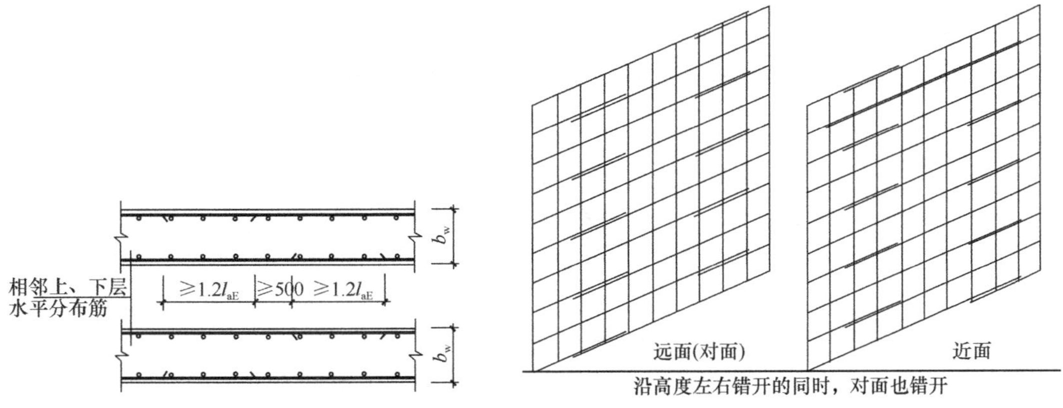

图7-63　剪力墙水平分布筋交错搭接示意图

剪力墙水平分布筋交错搭接时，相邻上、下层剪力墙水平分布筋交错搭接，搭接长度$\geqslant 1.2l_{aE}$且$\geqslant$200mm，搭接范围交错$\geqslant$500mm，需注意相邻的内外侧钢筋也需要交错搭接。

注：剪力墙墙身（边缘构件、暗柱除外）竖向和水平钢筋搭接长度为$1.2l_{aE}$，而不是l_{lE}，不需乘以纵向受拉钢筋搭接长度修正系数ξ_l。

（7）剪力墙水平分布筋计算

1）墙两端为暗柱时，暗柱不相连墙体，如图 7-64 所示。

图 7-64　墙两端为暗柱时示意图

（a）一端为 L 形暗柱，一端为矩形暗柱；（b）两端为矩形暗柱

剪力墙水平筋长度=剪力墙墙长−保护层厚度×2+10d×2

2）墙两端为暗柱或翼墙时，如图 7-65 所示。

剪力墙水平筋长度=剪力墙墙长−保护层厚度×2+10d+15d

3）墙两端为暗柱时，暗柱有一侧相连墙体，如图 7-66 所示。

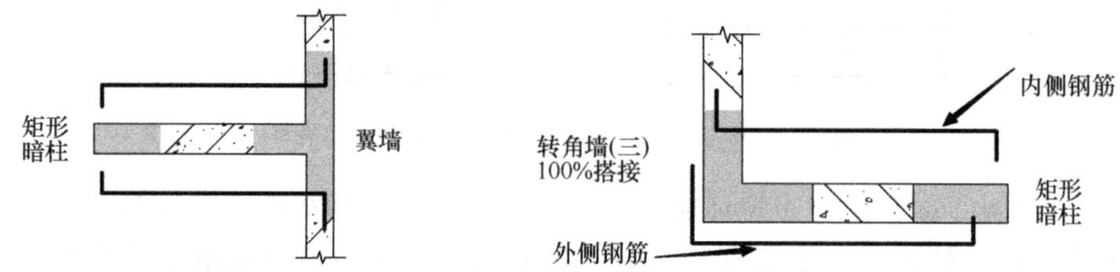

图 7-65　墙两端为暗柱或翼墙示意图　　图 7-66　墙两端为暗柱一侧有相连墙体示意图

剪力墙内侧水平筋长度=剪力墙墙长−保护层厚度×2+10d+15d

剪力墙外侧水平筋长度=剪力墙墙长−保护层厚度×2+10d+0.8l_{aE}

4）墙两端为暗柱时，暗柱两侧都相连墙体，如图 7-67 所示。

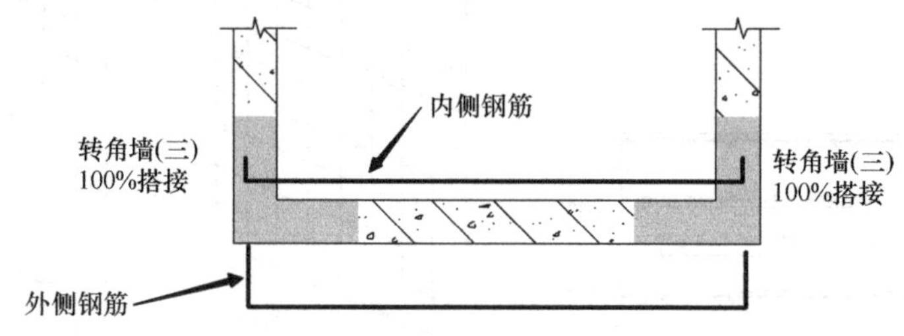

图 7-67　墙两端为暗柱都有相连墙体示意图

剪力墙内侧水平筋长度=剪力墙墙长−保护层厚度×2+15d×2

剪力墙外侧水平筋长度=剪力墙墙长−保护层厚度×2+0.8l_{aE}×2

需要注意：当剪力墙水平分布筋计入约束（构造）边缘构件体积配筋率的构造做法时，在墙的端部竖向钢筋外侧 90°水平弯折，然后伸到对边并在端部做 135°弯钩钩住竖向钢筋。弯折后平直段长度为 10d（d 为水平分布筋直径），如图 7-68 所示。

（8）剪力墙水平筋根数，如图所示（竖向钢筋部分）

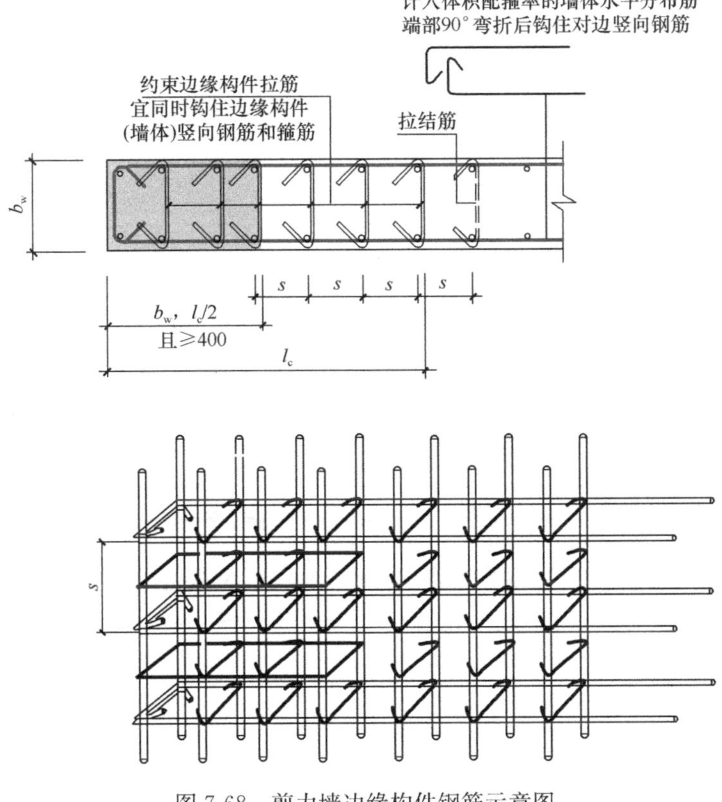

图 7-68　剪力墙边缘构件钢筋示意图

1）（无锚固区横向钢筋）基础内高度范围内设置不大于 500mm 且不少于两道水平分布筋与拉结筋，即

基础内水平筋根数＝max[（基础高度－基础保护层－基础底板钢筋网片－100）/500＋1，2]×剪力墙排数

2）（有锚固区横向钢筋）基础高度范围内，间距≤10d（d 为纵筋最小间距）且≤100mm 的要求，即

基础内水平筋根数＝max[（基础高度－基础保护层－基础底板钢筋网片－100）/间距]×剪力墙排数

3）剪力墙层高范围最下排水平分布筋距底部板顶 50mm，最上排水平分布筋距顶板以下 50mm，即

水平筋根数＝[（层高－50×2）/水平筋间距＋1]×剪力墙排数

2. 剪力墙竖向分布筋构造

（1）剪力墙竖向分布筋构造。

注意：在计算竖向筋时，应考虑需要增加止水带的高度，防止出现钢筋连接区位置长度不符合的情况。

在 22G101-1 图集中没有对剪力墙第一道竖向分布筋进行标注，18G901-1 图集对剪力墙第一道竖向分布筋标注为 S（一个标准间距），但注意：剪力墙第一道竖向分布筋间距包括暗柱角部纵筋的直径/2＋暗柱箍筋的直径＋墙柱纵筋保护层厚度[墙身的保护层

(15mm)+max(墙身水平分布筋直径、暗柱箍筋直径)]，即 S—暗柱角部纵筋的直径/2—暗柱箍筋的直径—墙柱纵筋保护层厚度[按墙身的保护层(15mm)+max(墙身水平分布筋直径、暗柱箍筋直径)]，为方便计算简化，以下公式暂不考虑此部分，如图 7-69 所示。

剪力墙竖向分布筋根数=剪力墙排数×[(剪力墙净长−2×竖向分布筋间距)/竖向分布筋间距+1]

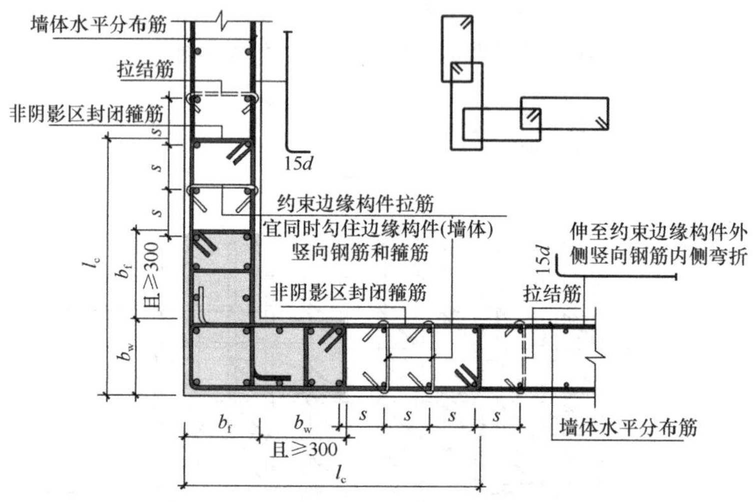

图 7-69　剪力墙起步钢筋示意图

注意：11G902-1 图集中剪力墙第一根竖向分布筋在距离暗柱边缘一个竖向分布筋间距处开始布置。

(2) 本书只考虑搭接连接，钢筋按照螺纹钢筋（HRB400）考虑，如图 7-70 所示。

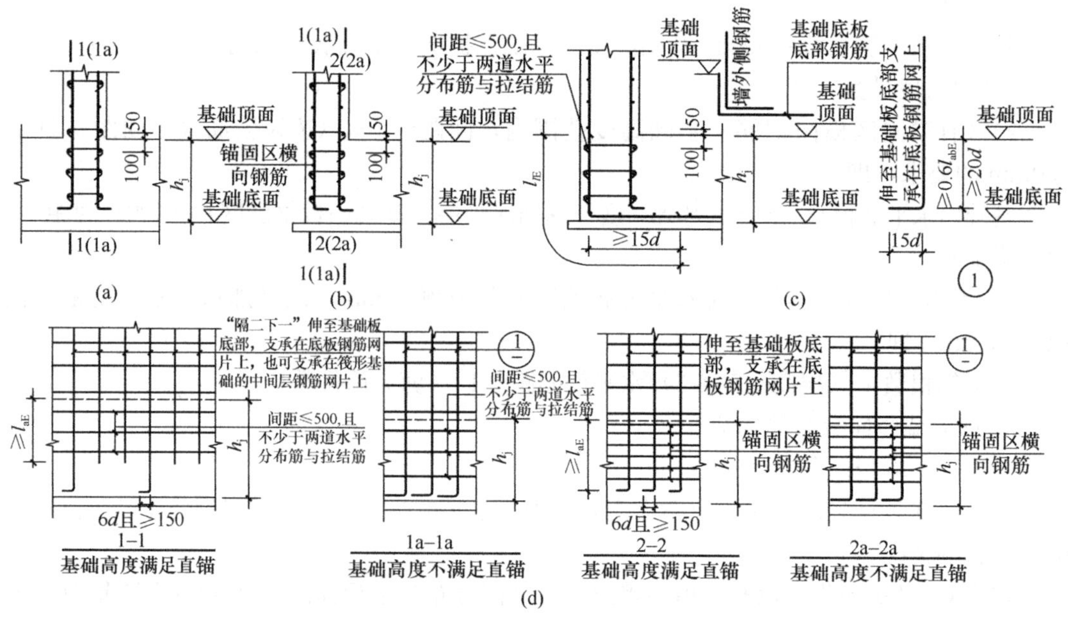

图 7-70　墙身竖向分布筋在基础中构造示意图

(a) 保护层厚度>5d；(b) 保护层厚度≤5d；(c) 搭接连接；(d) 剖面图

1）当基础高度满足直锚要求($h_j>l_{aE}$)，当可在同一部位搭接时，按照基础短向插筋长度计算。

① 当墙竖向钢筋保护层厚度大于 $5d$ 时，墙竖向钢筋伸入基础直段长度不小于 l_{aE}，可按“隔二下一”的原则伸至基础底部，支承在底部钢筋网片上，也可支承在筏板基础的中间层钢筋网片上（支承在筏板基础的中间层钢筋网片上时，施工应采取有效措施保证钢筋定位）。此时支承在底板或中间层钢筋网片的插筋下端宜做 $6d$ 且不小于 150mm 直钩置于基础底部，如图 7-70（a）剖面 1-1 所示。当施工采取有效措施保证钢筋定位时，墙身竖向钢筋伸入基础长度满足锚固即可。

② 当墙某侧竖向钢筋保护层厚度小于或等于 $5d$ 时，该侧竖向钢筋需全部伸至基础底部，并支承在底部钢筋网片上，不得“隔二下一”布置钢筋。

基础短向插筋长度＝max($6d$，150)＋基础高度－保护层厚度－底部钢筋网片的钢筋直径＋$1.2l_{aE}$

基础长向插筋长度＝max($6d$，150)＋基础高度－保护层厚度－底部钢筋网片的钢筋直径＋$2.4l_{aE}$＋500

2）当基础高度不满足直锚要求($h_j\leqslant l_{aE}$)，当可在同一部位搭接时，按照基础短向插筋长度计算。

混凝土墙竖向钢筋伸入基础直段投影长度不小于 $0.6l_{abE}$ 且不小于 $20d$，竖向钢筋下端弯折 $15d$ 支承在基础底部钢筋网片上，如图 7-70（a）剖面 1a-1a 所示。

基础短向插筋长度＝$15d$＋基础高度－保护层厚度－底部钢筋网片的钢筋直径＋$1.2l_{aE}$

基础长向插筋长度＝$15d$＋基础高度－保护层厚度－底部钢筋网片的钢筋直径＋$2.4l_{aE}$＋500

3）搭接连接，如图 7-70（c）所示。

对于挡土作用的地下室外墙，当考虑墙底部与基础交接处的内力平衡时，宜将外墙外侧钢筋与筏形基础底板下部钢筋在转角位置进行搭接。此做法应在施工图设计文件中注明。

（3）中间层竖向钢筋构造，如图 7-71 所示。

当出现上下层钢筋直径不同时，应扣除下部钢筋搭接区长度，增加上部钢筋搭接区长度，即：

中间层竖向钢筋长度＝层高＋$1.2l_{aE}$(上部钢筋搭接区长度)－$1.2l_{aE}$(下部钢筋搭接区长度)

中间层竖向钢筋长度＝层高＋$1.2l_{aE}$(上下层钢筋直径相同时)

（4）顶层竖向钢筋构造，如图 7-72 所示。

顶层竖向钢筋长度＝顶层层高－保护层厚度＋$12d$

（5）剪力墙变截面处竖向钢

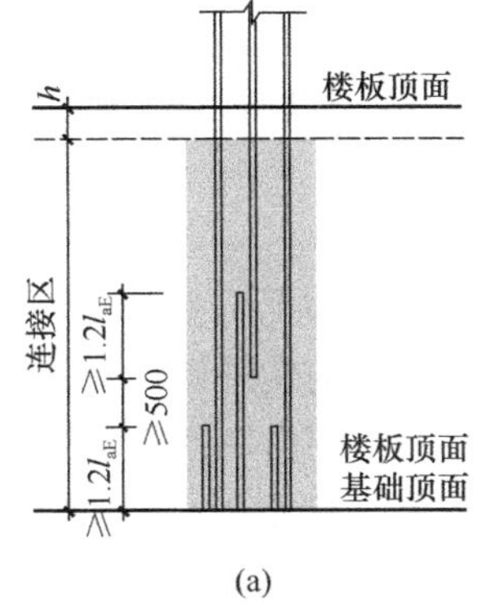

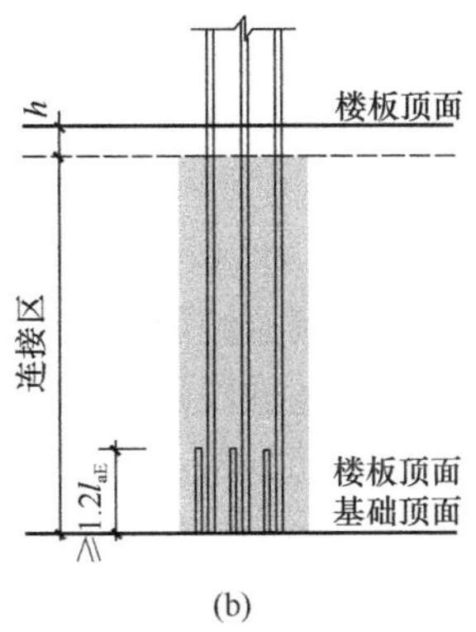

图 7-71　墙身竖向分布筋连接构造示意图

（a）一、二级抗震等级剪力墙底部加强部位竖向分布筋搭接构造；（b）一、二级抗震等级剪力墙非底部加强部位或三、四级抗震等级剪力墙竖向分布筋搭接构造，可在同一部位搭接

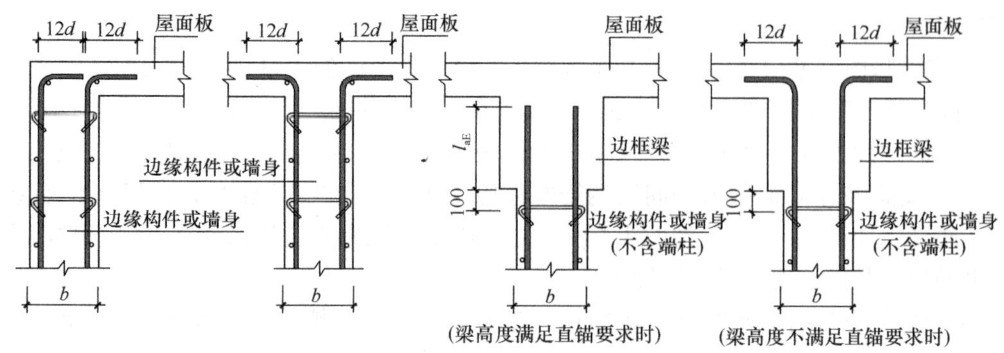

图 7-72　墙身竖向分布筋顶部构造示意图

筋构造，如图 7-73、图 7-74 所示。

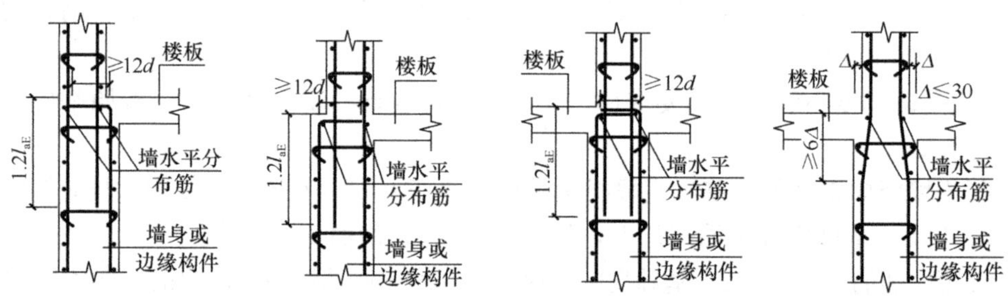

图 7-73　墙身一边变截面处竖向钢筋构造示意图

图 7-74　墙身两边变截面处竖向钢筋构造示意图

中间层竖向通长钢筋长度＝层高＋$1.2l_{aE}$

中间层竖向截断钢筋长度＝层高－保护层厚度＋$12d$

中间层插筋长度＝$1.2l_{aE}$(下插长度)＋$1.2l_{aE}$(露出长度)

Δ 值是指上层剪力墙的宽度与本层剪力墙的宽度同一侧的差值。

当变截面差值 Δ≤30mm 时，竖向钢筋连续通过，注意起折点；当变截面差值 Δ>30mm 时，竖向钢筋应断开。下部钢筋伸至板顶向内弯折 $12d$，上部钢筋伸入下部墙内 $1.2l_{aE}$。

3. 剪力墙拉结筋构造

剪力墙拉结筋特指用于剪力墙分布筋（约束边缘构件沿墙肢长度 l_c 范围以外，构造边缘构件范围以外）的拉结，宜同时钩住外侧水平及竖向分布筋。

拉结筋排布：竖直方向上层高范围由底部板顶向上第二排水平分布筋处开始设置（即间距＋50mm），至顶部板底向下第一排水平分布筋处终止（即 50mm）；水平方向上由距边缘构件第一排墙身竖向分布筋处开始设置。位于边缘构件范围的水平分布筋也应设置拉结筋，此范围拉结筋间距不大于墙身拉结筋间距。如图 7-75 所示。

当拉筋间距 a 或 b 跨越奇数个标准间距时，拉筋就只能矩形设置，不能梅花设置，因为此时梅花中点是空挡；当拉筋间距 a 或 b 跨越偶数个标准间距时，拉筋可以梅花设置，此时梅花中点是竖向钢筋与水平钢筋的交汇点。

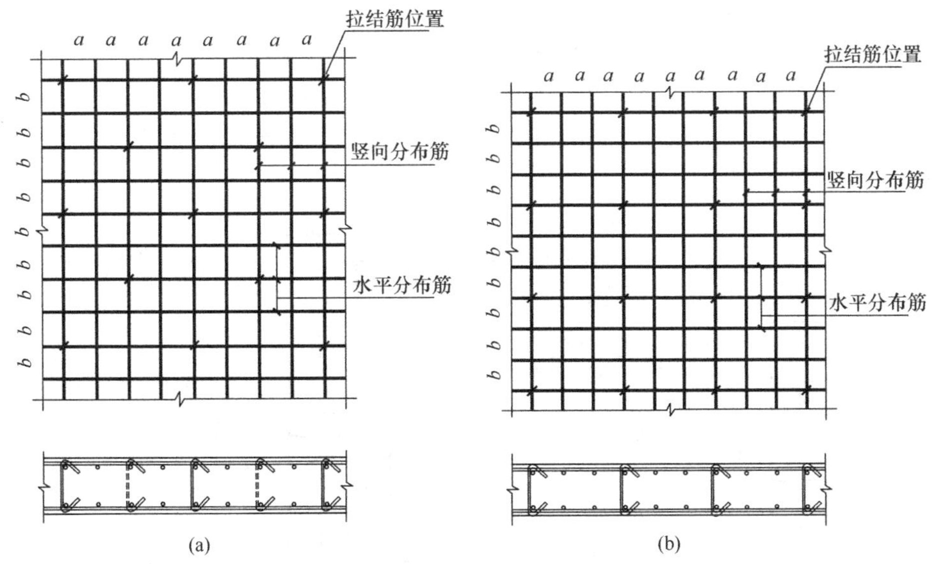

图 7-75 剪力墙拉结筋排布构造示意图
(a) 梅花布置；(b) 矩形布置

拉筋长度＝剪力墙墙厚－保护层厚度×2＋拉筋钢筋直径×2＋2.89d×2＋5d×2－3d×2＝剪力墙墙厚－保护层厚度×2＋2d＋9.78d

基础层拉结筋根数＝基础水平筋排数×[(剪力墙净长－2×竖向分布筋间距)/拉结筋间距＋1]

中间层/顶层拉结筋，分为矩形布置和梅花布置。

矩形布置拉结筋根数＝剪力墙净面积/(间距×间距)

或矩形布置拉结筋根数＝[(剪力墙净长－剪力墙水平筋间距×2)/拉筋水平间距＋1]×[(剪力墙高度－剪力墙水平筋间距－100)/拉筋竖向间距＋1]

梅花布置拉结筋根数＝剪力墙净面积/(间距×间距)×2

二、剪力墙柱

剪力墙的特点是平面内的刚度和承载力较大，而平面外的刚度和承载力相对较小，当剪力墙与平面外方向的梁刚接时，会产生墙肢平面外的弯矩。通常当剪力墙或核心筒墙肢与其平面外相交的楼（屋）面梁刚性连接时，会在梁下的墙内设置扶壁柱或暗柱承受此处的面外弯矩，宜保证剪力墙的平面外安全。当两个方向剪力墙正交时即十字交叉剪力墙，在重叠部位构造要求也会设置暗柱。

剪力墙边缘构件包括约束边缘构件（约束边缘暗柱、约束边缘端柱、约束边缘翼墙、约束边缘转角墙）、构造边缘构件（构造边缘暗柱、构造边缘端柱、构造边缘翼墙、构造边缘转角墙）、非边缘暗柱、扶壁柱。

1. 在基础中墙柱插筋的长度，如图 7-76 所示。

(1) 当基础高度满足直锚时，如图 7-76 (a) 所示。

当基础截面尺寸满足直锚条件且纵向钢筋保护层厚度大于 5d 的情况，可仅将边缘构件（不含端柱）四角纵筋伸至底板钢筋网片上或者筏形基础中间层钢筋网片上，其余纵筋

锚固在基础顶面下 l_{aE} 即可，如图 7-76（a）所示。角部纵筋（不包含端柱）是指边缘构件角部纵筋，如图 7-77 所示。同时伸至钢筋网上的边缘构件角部纵筋（不包含端柱）间距不宜大于 500mm，不满足时应将边缘构件其他纵筋伸至钢筋网上。当剪力墙边缘构件（包括端柱）部分纵筋保护层小于等于 5d 时，纵筋应全部伸至基础底部，纵筋下端弯折支承在底板钢筋网片上。

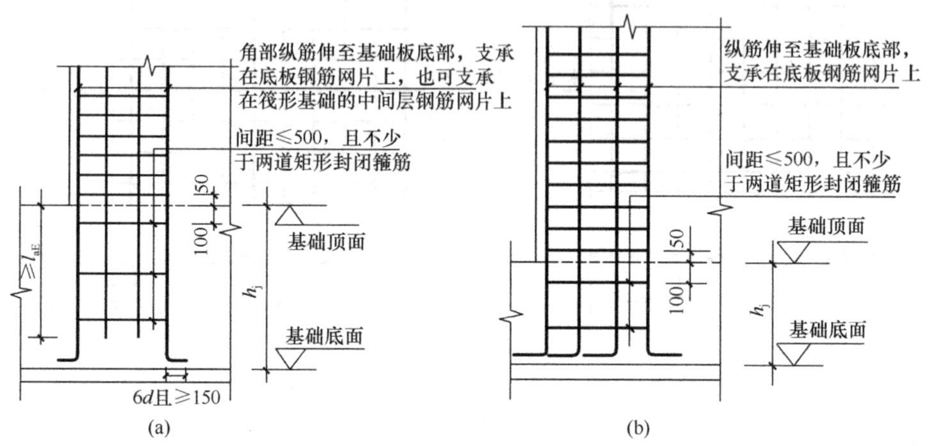

图 7-76　边缘构件纵筋在基础中构造示意图

（a）保护层厚度＞5d；基础高度满足直锚；（b）基础高度不满足直锚

1）纵筋应全部伸至基础底部时

基础短向插筋长度＝max(6d，150)＋基础高度－保护层厚度－底部钢筋网片的钢筋直径＋500[当考虑焊接连接时，应考虑纵筋的烧熔量损耗，下同]

基础长向插筋长度＝max(6d，150)＋基础高度－保护层厚度－底部钢筋网片的钢筋直径＋500＋max(35d，500)

机械连接之所以未考虑 500mm 的界限，是因为边缘构件纵向受力钢筋一般比较大，当直径大于 16mm 时(500÷35≈14.28)都可以满足大于 500mm 的要求。

2）纵筋锚固在基础顶面下锚固时

基础短向插筋长度＝l_{aE}＋500

基础长向插筋长度＝l_{aE}＋500＋max(35d，500)

（2）当基础高度不满足直锚时，如图 7-76（b）所示。

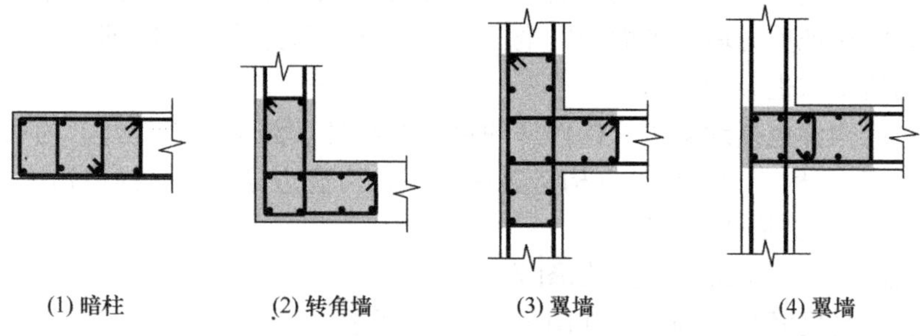

图 7-77　边缘构件阴影区角部纵筋示意图

当基础高度不满足直锚要求时，剪力墙边缘构件纵筋伸入基础直段投影长度不小于 $0.6l_{abE}$ 且不小于 $20d$，纵筋下端 90°弯折 $15d$ 支承在基础底部，如图 7-78 所示。

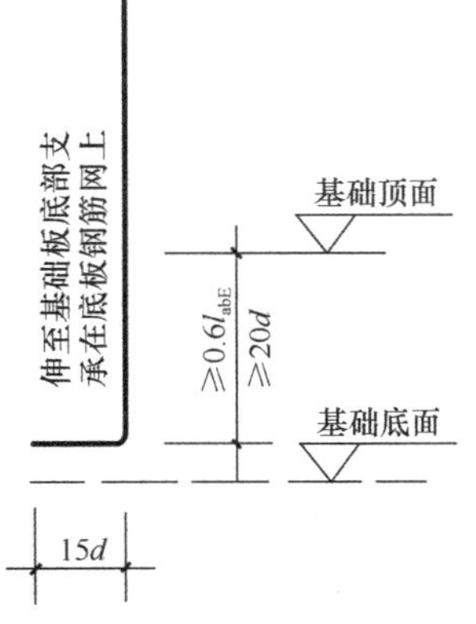

图 7-78　基础高度不满足直锚时纵筋构造示意图

基础短向插筋长度＝$15d$＋基础高度－保护层厚度－底部钢筋网片的钢筋直径＋500

基础长向插筋长度＝$15d$＋基础高度－保护层厚度－底部钢筋网片的钢筋直径＋500＋max($35d$，500)

（3）基础内箍筋

1）（无锚固区横向钢筋）基础内高度范围内设置不大于 500mm 且不少于两道矩形封闭箍筋，即

基础内箍筋根数＝max[（基础高度－基础保护层－基础底板钢筋网片－100)/500＋1，2]

2）（有锚固区横向钢筋）基础内高度范围内，间距≤$10d$（d 为纵筋最小间距）且≤100 的要求，即

基础内箍筋根数＝max[（基础高度－基础保护层－底部基础底板钢筋网片－100)/min($10d$，100)]

2. 中间层墙柱竖向钢筋构造，如图 7-79 所示。

1）当墙柱采用绑扎连接接头时，如图 7-79（a）所示。

纵筋长度＝中间层层高＋l_{lE}

搭接区箍筋根数＝(l_{lE}＋$0.3l_{lE}$＋l_{lE})/100＋1

非搭接区箍筋根数＝(层高－$2.3l_{lE}$)/箍筋间距

中间层箍筋根数＝ 搭接区箍筋根数＋非搭接区箍筋根数

中间层单肢箍根数＝中间层箍筋根数×单肢箍排数

2）当墙柱采用机械连接接头或焊接连接接头时，如图 7-79（b）和 7-79（c）所示。

纵筋长度＝中间层层高［当考虑焊接连接时，应考虑纵筋的烧熔量损耗］

中间层箍筋根数＝（层高－50×2）/箍筋间距＋1

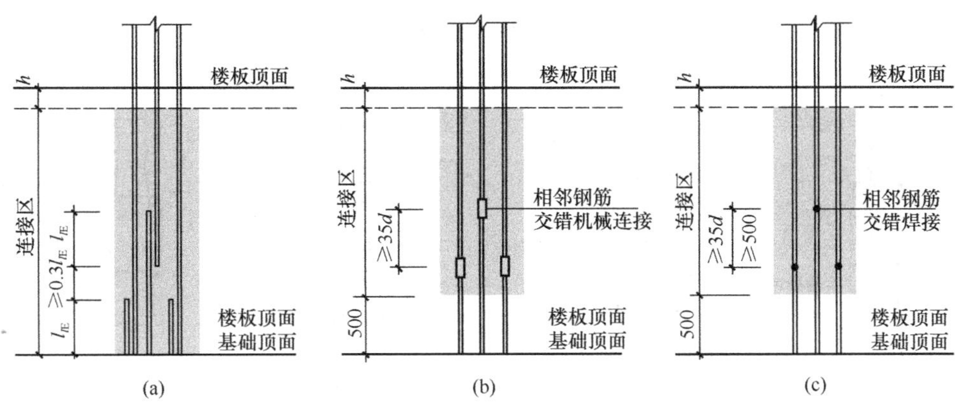

图 7-79　剪力墙边缘构件纵筋连接构造示意图

(a) 绑扎搭接；(b) 机械连接；(c) 焊接

中间层单肢箍根数=中间层箍筋根数×单肢箍排数

3. 顶层墙柱竖向钢筋构造，如图 7-80 所示。

1）当墙柱采用绑扎连接接头时，如图 7-80（a）所示。

顶层竖向长向钢筋长度=顶层层高－保护层厚度+12d

顶层竖向短向钢筋长度=顶层层高－保护层厚度+12d－1.3l_{lE}

搭接区箍筋根数=(l_{lE}+0.3l_{lE}+l_{lE})/100+1

非搭接区箍筋根数=(层高－2.3l_{lE})/箍筋间距

顶层箍筋根数= 搭接区箍筋根数+非搭接区箍筋根数

2）当墙柱采用机械连接接头或焊接连接接头时，如图 7-80（b）和图 7-80（c）所示。

顶层竖向长向纵筋长度=顶层层高－保护层厚度+12d－500[当考虑焊接连接时，应考虑纵筋的烧熔量损耗]

顶层竖向短长向纵筋长度=顶层层高－保护层厚度+12d－500－max(35d，500)

顶层箍筋根数=(层高－50×2)/箍筋间距+1

顶层拉结筋根数=中间层箍筋根数×拉结筋水平筋排数

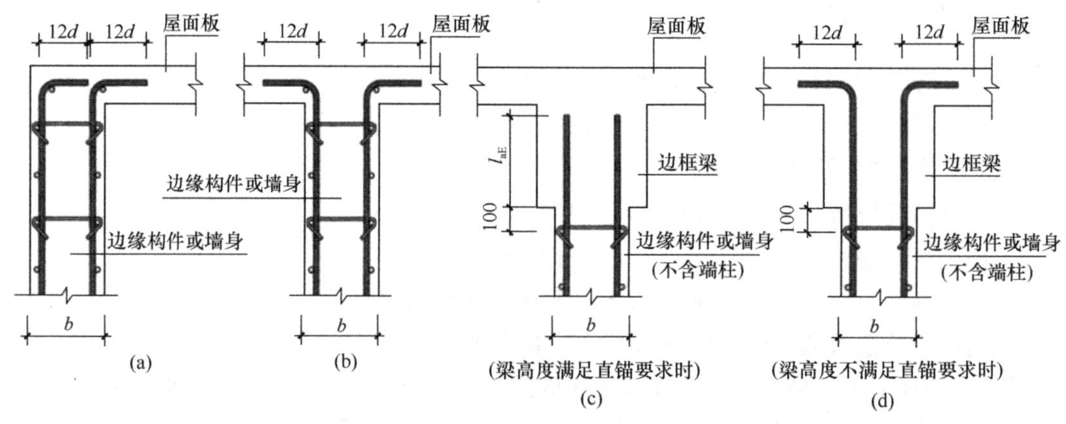

图 7-80　墙身竖向分布筋顶部构造示意图

4. 墙柱变截面处竖向钢筋构造（考虑机械连接），如图 7-81、图 7-82 所示。

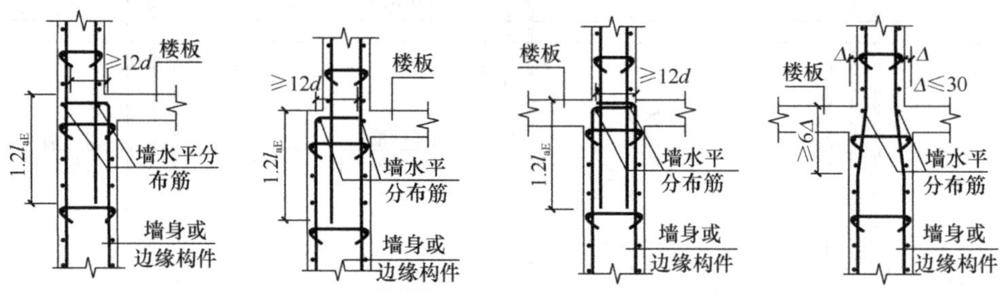

图 7-81　墙身一边变截面处竖向钢筋构造示意图

图 7-82　墙身两边变截面处竖向钢筋构造示意图

中间层竖向通长钢筋长度=层高+1.2l_{aE}

中间层竖向截断钢筋长度=层高-保护层厚度+12d

中间层插筋长度=1.2l_{aE}(下插长度)+1.2l_{aE}(露出长度)

Δ值是指上层剪力墙的宽度与本层剪力墙的宽度同一侧的差值。

当变截面差值Δ≤30mm时，竖向钢筋连续通过，注意起折点。

当变截面差值Δ>30mm时，竖向钢筋应断开。下部钢筋伸至板顶向内弯折12d，上部钢筋伸入下部墙内1.2l_{aE}。

注意：边缘构件拉筋宜同时勾住边缘构件(墙体)竖向钢筋和箍筋。计算公式为：单肢箍长度=剪力墙墙厚-保护层厚度×2+单肢箍钢筋直径×2+2.89d×2+10d×2-3d×2=剪力墙墙厚-保护层厚度×2+2d+19.78d

5. 端柱的钢筋构造

墙柱竖向钢筋和箍筋的构造与框架柱相同。矩形截面独立墙肢，当截面高度不大于截面厚度的4倍（截面高度/截面厚度≤4时，判断为柱）时，其竖向钢筋和箍筋的构造要求与框架柱相同或按设计要求设置。

三、剪力墙梁

剪力墙墙梁分为连梁、暗梁和边框梁。通常情况下剪力墙中的水平分布筋位于外侧，而竖向分布筋位于水平分布筋的内侧。剪力墙中设置连梁或暗梁时，暗梁的箍筋不是位于墙中水平分布筋的外侧，而是与墙中的竖向分布筋在同一层面上。其钢筋的保护层厚度与墙相同，只需要满足墙中分布筋的保护层厚度；边框梁的宽度大于剪力墙的厚度，剪力墙中的竖向分布筋应从边框梁内穿过，边框梁和剪力墙分别满足各自钢筋的保护层厚度要求。

连梁或暗梁及墙体钢筋的摆放层次（从外至内），如图7-83所示。

① 剪力墙中的水平分布筋在最外侧（第一层），在连梁或暗梁高度范围内也应布置剪力墙的水平分布筋。

② 剪力墙中的竖向分布筋及连梁、暗梁中的箍筋，应在水平分布筋的内侧（第二层），在水平方向错开放置，不应重叠放置。

③ 连梁或暗梁中的纵向钢筋位于剪力墙中竖向分布筋和暗梁箍筋的内侧（第三层）。

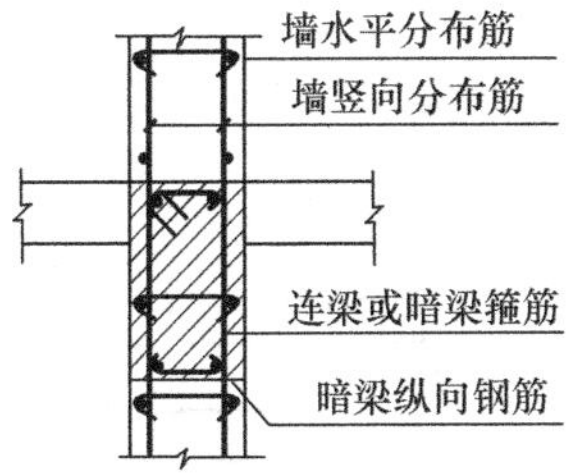

图7-83　暗梁或连梁钢筋构造示意图

即：连梁或暗梁的箍筋保护层=按墙身的保护层(15mm)+墙身水平分布筋直径+墙身竖向分布筋直径-连梁或暗梁的箍筋直径

墙梁侧面纵筋的配置，当墙身水平分布筋满足连梁、暗梁及边框梁的梁侧面纵向构造钢筋的要求时，该筋配置同墙身水平分布筋，墙梁表中未注明，施工按标准构造详图的要求即可。当墙身水平分布筋不满足连梁、暗梁及边框梁的梁侧面纵向构造钢筋的要求时，应在表中补充注明梁侧面纵筋的具体数值；当为LLk时，平面注写方式以大写字母"N"打头。梁侧面纵向钢筋在支座内锚固要求同连梁中受力钢筋。

连梁、暗梁及边框梁拉筋直径：当梁宽≤350mm时为6mm，宽度>350mm时为8mm，拉

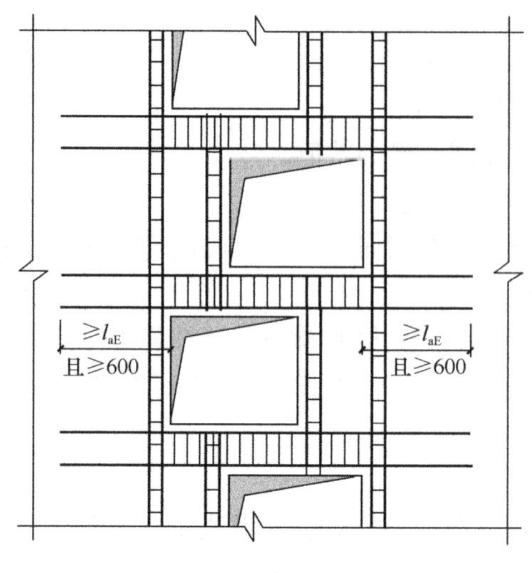

图 7-84　叠合错洞构造示意图

筋间距为 2 倍箍筋间距，竖向沿侧面水平筋隔一拉一。但是框架连梁图集中未明确，依照此说明可理解为按照各自的箍筋间距考虑。

连梁、暗梁及边框梁拉筋根数＝连梁、暗梁及边框梁箍筋根数/2×连梁、暗梁及边框梁侧面纵筋排数/2

注意：当出现叠合错洞时，需要按照施工图设计文件要求考虑，或者按照相关规范考虑。如图 7-84 所示。

1. 连梁钢筋构造，如图 7-85 所示。

1）中间层连梁钢筋构造

连梁箍筋根数＝(洞口宽－2×50)/箍筋间距＋1

① 当连梁纵筋伸入墙内≥l_{aE}且≥600mm 时

连梁纵向钢筋长度＝洞口宽＋2×max（l_{aE}，600）

② 当一端连梁纵筋伸入墙内＜l_{aE}且＜600mm 时，从图形语言中看，此部分包括混凝土保护层厚度。

连梁纵向钢筋长度＝洞口宽＋支座宽度－保护层厚度＋15d＋max(l_{aE}，600)

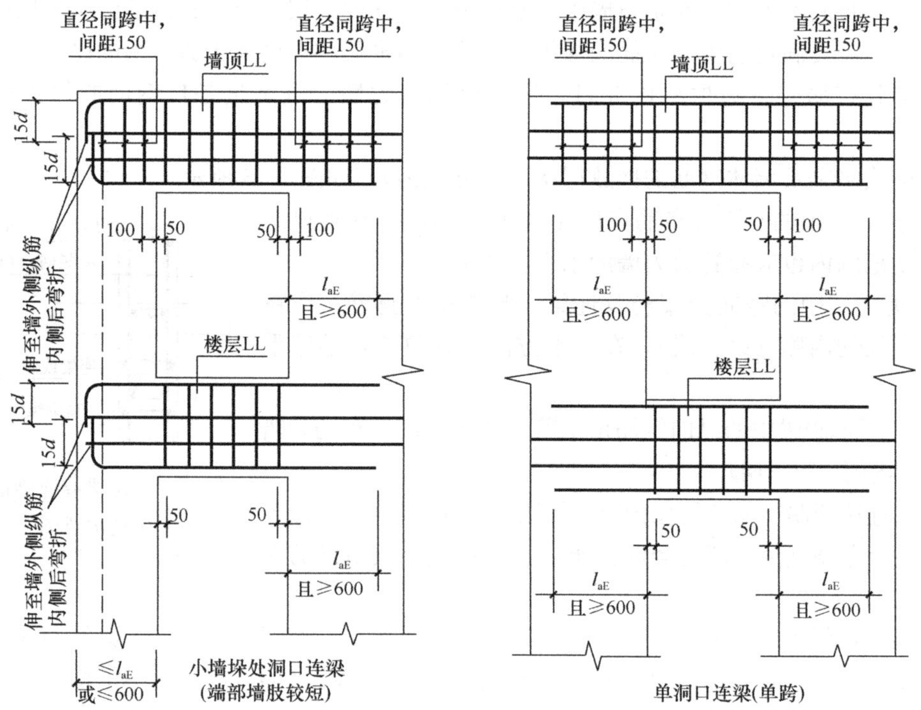

图 7-85　连梁（单跨）构造示意图

2）顶层连梁钢筋构造

墙顶 LL 箍筋的功能是为了上部锚固纵筋施加约束，因其上保护层太薄无法达到足够强度的锚固效果，且当遭受地震作用力时，连梁支座易遭到破坏。

顶层连梁纵向钢筋长度同中间层连梁纵向钢筋长度相同

洞口处连梁箍筋根数=(洞口宽−2×50)/箍筋间距+1

墙顶支座处箍筋根数=(伸入墙内平直段长度−100)/100+1

2. 框架连梁钢筋构造，如图 7-86 所示。

《高层建筑混凝土结构技术规程》JGJ 3—2010 规定，剪力墙中由于开洞而形成的上部连梁，当连梁的跨高比不小于 5 时，宜按框架梁进行设计。

按照 22G101 平法制图规则，在剪力墙上由于开洞而形成的梁，当跨高比不小于 5 时连梁代号是 LLk。

框架连梁纵向钢筋长度同连梁纵向钢筋长度。

箍筋根数同框架梁根数，箍筋长度同连梁、暗梁及边框梁箍筋长度。

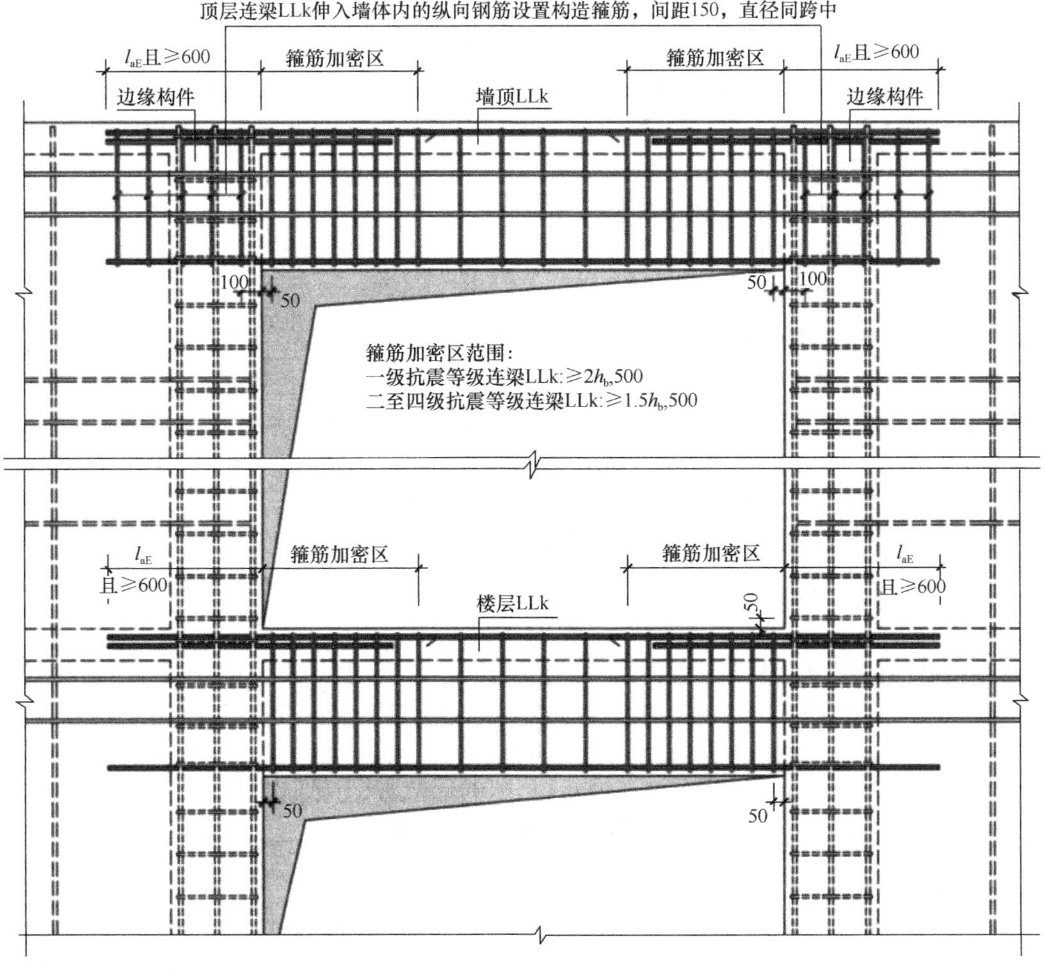

图 7-86　剪力墙连梁（LLk）构造示意图

① 纵向受力钢筋在墙内直线锚固，从洞口边算起伸入墙内长度不小于 l_{aE} 且不小于 600mm。

② 顶层连梁纵向钢筋伸入墙肢范围内应设置箍筋，直径同跨中箍筋，间距≤150mm。

③ 当施工图设计文件标注连梁箍筋分为加密区和非加密区时，箍筋加密区范围按框架梁的构造要求，抗震等级同剪力墙。

④ 梁侧面构造钢筋做法同连梁。

⑤ 连梁下部纵向钢筋应在跨内通长，上部非通长钢筋的截断做法同框架梁。

3. 关于以剪力墙为竖向支撑构件标注为框架梁的锚固问题

随着高层剪力墙结构住宅房屋的大量兴建，在施工图设计文件中以剪力墙为竖向支撑构件标注为框架梁的情况持续出现。

1）垂直于剪力墙的 KL 锚固问题

剪力墙高层住宅结构，墙的厚度一般为 160mm、180mm、200mm、250mm 等，层数较高的还有 300mm、350mm。有与墙平行的标注为 KL 的梁，也有与墙垂直相交的标注为 KL 或 L 的梁。

对于垂直于墙面的楼面梁，《高层建筑混凝土结构技术规程》JGJ 3—2010 作出如下规定：楼面梁与剪力墙连接时，梁内纵向钢筋应伸入墙内，并可靠锚固。当锚固段水平投影长度不能满足要求时，可将楼面梁伸出墙面形成梁头，梁的纵筋伸入梁头后弯折锚固，也可采取其他可靠的锚固措施。

2）平行于剪力墙的 KL 锚固问题

《高层建筑混凝土结构技术规程》JGJ 3—2010 中规定，剪力墙结构中，跨高比不小于 5 的连梁宜按框架梁设计。

平行于剪力墙的 KL 钢筋锚固，分为肢长大于墙厚 4 倍的剪力墙和肢长不大于墙厚 4 倍的剪力墙两种情况。根据 22G101-1《混凝土结构施工图平面整体表示方法制图规则和构造详图》（现浇混凝土框架、剪力墙、框架-剪力墙、框支剪力墙）图集，其中第 66 页：抗震框架柱和小墙肢箍筋加密区高度选用表的注 3 指出：小墙肢即墙肢长度不大于墙厚 4 倍的剪力墙应当可以视作框架柱，节点构造同框架结构。

4. 连梁、框架连梁和框架梁钢筋构造总结

① 连梁上、下纵向钢筋伸入剪力墙（包括边缘构件）内的锚固长度不小于 l_{aE} 且不小于 600mm。

② 箍筋端部弯钩为 135°，弯钩端头平直段长度不应小于 $10d$，且不小于 75mm；拉筋（固定连梁腰筋的拉筋）端部构造弯钩为 135°，弯钩端头平直段长度不应小于 $5d$。

③ 顶层连梁纵向钢筋伸入墙体（包括边缘构件）内的锚固长度范围，应配置间距不大于 150mm 的构造箍筋，箍筋直径与连梁箍筋直径相同。

④ 端部小墙垛 $<l_{aE}$ 且 <600mm 处单独设置的连梁侧面纵筋在剪力墙端部边缘构件内的锚固要求与剪力墙水平分布筋相同。

1）剪力墙水平钢筋作为连梁构造钢筋（腰筋）在连梁范围内通过，如图 7-87 所示。

2）剪力墙水平钢筋作为部分连梁构造钢筋（腰筋）在连梁范围内通过，另加的连梁构造钢筋（腰筋）伸入剪力墙（包括边缘构件）内的锚固长度不小于 l_{aE} 且不小于 600mm，如图 7-88 所示。

3）连梁腰筋伸入剪力墙（包括边缘构件）内的锚固长度不小于 l_{aE} 且不小于 600mm，并不小于与墙体水平分布筋的搭接连接长度 l_{lE}，搭接长度按连梁钢筋的较小直径计算，

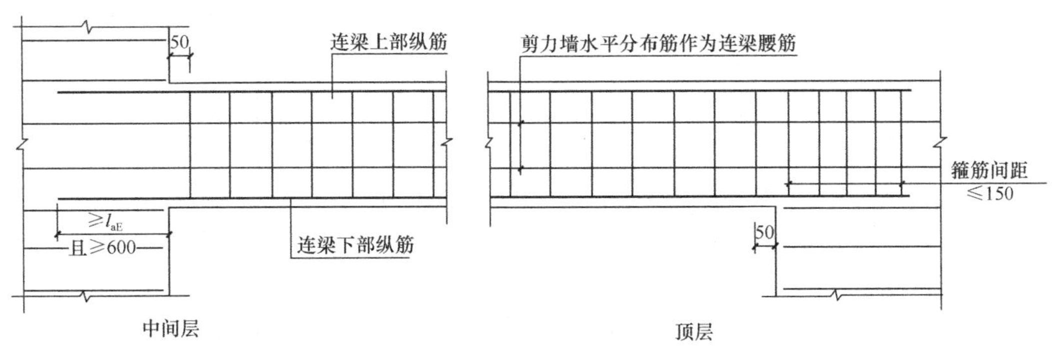

图 7-87　剪力墙连梁配筋构造（一）

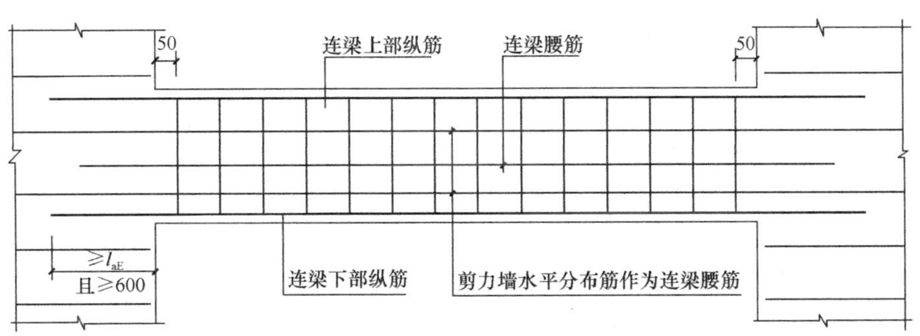

图 7-88　剪力墙连梁配筋构造（二）

如图 7-89 所示。

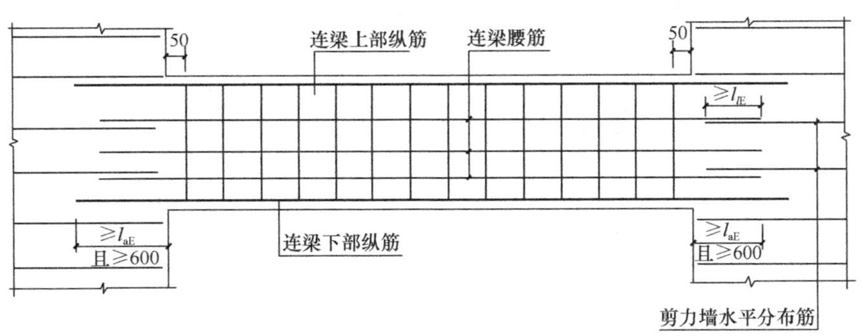

图 7-89　剪力墙连梁配筋构造（三）

四、钢筋优化下料

工程实践中，钢筋供货定尺与实际结构往往还有不太适应的情况，当今住宅建设中，普遍采用层高为 2.9m，定尺长度以 9m 居多，与层高之间存在(3000－2900)/3000×100％＝3.33％的浪费现象，如图 7-90 所示。

在不能争取到完全适应层高的定尺钢筋的情况下，钢筋下料策划要多动脑筋，才能避免这 3.33％的浪费，以底层层高 3.2m、标准层层高 2.9m 的 18 层住宅的墙柱为例，已知

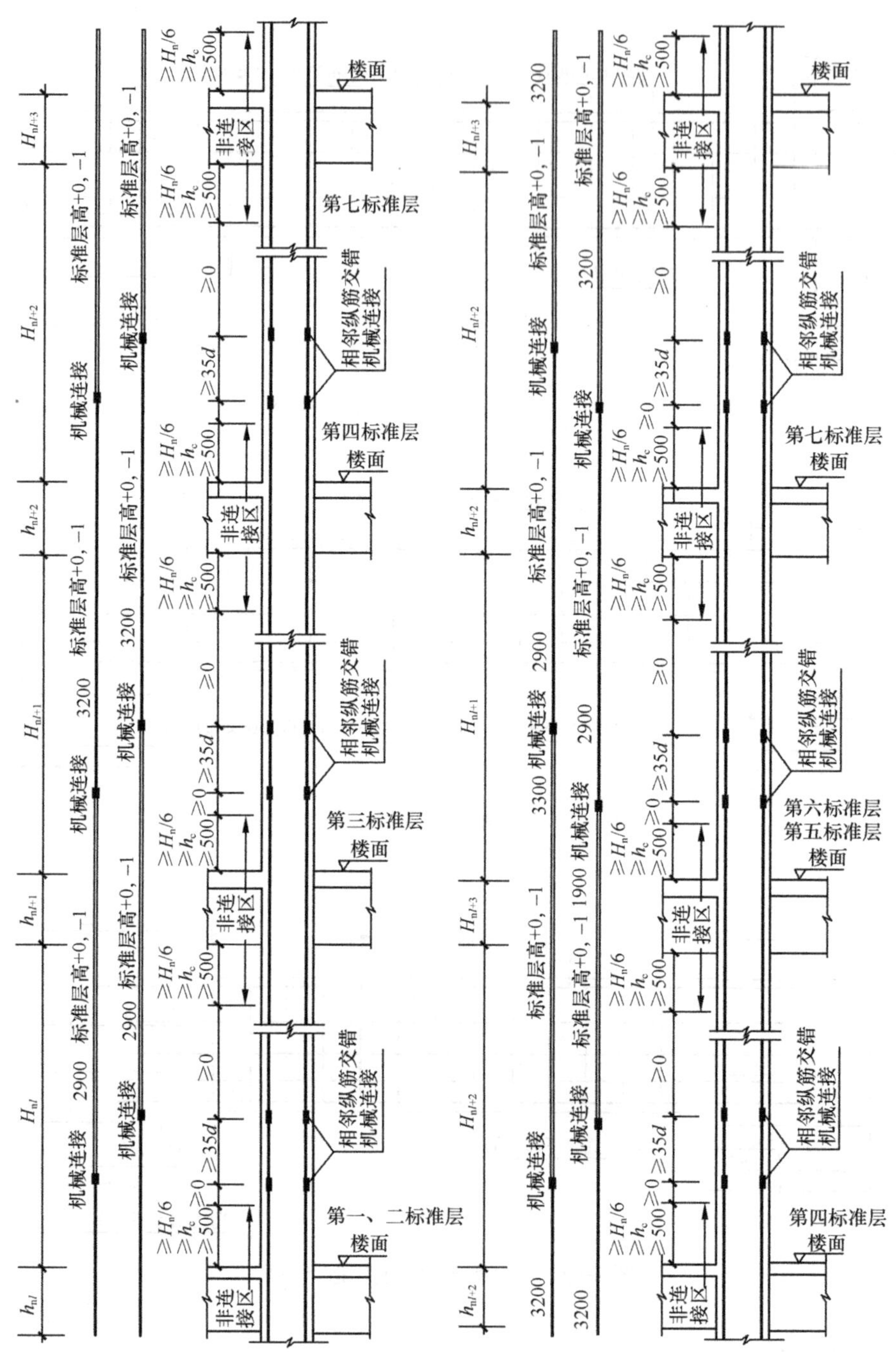

图 7-90 定尺钢筋下料与层高和协调示意图

钢筋最大直径为 20mm，采用直螺纹套筒连接，钢筋定尺为 9m。

各标准层低桩钢筋标高 = 楼层标高 $H+500$mm，高桩钢筋标高 = 楼层标高 $H+500$mm$+35d$ = 楼层标高 $H+500+35\times20$ = 楼层标高 $H+1200$mm。

第一、二标准层钢筋长度采用 2900mm，第三标准层钢筋长度取 $9000-2\times2900=3200$mm，这样到第四标准层，低桩钢筋标高 = 楼层标高 $H+500+300$ = 楼层标高 $H+$

800mm，高桩钢筋标高＝楼层标高 H＋1200＋300＝楼层标高 H＋1500mm，此时进行高低桩互换，在高桩接 1900mm，在低桩接 3300mm，使得第五标准层的高低桩位置调整到第一、第二标准层那种高度。

具体计算可以使用 Excel 进行，首先看表的直螺纹套筒连接，再看表的钢筋电渣压力焊连接，如表 7-16、表 7-17 所示。

直螺纹套筒连接的计算　　**表 7-16**

9m 定尺、2.9m 层高、直螺纹套筒连接的钢筋下料与就位

墙柱楼层号	标准层号	层高（m）	楼层标高（m）	甲筋		乙筋		备注
				标高（m）	长度（mm）	标高（m）	长度（mm）	
18	第 17 标准层	2.9	49.600					顶层另计
17	第 16 标准层	2.9	46.700	47.200	1900	47.900	3300	高低桩互换
16	第 15 标准层	2.9	43.800	45.300	3200	44.600	3200	
15	第 14 标准层	2.9	40.900	42.100	2900	41.400	2900	
14	第 13 标准层	2.9	38.000	39.200	2900	38.500	2900	
13	第 12 标准层	2.9	35.100	36.300	3300	35.600	1900	高低桩互换
12	第 11 标准层	2.9	32.200	33.000	3200	33.700	3200	
11	第 10 标准层	2.9	29.300	29.800	2900	30.500	2900	
10	第 9 标准层	2.9	26.400	26.900	2900	27.600	2900	
9	第 8 标准层	2.9	23.500	24.000	1900	24.700	3300	高低桩互换
8	第 7 标准层	2.9	20.600	22.100	3200	21.400	3200	
7	第 6 标准层	2.9	17.700	18.900	2900	18.200	2900	
6	第 5 标准层	2.9	14.800	16.000	2900	15.300	2900	
5	第 4 标准层	2.9	11.900	13.100	3300	12.400	1900	高低桩互换
4	第 3 标准层	2.9	9.000	9.800	3200	10.500	3200	
3	第 2 标准层	2.9	6.100	6.600	2900	7.300	2900	
2	第 1 标准层	2.9	3.200	3.700	2900	4.400	2900	
1	非标准层	3.2						合计

注：每安装 3 层之后，设置一个“找平层”，通过高低桩互换，重新将高低桩调整到标准位置。

电渣压力焊连接的计算 **表 7-17**

9m 定尺、2.9m 层高、电渣压力焊连接的钢筋下料与就位								
墙柱楼层号	标准层号	层高(m)	楼层标高(m)	甲筋		乙筋		备注
				标高(m)	长度(mm)	标高(m)	长度(mm)	
18	第 17 标准层	2.9	49.600					顶层另计
17	第 16 标准层	2.9	46.700	47.200	1900	47.900	3380	高低桩互换
16	第 15 标准层	2.9	43.800	45.240	3160	44.540	3160	
15	第 14 标准层	2.9	40.900	42.100	2920	41.400	2920	
14	第 13 标准层	2.9	38.000	39.200	2920	38.500	2920	
13	第 12 标准层	2.9	35.100	36.300	3380	35.600	1980	高低桩互换
12	第 11 标准层	2.9	32.200	32.940	3160	33.640	3160	
11	第 10 标准层	2.9	29.300	29.800	2920	30.500	2920	
10	第 9 标准层	2.9	26.400	26.900	2920	27.600	2920	
9	第 8 标准层	2.9	23.500	24.000	1980	24.700	3380	高低桩互换
8	第 7 标准层	2.9	20.600	22.040	3160	21.340	3160	
7	第 6 标准层	2.9	17.700	18.900	2920	18.200	2920	
6	第 5 标准层	2.9	14.800	16.000	2920	15.300	2920	
5	第 4 标准层	2.9	11.900	13.100	3380	12.400	1980	高低桩互换
4	第 3 标准层	2.9	9.000	9.740	3160	10.440	3160	
3	第 2 标准层	2.9	6.100	6.600	2920	7.300	2920	
2	第 1 标准层	2.9	3.200	3.700	2920	4.400	2900	
1	非标准层	3.2						合计

注：1. 每个电渣压力焊接头热熔耗长按 20mm 计取；

2. 每安装 3 层之后，设置一个"找平层"，通过高低桩互换，重新将高低桩调整到标准位置。

按照表 7-16、表 7-17 下料计算，3 个标准层的墙柱钢筋长度不一样，以下给出将 9m 定尺钢筋平均截断为 3 根（3000×3=9000mm）、每根长 3m 的钢筋安装绑扎方案。仍以直径 20mm 的钢筋为例，9m 定尺钢筋、2.9m 层高时的低损耗下料方案如图 7-91 所示。当某基准层的墙柱低桩高度为 H+500mm，高桩高度为 H+1200mm、如图 7-91（a）所示，每上来一层，高低桩各长 100mm，到第 4 标准层，高桩标高为 H+1500mm，低桩标高为 H+800mm. 如果继续使用 3000mm 钢筋连接，上面那层的高桩高度将高达 H+1600mm，会给施工操作带来不便，施工工效降低，若将 9000mm 钢筋开为（3×1900mm+3300mm），在高桩 H+1500mm 处接 1900mm，在低桩 H+800mm 处接 3300mm，可在上

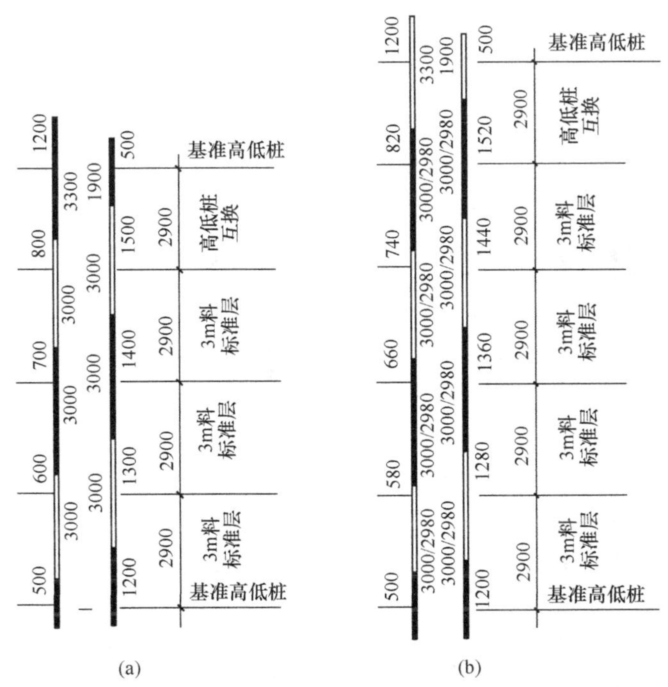

图 7-91　采用 1900、3300mm 长度做高低桩互换低损耗配筋示意图

(a) 直螺纹套筒连接；(b) 电渣压力焊连接

一层得到又一组新的基准层。

当钢筋采用电渣压力焊连接时，需要考虑电渣压力焊的热熔损耗，如图 7-91 (b) 所示。还是将 9m 原材料平均截断为 3 根 3m 的钢筋。当热熔损耗为 20mm 时，每标准层的高低桩不再增加 100mm 而是增加 80mm，到第 5 标准层时高桩标高增加到 $H+1520$mm，低桩标高增加到 $H+820$mm，用长 1900mm 和 3300mm 两种不同的钢筋来连接，使之形成新的基准层。

通过上面的讨论可以得到以下结论，用 9m 定尺钢筋做 2.9m 层高的墙柱纵向钢筋，采用机械套筒连接时，下料长度为 3m，每 3 个标准层之后，用长 1900mm 和 3300mm 的钢筋“找平”一次，得到新的基准层。用 9m 定尺钢筋做 2.9m 层高的墙柱纵向钢筋，采用电渣压力焊连接时，下料长度为 3m，每 4 个标准层之后，用长 1900mm 和 3300mm 的钢筋“找平”一次，得到新的基准层。

因为 3×1900mm+3300mm=9000mm，2×3300mm+1900mm=8500mm，所以这个下料方案最大程度上把 9000mm 定尺钢筋充分使用，但是还存在损耗，有进一步优化的空间。

若用 2000mm 和 3500mm 组合，通过二次“找平”，同样可以得到新一轮基准高低桩。以直径 20mm 钢筋为例，9m 定尺钢筋、2.9m 层高时的零损耗下料方案如图 7-92 所示。因为 2×3500mm+2000mm=9000mm，又因为 3×2000mm+3000mm=9000mm，所以此时的方案已经做到了零损耗。

通过对上面两个图的讨论可知，要减少损耗就要画图，在图形上试算，将试算需要的找平尺寸进行组合，待组合后与钢筋定尺长度进行比较，力求使得找平需要的钢筋与定尺

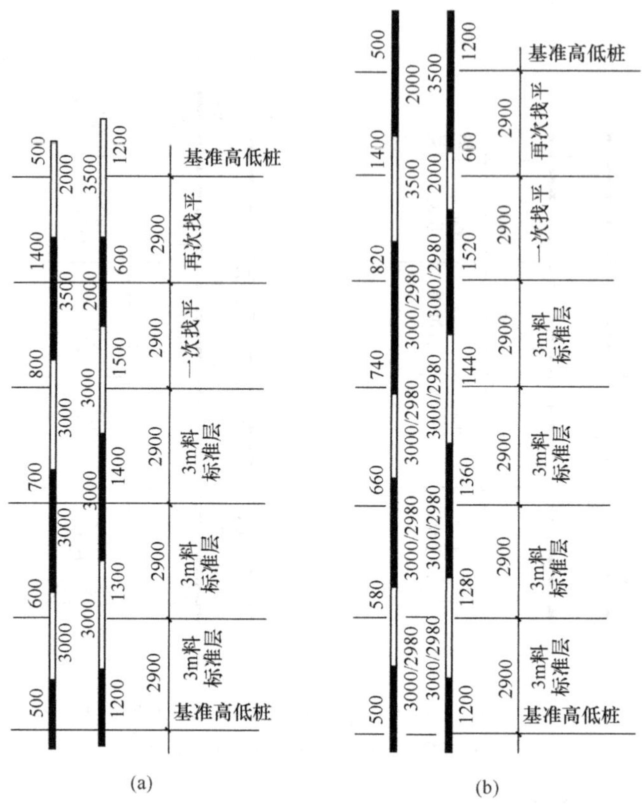

图 7-92 采用 2000、3500mm 长度做高低桩互换无损耗配筋示意图
(a) 直螺纹套筒连接；(b) 电渣压力焊连接

钢筋所能够提供的钢筋吻合，余料越少方案就越优秀。

第五节 梁钢筋计算

梁构件有楼层框架梁（KL）、屋面框架梁（WKL）、非框架梁（L）、框架扁梁（KBH）、井字梁（JZL）、框支梁（KZL）、悬挑梁（XL）等。

梁钢筋计算的项目有上部通长钢筋、支座负筋（上一排、二排、三排）、架立筋、下部通长钢筋、下部非通长钢筋、下部不伸入支座钢筋、梁侧面钢筋（构造钢筋、抗扭钢筋）、梁箍筋、梁拉筋、集中力作用附加箍筋、集中力作用附加吊筋、纵向钢筋绑扎连接区的附加箍筋、梁加腋（梁竖向加腋的构造钢筋和构造箍筋、梁柱截面偏心过大时，梁水平加腋）。

梁支座两侧梁高不平（梁顶有高差、梁底有高差、梁顶和梁底均有高差），梁支座两侧梁宽不同（左宽右窄一面平、左窄右宽一面平、左右宽窄两面均不平），钢筋根数不同，钢筋直径不同。

框架梁纵向钢筋在中间层端节点采用 90°弯折锚固方式时，如果平直段长度不满足大于或等于 $0.4l_{abE}$ 的要求时，不得采用加长弯折段长度使总长度满足最小锚固长度的做法。

试验研究表明，当柱截面高度不足以满足直线锚固段时，可采用带 90°弯折段的锚固方式。这种锚固端的锚固力由平直段的粘结锚固和弯折段的挤压锚固作用组成。框架梁上、下纵向受力钢筋在端支座必须保证平直段长度不小于 $0.4l_{abE}$，90°弯折长度为 $15d$ 时，可保证梁筋的锚固强度和抗滑移刚度。弯折段长度超过 $15d$ 之后，再增加弯折段长度对受力钢筋的锚固基本没有作用。因此水平段长度不满足要求时，应由设计方解决，施工方不可自行处理。

一、楼层抗震框架梁

1. 梁纵筋

(1) 框架梁通长筋

用于一跨时：上部/下部通长筋长度＝净跨长＋左支座锚固长度＋右支座锚固长度左、右支座锚固长度的取值判断条件：

采用直线锚固(图 7-93)：当 h_c(柱宽)－保护层厚度≥l_{aE}时，锚固长度＝max{l_{aE}，$(0.5h_c+5d)$}

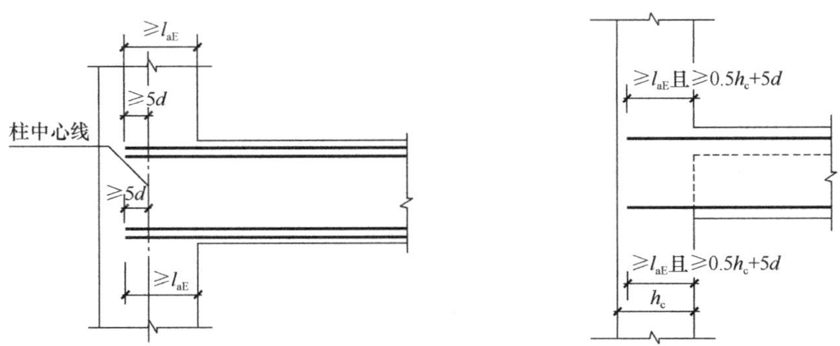

图 7-93　端支座直锚示意图

采用弯锚(图 7-94)：当 h_c(柱宽)－保护层厚度＜l_{aE}时，锚固长度＝h_c－保护层＋$15d$

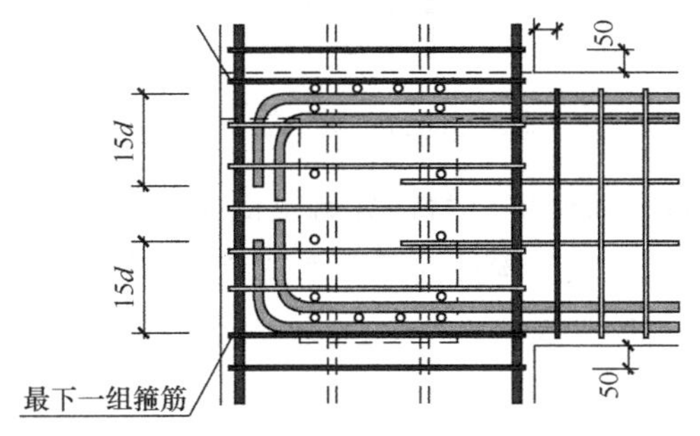

图 7-94　端支座弯锚示意图

注意：当上柱截面尺寸小于下柱截面尺寸时，梁上部钢筋的锚固长度起算位置应为上柱内边缘，梁下部钢筋的锚固长度起算位置为下柱内边缘，注意箭头处的位置，如图 7-95所示。

伸至柱外侧纵筋内侧的长度＝柱保护层＋柱箍筋直径＋柱纵筋直径＋25＋25(垂直方向另一侧钢筋通过尺寸)，如图 7-96 所示。

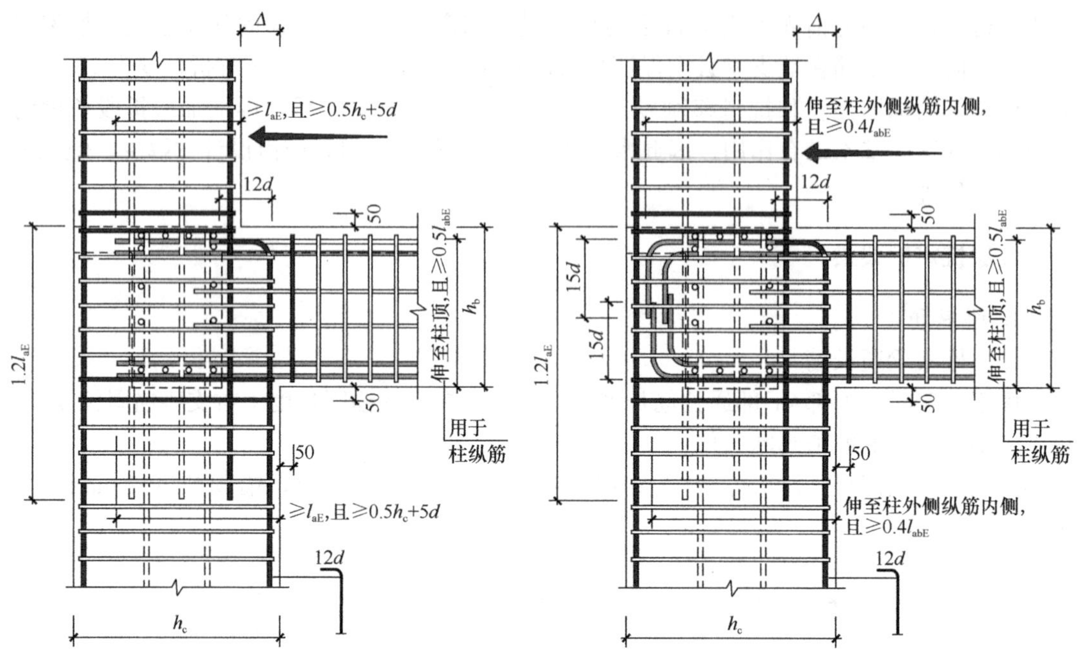

图 7-95　框架柱变截面处节点构造示意图

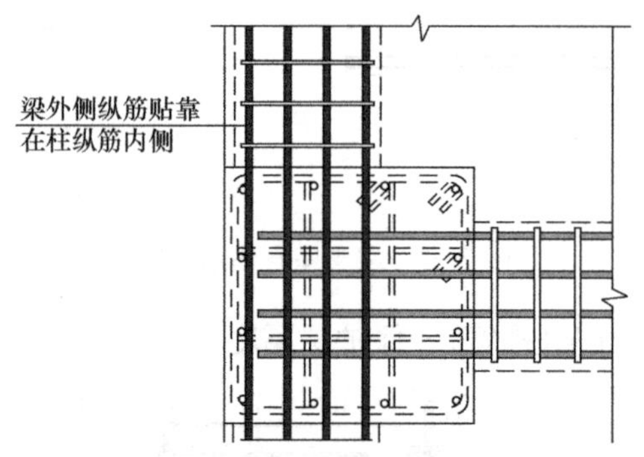

图 7-96　垂直方向另一侧钢筋通过尺寸示意图

其中 25 为纵筋最外排竖向弯折段与柱外侧纵向钢筋净距不宜小于 25mm，目的是保证混凝土骨料通过钢筋空挡进入到构件内部。如图 7-97 所示。

即伸至柱外侧纵筋内侧的长度≈20＋10＋20＋25＋25＝100mm(在满足≥0.4l_{aE}的前提下)，如图 7-98 所示。

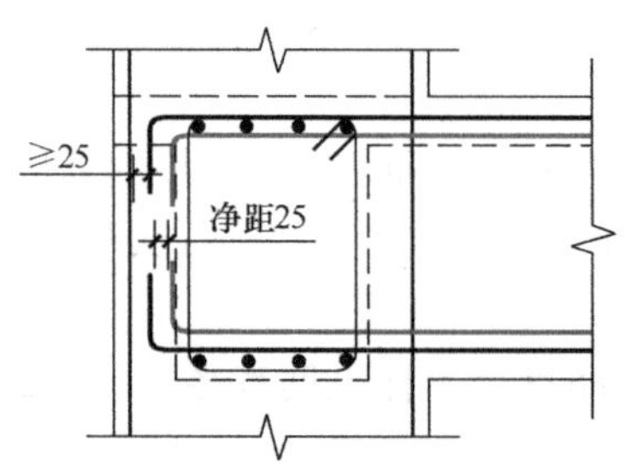

图 7-97　钢筋躲让构造示意图

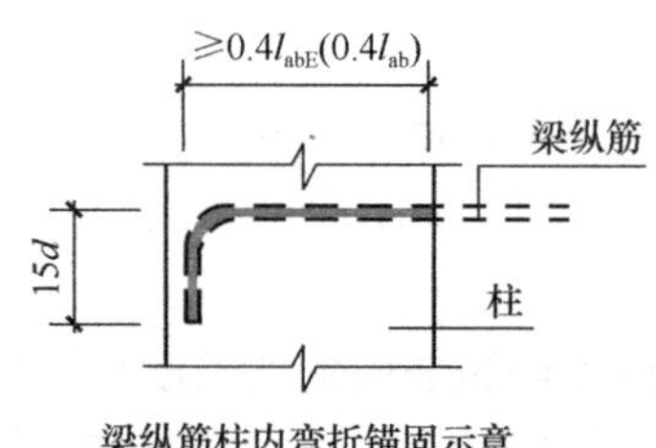

图 7-98　在满足≥0.4l_{abE}的前提下示意图

用于多跨时：上部/下部通长筋长度＝梁总长度－保护层×2＋15d×2

梁下部纵向钢筋可在中间节点处锚固，也可贯穿中间支座。框架梁下部纵向钢筋尽量避免在中柱内直线锚固或90°弯折锚固，宜本着“能通则通”的原则来保证节点区混凝土的浇筑质量。

在计算钢筋接头位置时，梁上部通长钢筋与非贯通钢筋直径相同时，连接位置在跨中1/3范围内；梁下部钢筋连接接头位置宜位于支座1/3范围内。在18G901-1图集中增加了1.5倍的梁高，因考虑此部位为箍筋加密区，故应避开，如图7-99所示。

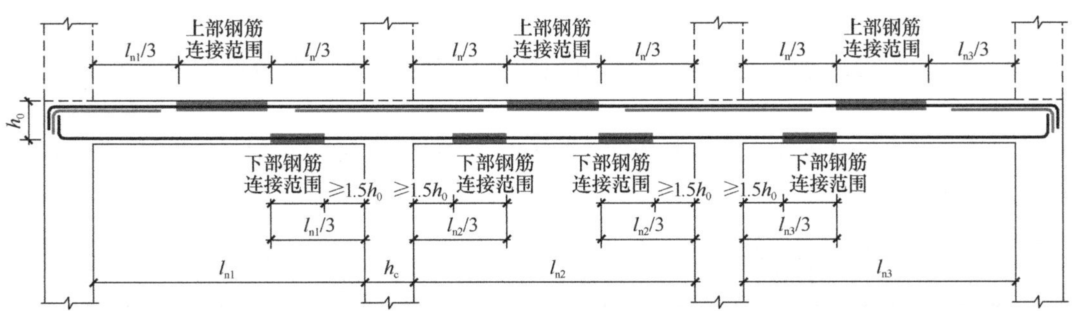

图7-99　框架梁纵向钢筋连接示意图

（2）支座负筋

《混凝土结构设计规范》GB 50010—2010中对非通长筋的截断点位置有两方面要求：一是从不需要该钢筋的截面伸出的长度，二是从该钢筋强度充分利用截面向前伸出的长度。

G101图集规定框架梁的所有支座和非框架梁（不包括井字梁）的中间支座第一排非通长筋从支座边伸出至$l_n/3$位置，第二排非通长筋从支座边伸出至$l_n/4$位置。这是为了施工方便，且按此规定也能包络实际工程中大部分主要承受均布荷载的情况，如图7-100所示。

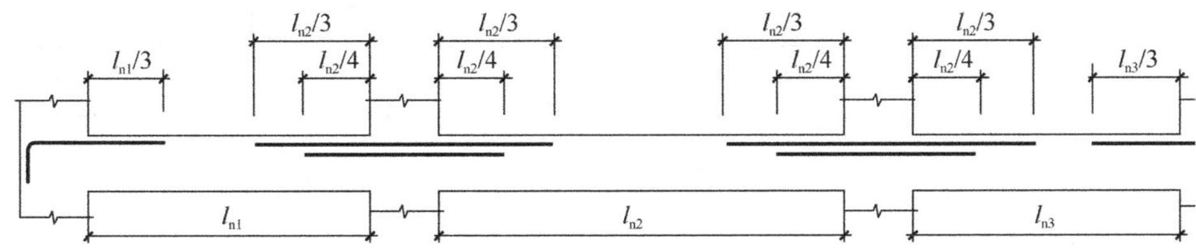

图7-100　支座负筋相邻跨长度相等或相近示意图

左、右支座锚固长度的取值判断条件：

采用直线锚固：当h_c(柱宽)－保护层厚度≥l_{aE}时，锚固长度＝max{l_{aE}，(0.5h_c＋5d)}

采用弯锚：当h_c(柱宽)－保护层厚度＜l_{aE}时，锚固长度＝h_c－保护层＋15d

端支座第一排负筋长度＝左支座或右支座锚固＋净跨/3

端支座第二排负筋长度＝左支座或右支座锚固＋净跨/4

中间支座第一排负筋长度＝2×max(左跨净跨长/3，右跨净跨长/3)＋支座宽

中间支座第二排负筋长度＝2×max(左跨净跨长/4，右跨净跨长/4)＋支座宽

注意：当支座负筋相邻跨长相差较大时，需要在小跨区域拉通布置，如图7-101所示。

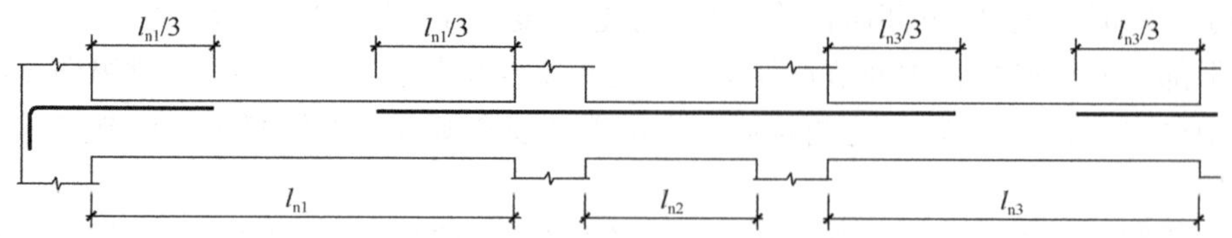

图 7-101　支座负筋相邻跨长相差较大示意图

小跨拉通的第一排负筋长度＝左跨净跨长/3＋支座宽＋中间跨净长＋支座宽＋右跨净跨长/3

小跨拉通的第二排负筋长度＝左跨净跨长/4＋支座宽＋中间跨净长＋支座宽＋右跨净跨长/4

注意：当通长钢筋直径与支座负弯矩钢筋直径相同时，接头位置宜在跨中 1/3 净跨范围内，如图 7-102 所示。

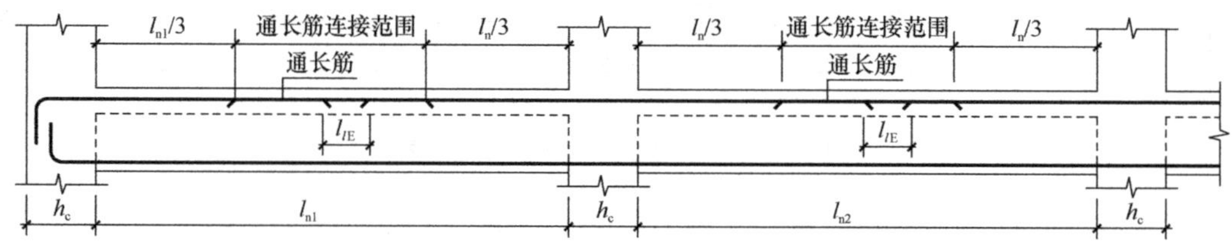

图 7-102　通长筋与支座负筋直径相同示意图

当通长钢筋直径小于支座负弯矩钢筋直径时，负弯矩钢筋伸出长度按设计要求（一般为 $l_n/3$，特殊情况除外），通长钢筋与负弯矩钢筋搭接连接，如图 7-103 所示。

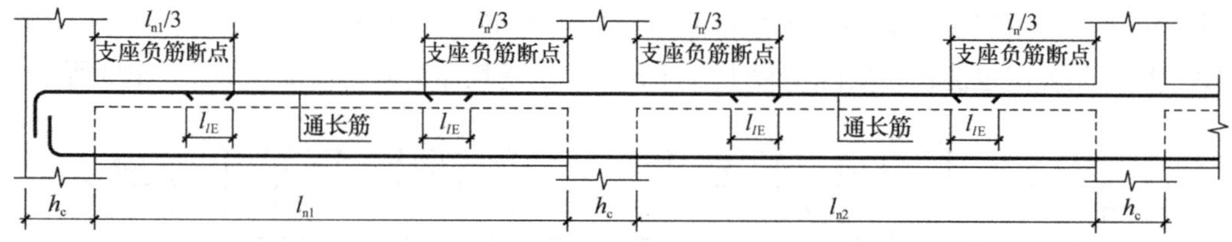

图 7-103　通长筋直径小于支座负筋直径示意图

（3）架立筋

架立钢筋是为了固定箍筋而设置的，根据梁中箍筋的形式以及通长筋的设置情况综合考虑，如图 7-104 所示。

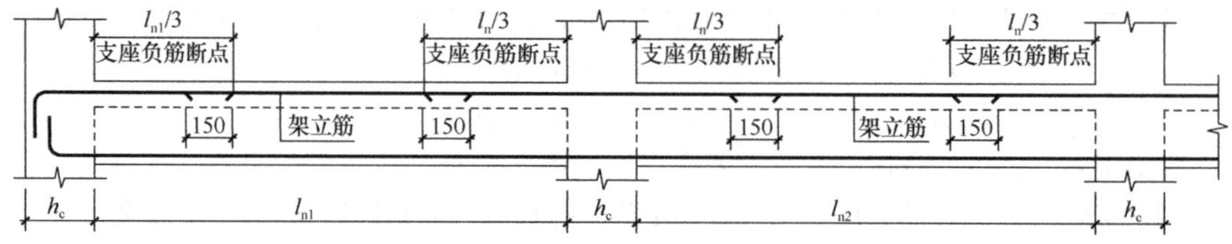

图 7-104　架立筋与支座负筋的连接示意图

框架梁上部纵向受力钢筋与架立筋搭接时，箍筋不加密，如图 7-105 所示。

架立筋长度＝净跨长－左支座负筋净长－右支座负筋净长＋150×2

（4）侧面纵筋和拉筋，如图 7-106 所示。

构造纵筋：当梁的高度较大时，有可能在梁侧面产生垂直于梁轴线的收缩裂缝，为此应在梁的两侧沿梁长度方向布置纵向构造钢筋。

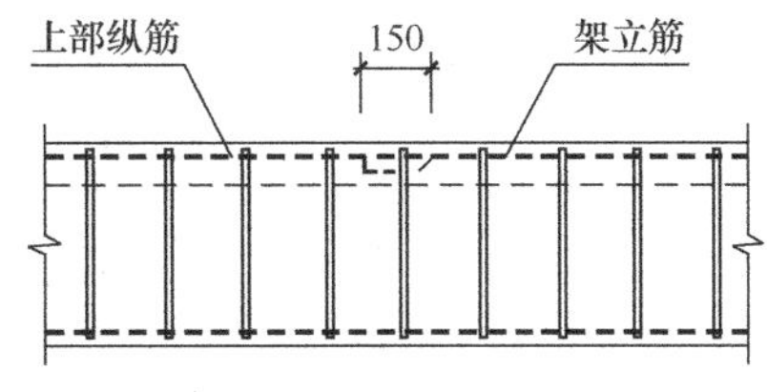

图 7-105 架立筋与纵筋构造搭接示意图

当梁的腹板高度 h_w≥450mm 时，需要在梁的两侧沿梁高度范围内配备纵向构造钢筋，以大写字母“G”打头标注。

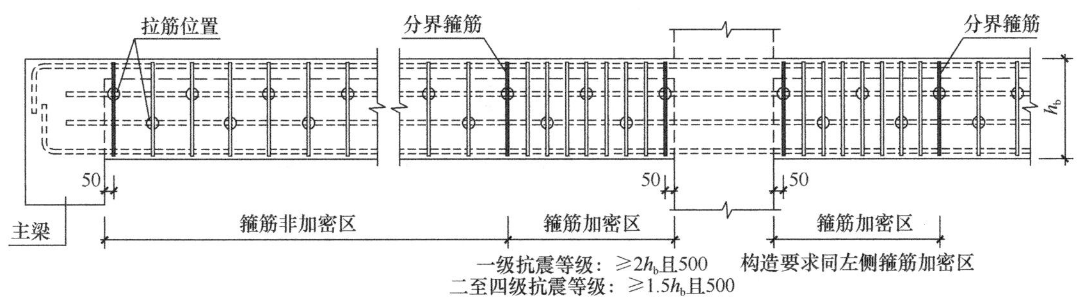

图 7-106 框架梁（KL、WKL）箍筋、拉筋排布构造示意图

梁侧面纵向构造钢筋的搭接与锚固长度可取 $15d$。当跨内采用搭接时，在该搭接长度范围内不需要配置加密箍筋。

侧面构造纵筋长度＝净跨长＋2×15d

受扭纵筋：当梁内作用有扭矩时，无论是框架梁还是非框架梁，均由纵向钢筋和箍筋共同承担扭矩内力。以大写字母“N”打头标注。

梁侧面纵向受扭钢筋的搭接长度为 l_{lE}或 l_l，其锚固长度为 l_{aE}或 l_a。当跨内采用搭接时，在该搭接长度范围内也应配置加密箍筋。

受扭腰筋宜在支座中锚固，当需采用连接时，可在靠近跨中部范围内连接，但宜与梁上部纵筋及梁下部纵筋的连接位置错开（不在同一连接区段），且均应满足纵向受拉钢筋的连接要求。

侧面受扭纵筋长度＝净跨长＋2×l_{aE}

当梁宽≤350mm 时，拉结钢筋直径为 6mm；梁宽＞350mm 时，拉结钢筋直径为 8mm。拉筋间距为非加密区箍筋间距的 2 倍。当设有多排拉筋时，上下两排拉筋竖向错开设置。拉筋应同时紧靠箍筋和梁侧面纵向钢筋，且钩住箍筋。

拉筋长度＝梁宽－2×保护层＋2×箍筋直径＋20d(具体参照箍筋长度)

拉筋根数＝{(净跨长－50×2)/非加密区间距的 2 倍＋1}×侧面拉筋道数

梁的腹板高度和梁有效高度按如下规定计算：

梁腹板高度 h_w：对矩形截面，取有效高度 h_0；对于 T 形截面，取有效高度 h_0 减去翼缘高度 h_f；对于 I 形截面取腹板净高，如图 7-107 所示。

梁有效高度 h_0：为梁上边缘至梁下部受拉钢筋的合力中心的距离，即 $h_0=h-s$；当梁下部配置单层纵向钢筋时，s 为下部纵向钢筋中心至梁底距离；当梁下部配置两层纵向钢筋时，s 可取 70mm，如图 7-107 所示。

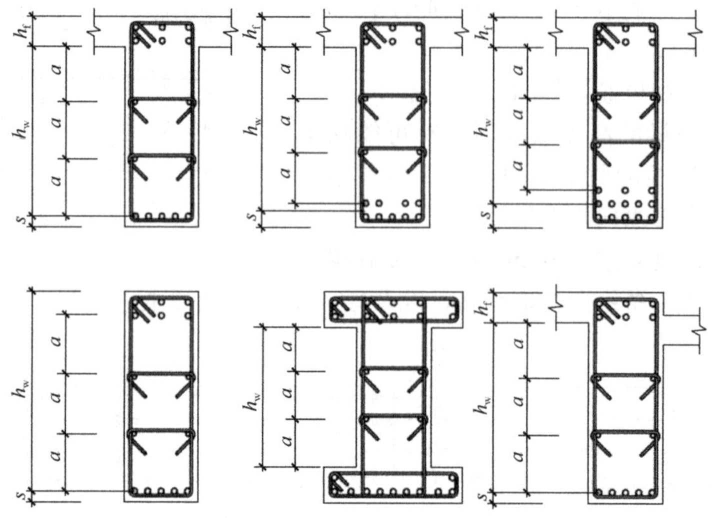

图 7-107 梁侧面纵向构造钢筋构造示意图

2. 箍筋、吊筋、附加箍筋

(1) 箍筋：按照外皮尺寸计算，并结合实践经验

箍筋长度＝周长－8×保护层＋20d(热轧带肋钢筋)

箍筋长度＝周长－8×保护层＋19d(光圆钢筋)

如图 7-108 所示，箍筋从距柱内皮 50mm 处开始设置。

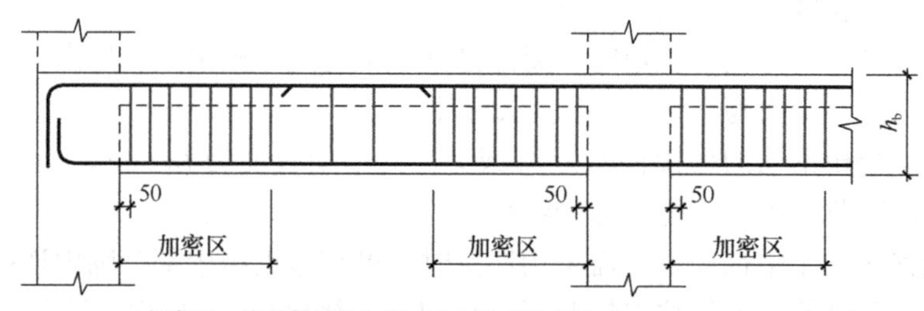

图 7-108 框架梁 KL 箍筋排布示意图

1) 设一级抗震等级加密箍筋道数为 n_1密(计算值取整，下同)，n_1密＝(2×h_b－50)/加密间距＋1。

设某跨梁一级抗震等级非加密区箍筋道数 n_2，n_2＝{该跨净跨度－2×[50＋(n_1密－1)×加密间距]}/非加密间距－1。

2) 设二至四级抗震等级加密箍筋道数为 n_1密(计算值取整，下同)，n_1密＝(1.5×h_b－50)/加密间距＋1。

设某跨梁二至四级抗震等级非加密区箍筋道数 n_2，n_2＝{该跨净跨度－2×[50＋(n_1密－1)×加密间距]}/非加密间距－1。

注意：抗震框架梁 KL 的截面高度 h_b一般不会≤333.33mm(500/1.5)，更不会≤250mm(500/2)，所以直接用 1.5×h_b和 2×h_b进行计算。

以上计算式进行了箍筋加密区的调整，因取整后加密区长度会增加，故对间距进行调整。

(2) 吊筋、附加箍筋

当在梁的高度范围内或梁下部有集中荷载时，为防止集中荷载影响区下部混凝土的撕裂及裂缝，应全部由附加横向钢筋承担，附加横向钢筋宜采用箍筋，当箍筋不足时也可以增加吊筋。不允许用布置在集中荷载影响区内的原梁内箍筋代替附加横向钢筋，如图 7-109所示。

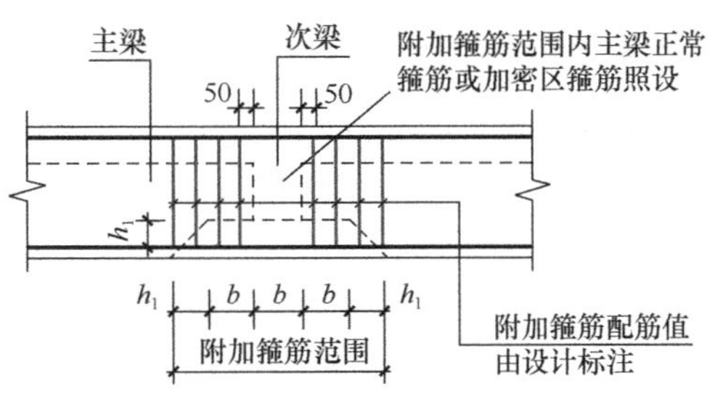

图 7-109　附加箍筋范围示意图

吊筋的弯起角度：当主梁高度不大于 800mm 时，弯起角度为 45°；当主梁高度大于 800mm 时，弯起角度为 60°。附加吊筋的上部（或下部）平直段可置于主梁上部（或下部）第一排或第二排纵筋位置。吊筋下部平直段必须置于次梁下部纵筋之下。附加吊筋宜设在梁上部钢筋的正下方，既可由上部钢筋遮挡它，不被振捣棒偏位，又不会成为混凝土下行的障碍，如图 7-110 所示。

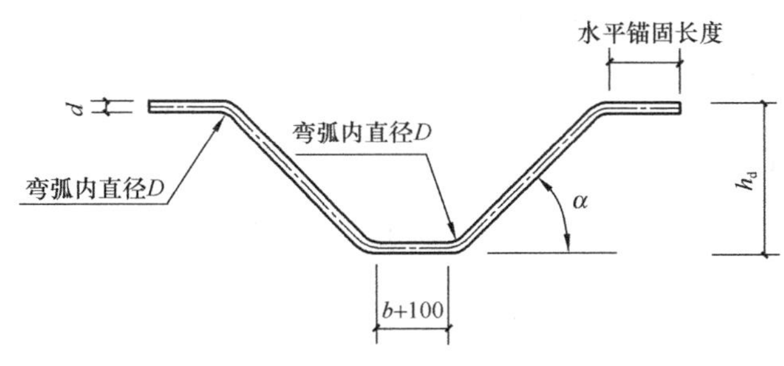

图 7-110　附加吊筋构造示意图

附加吊筋的长度＝次梁宽度＋50×2＋2×(主梁高－保护层厚度×2－箍筋直径×2－梁上下纵筋直径－纵筋最小净距)/sin45°(60°)＋20d×2

其中梁高可简化为：主梁高－20×2－2×10－20×2－25＝主梁高－120mm

吊筋下料长度包括：底部水平长度、4 个弯弧长度、两个斜长、两个水平锚固长度。注意：水平锚固长度，在受拉时取 20d，在受压时取 10d。

附加箍筋的数量直接按照设计标注值采用，长度计算公式与正常箍筋相同。

二、屋面抗震框架梁

在承受以静力荷载为主的框架中，顶层端节点的梁、柱端均主要承受负弯矩作用，相当于 90°折梁。节点外侧钢筋不是锚固受力，而属于搭接传力问题，故不允许将柱纵筋伸至柱顶，而将梁上部钢筋锚入节点的做法。

搭接接头设在节点外侧和梁顶顶面的 90°弯折搭接（柱锚梁）和搭接接头设在柱顶部外侧的直线搭接（梁锚柱）这两种方法：第一种做法（柱锚梁）适用于梁上部钢筋和柱外侧钢筋数量不致过多的民用建筑框架。其优点是梁上部钢筋不伸入柱内，有利于梁底标高处设置柱内混凝土施工缝。但当梁上部和柱外侧钢筋数量过多时，采用第一种做法将造成节点顶部钢筋的拥挤，不利于自上而下浇筑混凝土。此时，宜改为第二种方法（梁锚柱）。

在计算屋面抗震框架梁时基本上与楼层抗震框架梁基本相同，现只讲解其不同之处。

梁纵筋：

（1）采用柱锚梁情况（需要与柱部分结合起来），如图 7-111、图 7-112 所示。

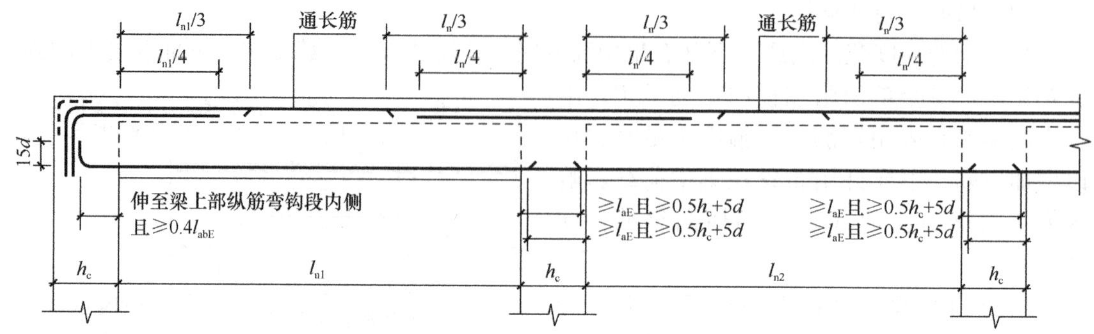

图 7-111　屋面框架梁 WKL 纵向钢筋构造示意图

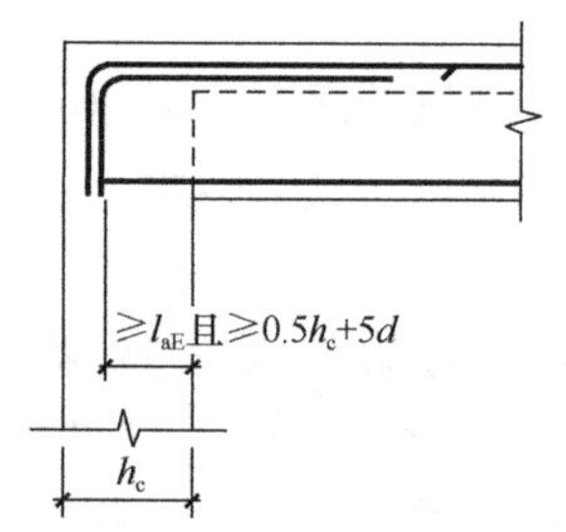

图 7-112　顶层端支座梁下部钢筋直锚示意图

注意：梁上部纵筋伸至柱外边柱纵筋内侧并向下弯折到梁底标高。

1）用于一跨时：屋面框架梁上部通长筋长度＝净跨长＋(左支座长度－保护层)＋(右支座长度－保护层)＋2×弯折长度(梁高－保护层－箍筋直径)

用于多跨时：上部/下部通长筋长度＝梁总长度－保护层×2＋2×弯折长度(梁高－保护层－箍筋直径)

2）屋面框架梁上部端支座第一排负筋长度＝净跨长/3＋(左支座长度－保护层)＋2×弯折长度(梁高－保护层－箍筋直径)

屋面框架梁上部端支座第二排负筋长度＝净跨长/4＋(左支座长度－保护层)＋2×弯折长度(梁高－保护层－箍筋直径)

（2）采用梁锚柱情况（需要与柱部分结合起来），如图 7-113 所示。

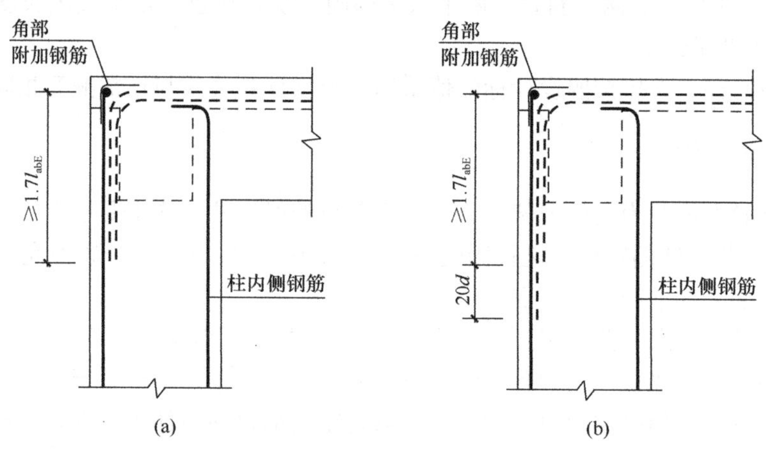

图 7-113　柱顶部外侧直线锚固示意图

(a) 当梁上部钢筋配筋率≤1.2%时，一次截断；(b) 当梁上部钢筋配筋率>1.2%时，分两批截断，当梁上部纵向钢筋为两排时，先断第二排钢筋

当梁上部纵筋钢筋配筋率大于 1.2%时，宜分两批截断，截断点之间距离不宜小于 $20d$。当梁上部纵筋为两排时，宜首先截断第二排钢筋。

配筋率为：梁上部纵向钢筋面积/梁截面面积。

配筋率不大于 1.2%时，计算方法如下：

用于一跨时：屋面框架梁上部通长筋长度＝净跨长＋(左支座长度－保护层)＋(右支座长度－保护层)＋2×弯折长度($1.7l_{abE}$)

用于多跨时：上部/下部通长筋长度＝梁总长度－保护层×2＋2×弯折长度($1.7l_{abE}$)

(3) 当支座两边的宽度不同或错开布置时，将无法直通的纵筋弯锚入柱内时，框架梁与屋面框架梁中间支座纵向钢筋构造中的上部钢筋弯钩 $15d$ 改为 l_{aE}，如图 7-114 所示。

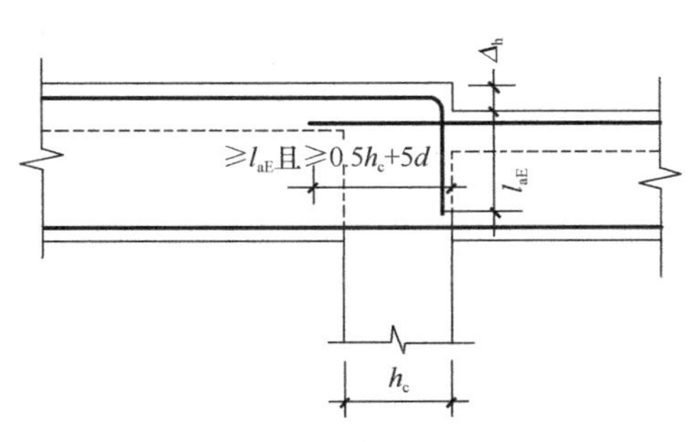

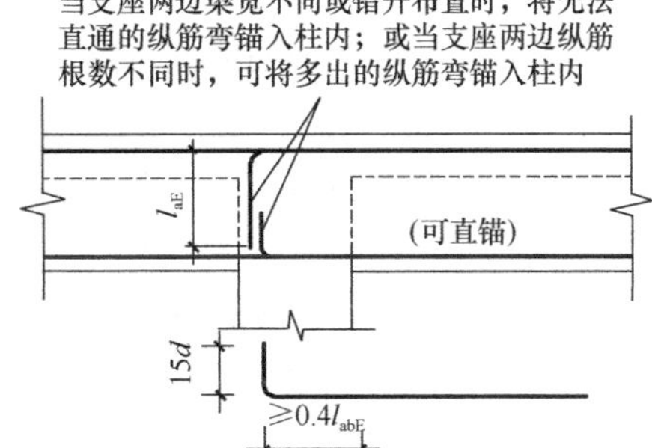

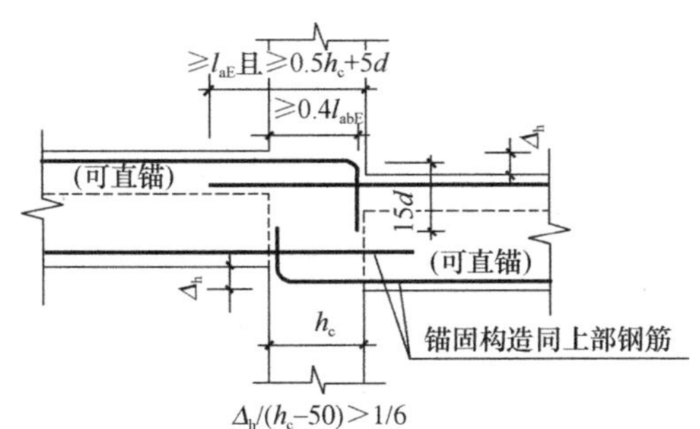

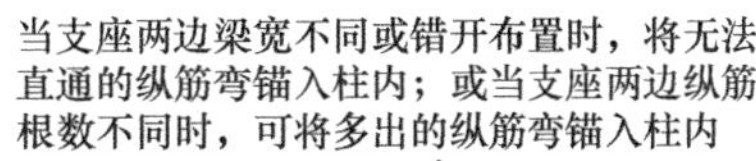

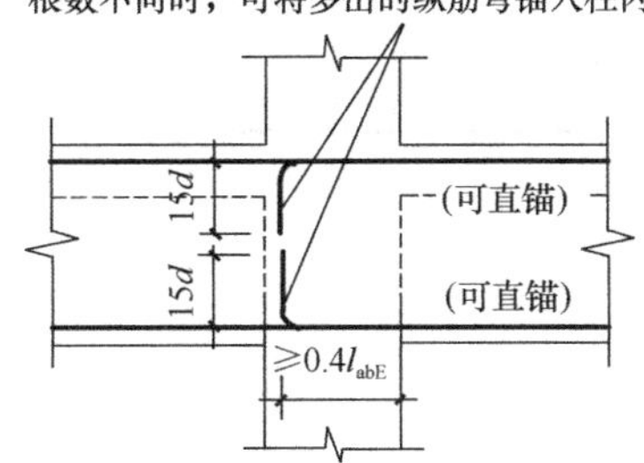

图 7-114　框架梁中间支座纵向钢筋构造示意图

需要注意：当构件的混凝土强度等级不等时，锚固长度按钢筋锚固区段的混凝土强度等级选取，因为是梁的纵向钢筋锚入墙或柱内，所以用梁的抗震等级；又因为钢筋在墙或柱的混凝土中锚固，所以采用墙或柱的混凝土强度等级。计算 $1.7l_{abE}$时，取 $1.7l_{abE}$范围内的较低混凝土强度等级。

三、非框架梁

非框架梁构造，如图 7-115 所示。“设计按铰接时”指理论上支座无负弯矩，但实际上仍受到部分约束，因此在支座区上部设置纵向构造钢筋；“充分利用钢筋的抗拉强度时”指支座上部非贯通钢筋按计算配置，承受支座负弯矩。

非框架梁上部纵筋长度＝通跨净长 l_n＋(左支座宽－保护层＋$15d$)＋(右支座宽－保护层＋$15d$)

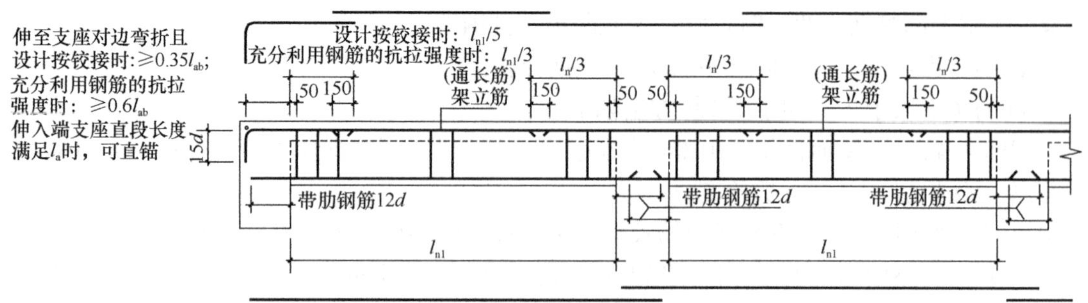

图 7-115　非框架梁配筋构造示意图

当下部纵向带肋钢筋伸入端支座的直线锚固不小于 12d(d 为下部纵向钢筋直径)时，可采用，如图 7-116 所示。

非框架梁下部纵筋长度＝通跨净长 l_n＋2×12d(带肋钢筋)

非框架梁下部纵筋长度＝通跨净长 l_n＋2×15d＋2×6.25d(光圆钢筋)

实际工程中当遇到支座宽度较小时，当下部纵筋伸入边支座长度不能满足直锚 12d(光圆钢筋为 15d，末端做 180°弯钩)要求的情况，此时可采用如图 7-117 所示做法。

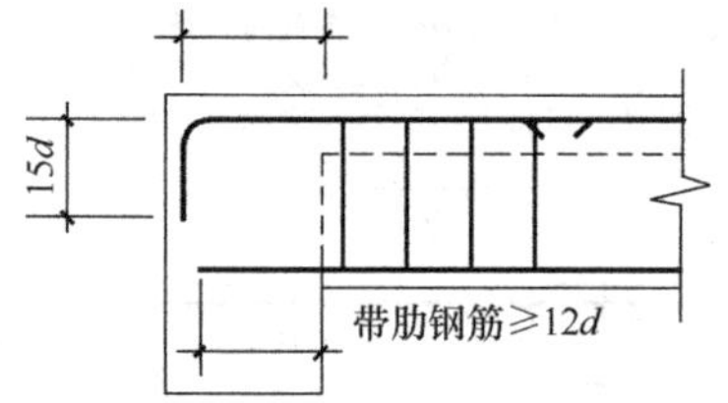

图 7-116　非框架梁端支座下部钢筋构造示意图

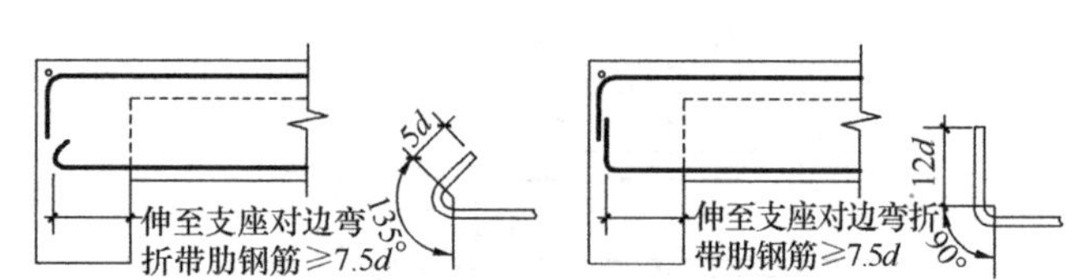

图 7-117　端支座非框架下部纵筋弯锚构造

非框架梁下部纵筋长度＝通跨净长 l_n＋7.5d×2＋5d×2＋2.89d×2－3d×2

注意：采用 135°弯钩锚固时，下部纵向钢筋伸至支座对边弯折，包括弯钩在内的水平投影长度不小于 7.5d，弯钩的直线段长度为 5d。

非框架梁端支座负筋长度＝max[l_n/3(l_n/5)]＋支座宽－保护层＋15d

非框架梁中间支座负筋长度＝max[l_n/3(l_n/5)，2×l_n/3(l_n/5)]＋支座宽

四、悬挑梁

纯悬臂梁及连续梁的悬臂段属于静定结构，悬臂段的竖向承载力失效后将无法进行内力重分配，构件会发生破坏，因此在施工时需采用有效措施，应特别注意上部纵向受力钢筋的保护层厚度不得随意加厚，混凝土强度未达到设计强度时，下部的竖向支撑模板和脚手架不应拆除。

当悬臂梁跨度较小时，其纵向钢筋在节点或支座处按非框架梁锚固措施处理；当悬臂梁跨度较大时，需进行竖向地震作用验算，其上、下部纵向钢筋在支座内均需满足抗震锚

固长度的要求，此时悬臂梁中钢筋锚固长度 l_a、l_{ab} 应改为 l_{aE}、l_{aE}，悬挑梁下部纵向钢筋伸入支座的长度也应采用 l_{aE}。

屋面与中间层悬臂梁构造需区别对待，构造做法主要与节点（墙、柱）或支座（梁）形式、悬臂梁与其连续内跨梁的梁顶标高差值等有关，见表 7-18。各类悬臂梁参数如图 7-118所示。

悬臂梁构造节点表　　　　**表 7-18**

梁顶与悬臂梁顶标高关系 ＼ 楼层位置、节点或支座形式		中间层			屋面		
		柱	墙	梁	柱	墙	梁
$\Delta_h=0$	梁顶标高＝悬臂梁顶标高	①		①	①		①
$\Delta_h/(h_c-50)<1/6$	梁顶标高＞悬臂梁顶标高	③		③或⑥*	⑥*		③或⑥*
	梁顶标高＜悬臂梁顶标高	⑤		⑤或⑦*	⑦*		⑤或⑦*
$\Delta_h/(h_c-50)>1/6$	梁顶标高＞悬臂梁顶标高	②		⑥*	⑥*		⑥*
	梁顶标高＜悬臂梁顶标高	④		⑦*	⑦*		⑦*

注：1. 图中标注＊号的构造做法中尚应满足 Δ_h 不大于 $h_b/3$。

2. Δ_h 为内跨梁顶面与悬臂梁顶面的高差。

1）纯悬挑梁跨度≤2000mm 时，按非抗震设计，其位于中间层时，悬臂梁上部纵向钢筋应伸至支座（墙、柱），外侧纵筋内边并向节点内弯折 $15d$。当支座宽度不能满足直线锚固长度要求时，可采用 90°弯折锚固，弯折前水平段投影长度不应小于 $0.4l_{ab}$，弯折后的竖向投影长度为 $15d$，如图 7-119 所示。

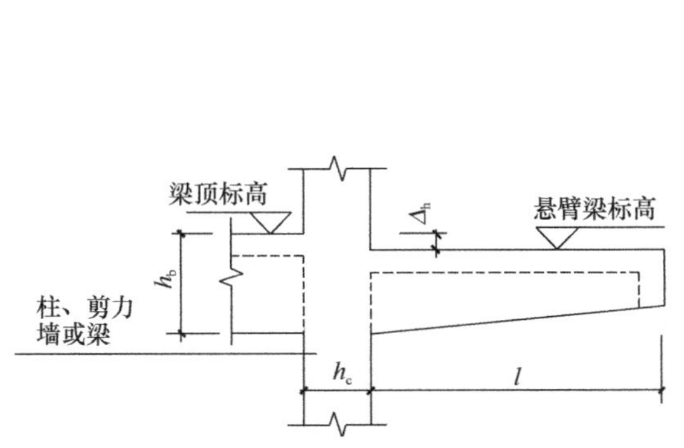

图 7-118　各类悬挑梁参数示意图

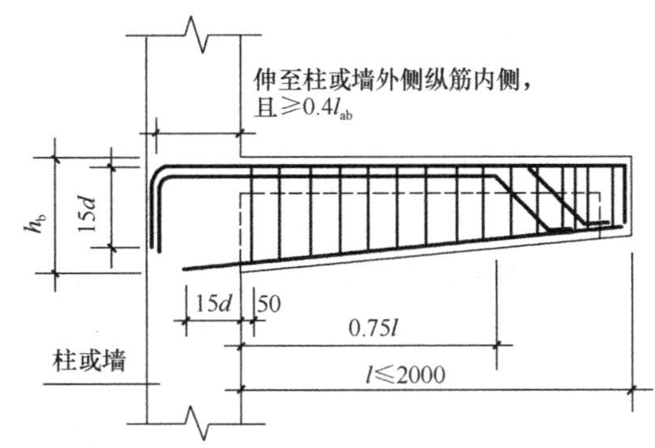

图 7-119　纯悬挑梁 XL 示意图

2）悬臂梁剪力较大且全长承受弯矩，在悬臂梁中存在着比一般梁更为严重的斜弯现象和撕裂裂缝引起的应力延伸，在梁顶截断纵筋存在着引起斜弯失效的危险，因此上部纵筋不应在梁的上部切断。

① 悬臂梁上部钢筋中，应有至少 2 根角筋且不少于第一排纵筋的 1/2 伸至悬臂梁外端，并向下弯折 $12d$；其余钢筋不应在梁上部截断，而且在不需要该钢筋处下作 45°或 60°

弯折，首先弯折第二排钢筋，弯折后的水平段为 $10d$，如图 7-120 所示。

② 当悬挑长度较小、截面又比较高时，会出现不满足斜弯尺寸要求的情况，此时宜将上部所有纵筋均伸至悬臂梁外端，向下弯折 $12d$，如图 7-120（a）所示。

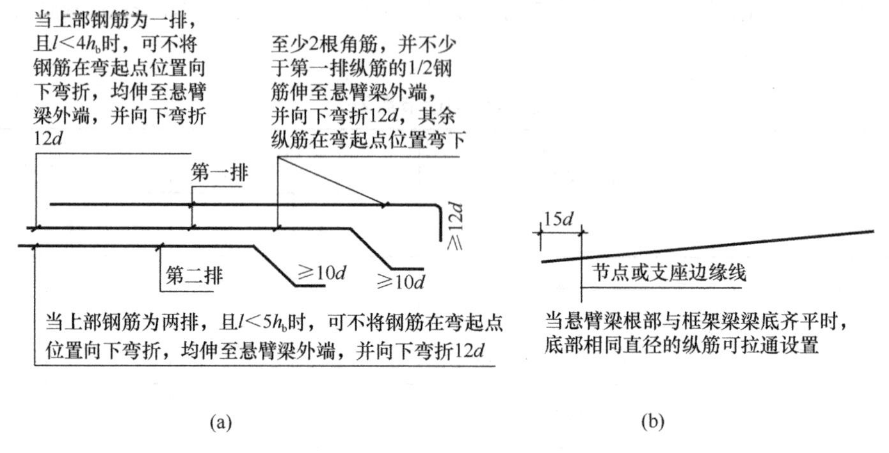

图 7-120　悬挑梁上、下纵筋做法示意图

（a）悬臂梁上部钢筋；（b）悬臂梁下部钢筋

当上部钢筋为一排，且 $l<4h_b$ 时，上部钢筋可不在端部弯下，伸至悬挑梁外端，向下弯折 $12d$，即

悬挑梁上部第一排钢筋长度＝支座宽 h_c－保护层厚度＋$15d$＋悬挑长度 l－保护层厚度＋$12d$

当上部钢筋为二排，且 $l<5h_b$时，上部钢筋可不在端部弯下，伸至悬挑梁外端，向下弯折 $12d$，即

悬挑梁上部第二排钢筋长度＝支座宽 h_c－保护层厚度＋$15d$＋悬挑长度 l－保护层厚度＋$12d$

3）位于楼层或屋面带连续内跨梁的悬臂梁在节点（墙、柱）或支座（梁）处的构造措施：

① 悬臂梁与其跨梁顶标高相同时，梁上部纵向钢筋应贯穿节点（墙、柱）或支座（梁），如图 7-121 中①所示。

② 节点钢筋计算：

第一排纵向钢筋长度＝l(悬挑梁净跨长)－保护层厚度＋$12d$

③ 位于中间层，且 $\Delta h/(h_c-50)>1/6$ 时，梁上部纵向钢筋宜在节点(墙、柱)处截断分别锚固，内跨框架梁、悬臂梁上部纵筋按框架中间层端节点构造锚固措施，如图 7-121 中②和④所示。

④ 位于中间层，且 $\Delta h/(h_c-50)\leqslant 1/6$ 时，梁上部纵向钢筋应坡折贯穿节点(墙、柱)或支座(梁)，当支座为梁时也可用于屋面，如图 7-121 中③和⑤所示。

⑤ 位于屋面，$\Delta h\leqslant h_b/3$ 时，梁上部受力钢筋在节点（墙、柱）或支座（梁）处分别锚固，当支座为梁也可用于中间层楼面，如图 7-121 中⑥和⑦所示。

4）图 7-121 中①、⑥、⑦位于屋面的悬臂梁与内跨框架梁底标高相同时，柱纵筋可按中柱节点考虑（节点处，内跨框架梁负弯矩远大于悬臂梁负弯矩情况除外）。

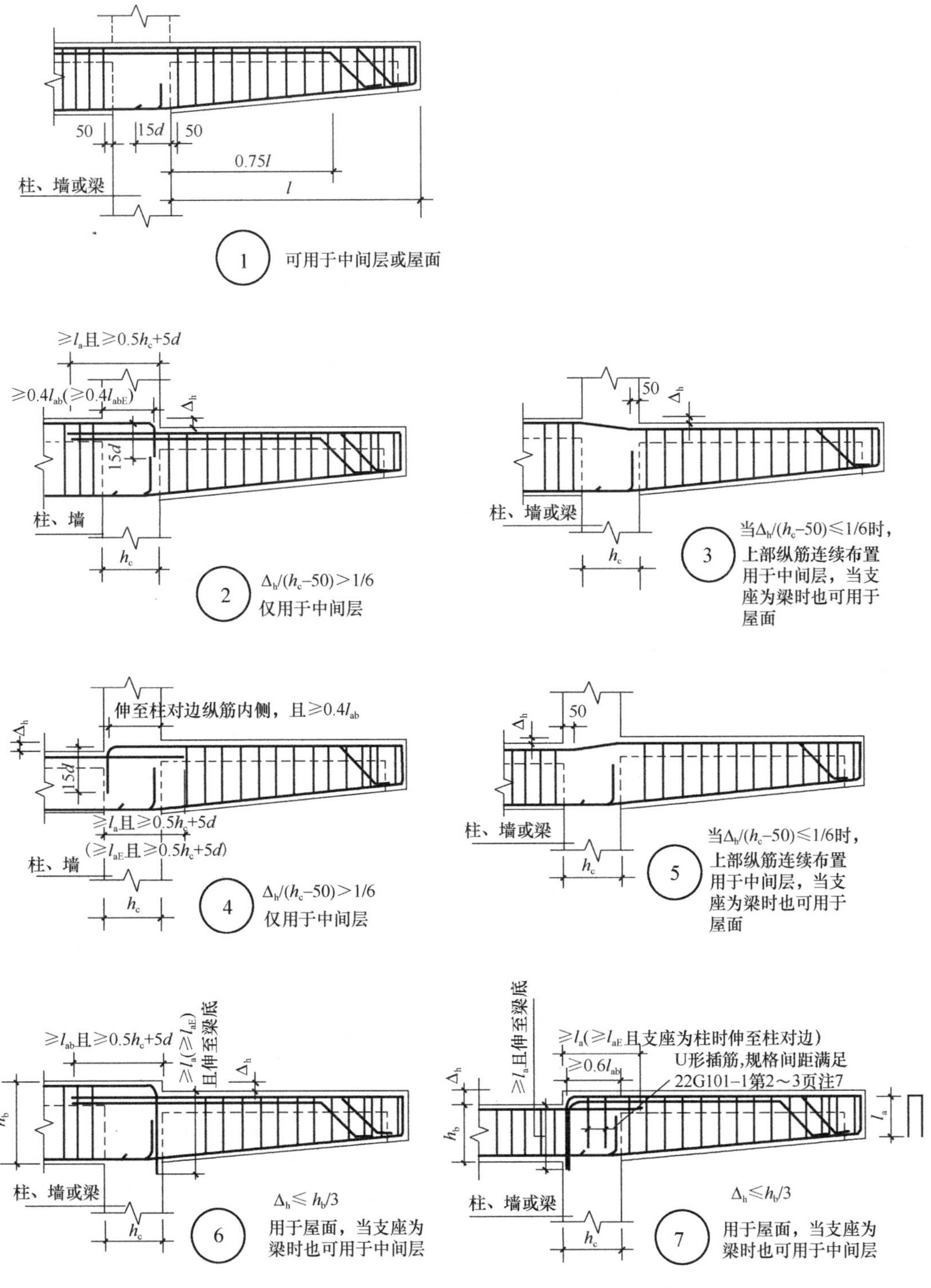

图 7-121 各种节点的悬挑梁示意图

5）当悬臂梁端部设有封边梁或次梁时，应根据计算在次梁一侧设置附加横向箍筋，承担其集中荷载。如图 7-122 所示。

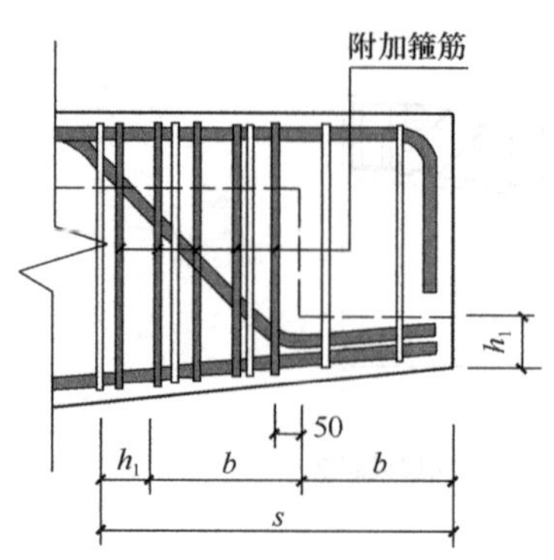

图 7-122　悬挑梁端附加箍筋范围示意图

第六节　板 钢 筋 计 算

在楼板和屋面板中根据板的受力特点不同所配置的钢筋也不同，主要有板下部受力钢筋、支座负弯矩钢筋、构造钢筋、分布筋、抗温度收缩应力构造钢筋。

① 双向板下部双方向、单向板下部短向，是正弯矩受力区，配置板下部受力钢筋。

② 双向板中间支座、单向板短向中间支座以及按嵌固设计的端支座，应在板顶面配置支座负弯矩钢筋。

③ 按简支计算的端支座、单向板长方向支座，一般在结构计算时不考虑支座约束，但往往由于边界约束产生一定的负弯矩，因此应配置支座板面构造钢筋。

④ 单向板长向板底、支座负弯矩钢筋或板面构造钢筋的垂直方向，还应布置分布筋；分布筋一般不作为受力钢筋，其主要作用是为了固定受力钢筋、承受和分布板上局部荷载产生的内力及抵抗收缩和温度应力。

⑤ 在温度、收缩应力较大的现浇板区域，应在板的表面双向配置防裂构造钢筋，即抗温度、收缩应力构造钢筋。当板面受力钢筋通长配置时，可兼做抗温度、收缩应力构造钢筋。

板厚范围上、下各层钢筋定位排序表达方式：上部钢筋依次从上往下排，下部钢筋依次从下往上排，如图 7-123 所示。

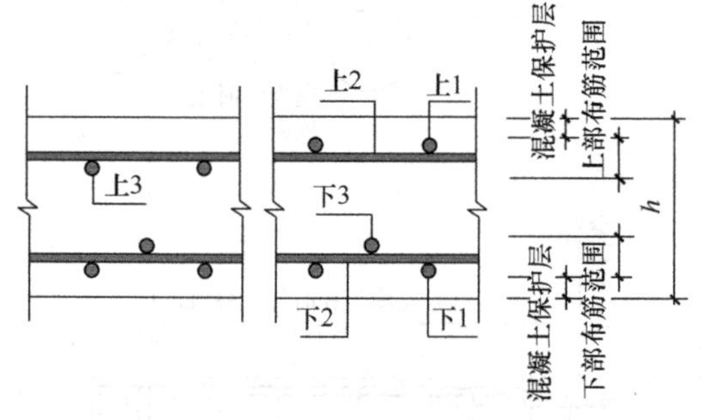

图 7-123　板厚范围上、下各层钢筋定位排序表达示意图

一、板下部受力筋钢筋长度及根数的计算

1. 板下部受力筋钢筋计算，如图 7-124 所示。

板底筋长度＝板净跨长度＋左伸进长度＋右伸进长度(考虑螺纹钢情况)

板下部受力筋钢筋伸入长度有几个情况：

(1) 当板下部受力筋伸入端部支座为剪力墙、梁时，伸进支座长度＝max（支座宽度/2，5d)，如图 7-125、图 7-126 所示。

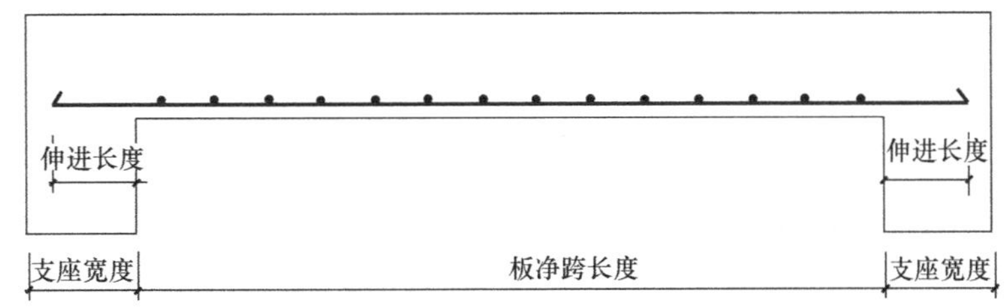

图 7-124 板下部受力筋钢筋长度计算示意图

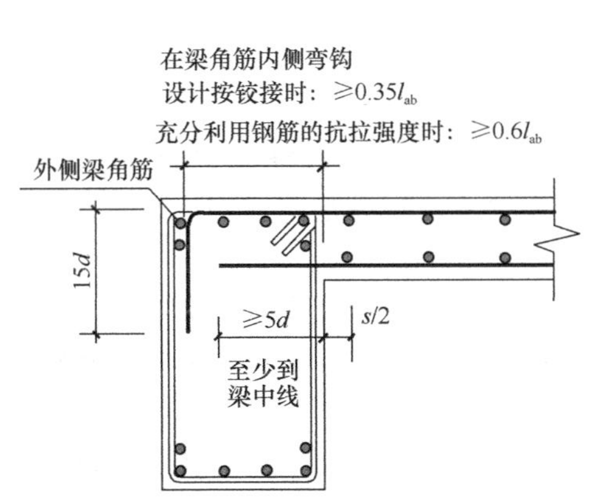

图 7-125 端支座为梁示意图

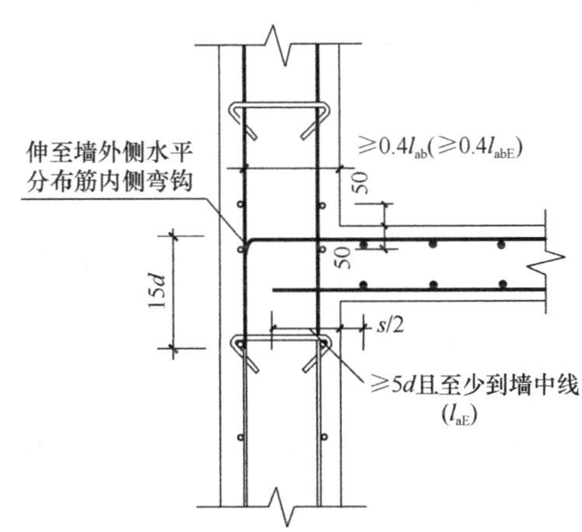

图 7-126 端支座为墙示意图

(2) 板下部受力筋伸入端部支座为梁板式转换层板时，伸进支座长度为两种情况：

带有转换层的高层建筑结构体系，由于竖向抗侧力构件不连续，其框支剪力墙中的剪力在转换层处要通过楼板才能传递给落地剪力墙，因此转换层楼板除满足承载力外还必须保证有足够的刚度，以保证传力直接和可靠。除强度计算外还需要有效的构造措施来保证。转换层楼板纵向受力钢筋伸入边支座内的锚固长度按抗震设计要求，除施工图设计文件注明外，梁板式转换层楼板纵向钢筋在边支座锚固的抗震等级按四级取值，如图 7-127 所示。

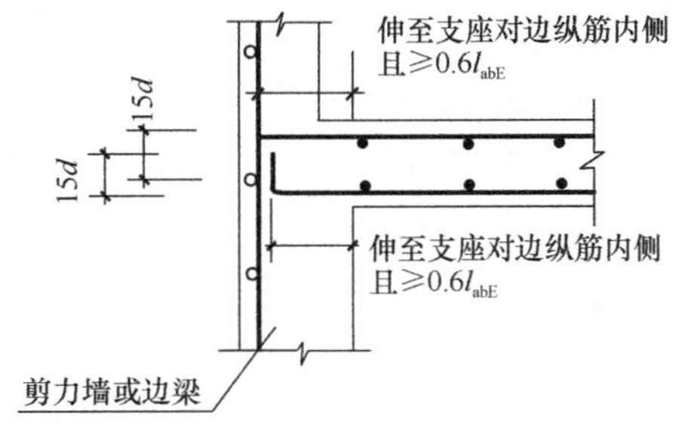

图 7-127 楼板钢筋在边支座锚固示意图

1) 当支座尺寸满足直线锚固时，锚固长度不应小于 l_{aE}，且至少伸到支座中线，即伸进支座长度＝max（支座宽度/2，l_{aE}）；

2) 当支座尺寸不满足直线锚固要求时，板纵筋可采用 90°弯折锚固方式，此时板上、下部纵筋伸至竖向钢筋内侧并向支座内弯折，平直段长度不小于 0.6l_{abE}，弯折段长度为 15d，即

(边梁)伸进支座长度＝支座宽度－保护层厚度－梁箍筋直径－梁角筋直径＋15d

(剪力墙)伸进支座长度＝支座宽度－保护层厚度－剪力墙水平筋直径－剪力墙竖向筋直径＋15d

2. 板下部受力筋根数计算，如图 7-128 所示。

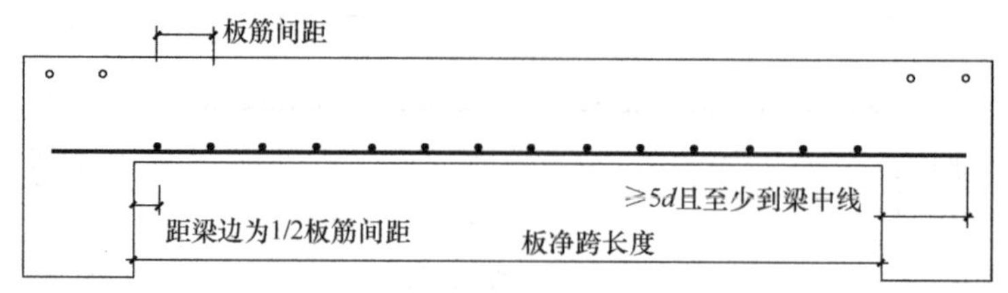

图 7-128　板下部受力筋根数计算示意图

板下部受力筋根数=（板净跨长度−板筋间距）/板筋间距+1

或　　板下部受力筋根数=板净跨长度/板筋间距

二、板上部受力筋钢筋长度及根数的计算

施工图设计文件应注明板边支座的设计支承假定，如：铰接或充分利用钢筋的受拉强度。

1. 板上部纵筋应在支座（梁、墙或柱）内可靠锚固，当满足直线锚固长度 l_a 时，可不弯折。

2. 采用 90°弯折锚固时，弯折段长度为 15d，上部纵筋伸至梁角筋内侧弯折，弯折前的水平段投影长度，当设计按铰接时，平直段长度不小于 0.35l_{ab}，当充分利用钢筋的抗拉强度时，平直段长度不小于 0.6l_{ab}，如图 7-129 所示。

3. 当支座为中间层剪力墙采用弯锚时，板上部纵筋伸至剪力墙竖向钢筋内侧弯折，平直段长度不小于 0.4l_{ab}，弯折段长度为 15d，如图 7-129 所示。

4. 支座为顶层剪力墙时，当板跨度及厚度比较大、会使墙产生平面外弯矩时，墙外侧竖向钢筋可伸入板上部，与板上部纵向受力钢筋搭接。实际工程中采用何种做法应由设计注明，如图 7-129 所示。

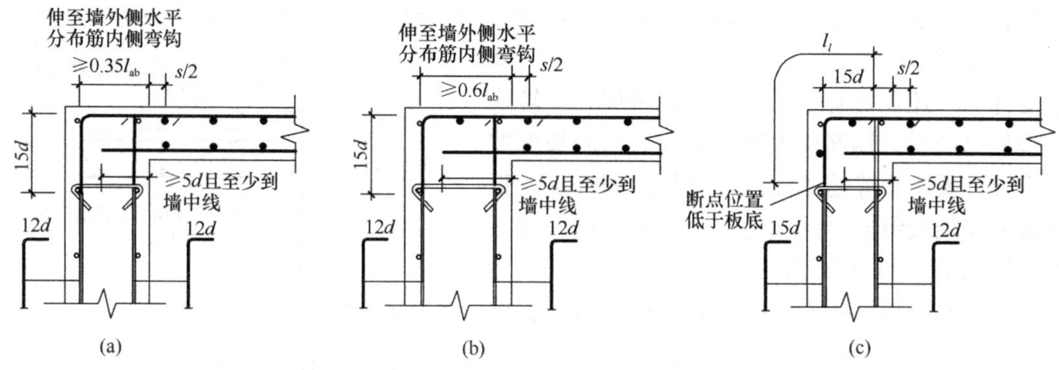

图 7-129　端部支座为剪力墙顶层钢筋构造示意图

(a) 板端按铰接设计时；(b) 板端上部纵筋按充分利用钢筋的抗拉强度时；(c) 搭接连接

1. 板上部受力筋钢筋长度计算，如图 7-130 所示。

板上部受力筋长度=板净跨长度+左伸进长度+右伸进长度

当支座尺寸不满足直线锚固要求时，板上部纵筋在端支座应伸至梁或墙外侧纵筋内侧后弯折 15d。

1) 当板上部受力筋钢筋伸入端支座为梁时：

伸进长度＝梁宽－保护层厚度－箍筋直径－外侧梁角筋直径＋15d

2）当板上部受力筋钢筋伸入端支座为剪力墙时：

伸进长度＝剪力墙厚－保护层厚度－剪力墙水平筋直径－剪力墙竖向筋直径＋15d

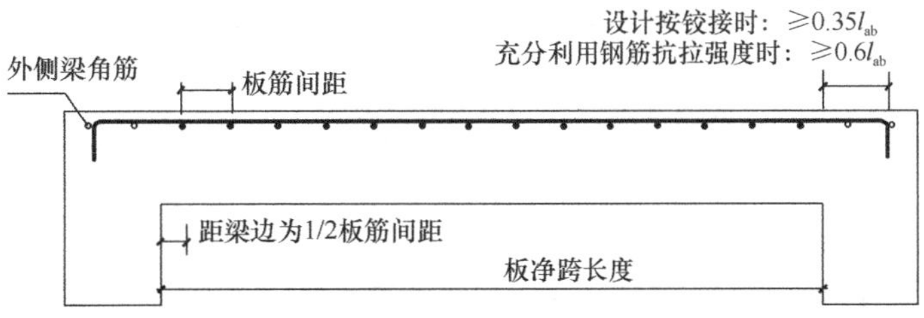

图 7-130　板上部受力筋钢筋长度计算示意图

3）板下部受力筋伸入端部支座为梁板式转换层板时：

(边梁)伸进支座长度＝支座宽度－保护层厚度－梁箍筋直径－梁角筋直径＋15d

(剪力墙)伸进支座长度＝支座宽度－保护层厚度－剪力墙水平筋直径－剪力墙竖向筋直径＋15d

当支座尺寸满足直线锚固要求时，板上部纵筋在端支座应伸至梁或墙平直段长度分别为 l_a、l_{aE}，即伸进支座长度＝l_a(l_{aE})

2. 板上部受力筋根数计算，如图 7-130 所示。

板上部受力筋根数＝(板净跨长度－板筋间距)/板筋间距＋1

或　　板上部受力筋根数＝板净跨长度/板筋间距

三、板支座负筋钢筋长度及根数的计算，如图 7-131 所示

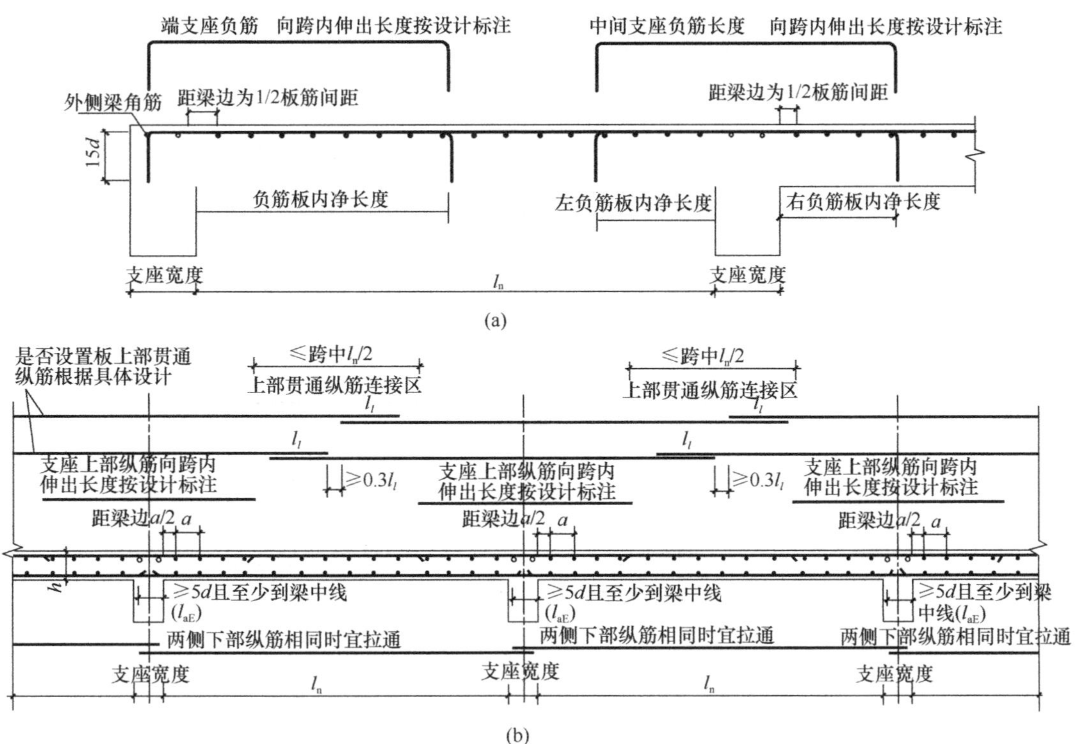

图 7-131　板支座负筋钢筋长度及根数示意图

(a) 通常做法示意图；(b) 楼面板 LB 和屋面板 WB 钢筋构造示意图

1. 端支座负筋长度计算，伸入支座长度同板上部受力筋判定条件

端支座负筋长度=负筋板内净长度+伸入支座长度+板内弯折(板厚度−2×保护层厚度)

端支座负筋根数=(板负筋净跨长度−板筋间距)/板筋间距+1

或　端支座负筋根数=板负筋净跨长度/板筋间距

2. 中间支座负筋长度计算，注意：当板支座上部非贯通筋图纸未明确时，按照22G101-1图集规定为自板支座上部非贯通纵筋自支座边线向跨内的伸出长度，注写在线段的下方位置。

中间支座负筋长度=左负筋板内净长度+中间支座宽度+右负筋板内净长度+板内弯折(板厚度−2×保护层厚度)×2

或 中间支座负筋长度=左负筋标注长度+右负筋标注长度+板内弯折(板厚度−2×保护层厚度)×2

中间支座负筋根数=(板负筋净跨长度−板筋间距)/板筋间距+1

或　端支座负筋根数=板负筋净跨长度/板筋间距

板内弯折：支座负筋朝下设弯钩，弯钩端头支在现浇板底部模板上，其功能是防止浇筑混凝土时人或设备压低上部非贯通筋，使有效截面减少导致抗力不足。从22G101图集中的图形语言来看，板内弯折不需要设置，只需要扣除板内弯折即可。

四、分布筋长度及根数的计算

板分布筋如图7-132、图7-133所示。

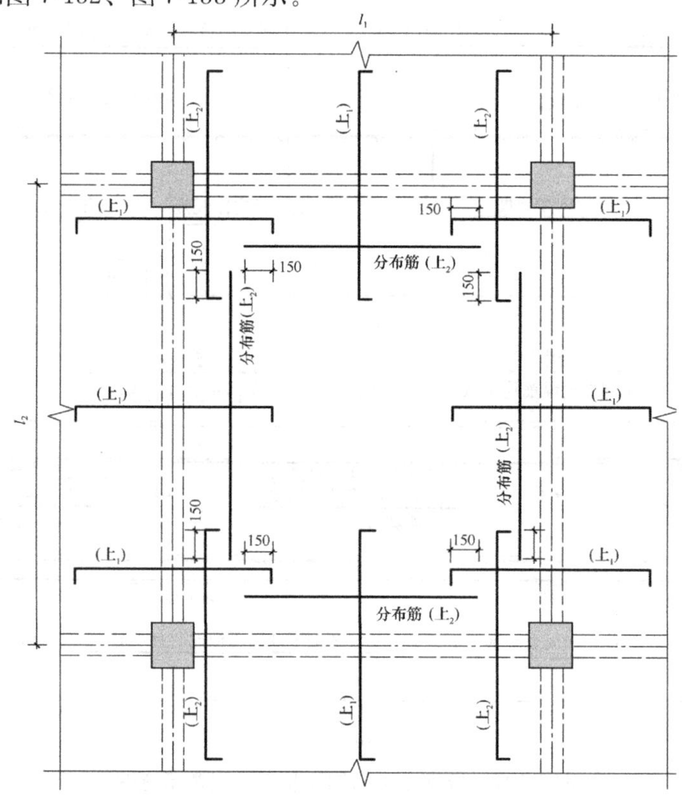

图7-132　板分布筋示意图

分布筋应满足要求，一般情况下设计人员会在施工图中注明采用的规格和间距，由施工单位在需要配置的位置布置。

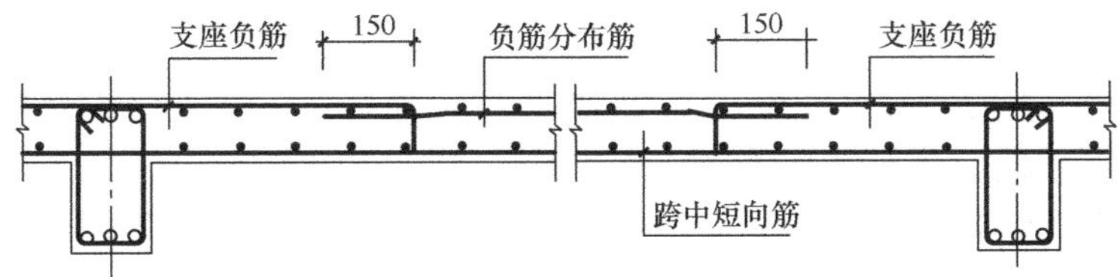

图 7-133　分布筋长度示意图

① 分布筋的直径不宜小于 6mm，间距不宜大于 250mm，板上有较大集中荷载时不宜大于 200mm。

② 按单向板设计的四边支承板，在垂直于受力钢筋方向布置的分布筋截面面积不宜小于单位宽度受力钢筋截面面积的 15%，且配筋率不应小于 0.15%。

分布筋长度＝两端支座负筋净距＋150×2

分布筋根数＝(板负筋净跨长度－0.5×板筋间距)/板筋间距＋1

五、温度筋长度及根数的计算

如图 7-134 所示。

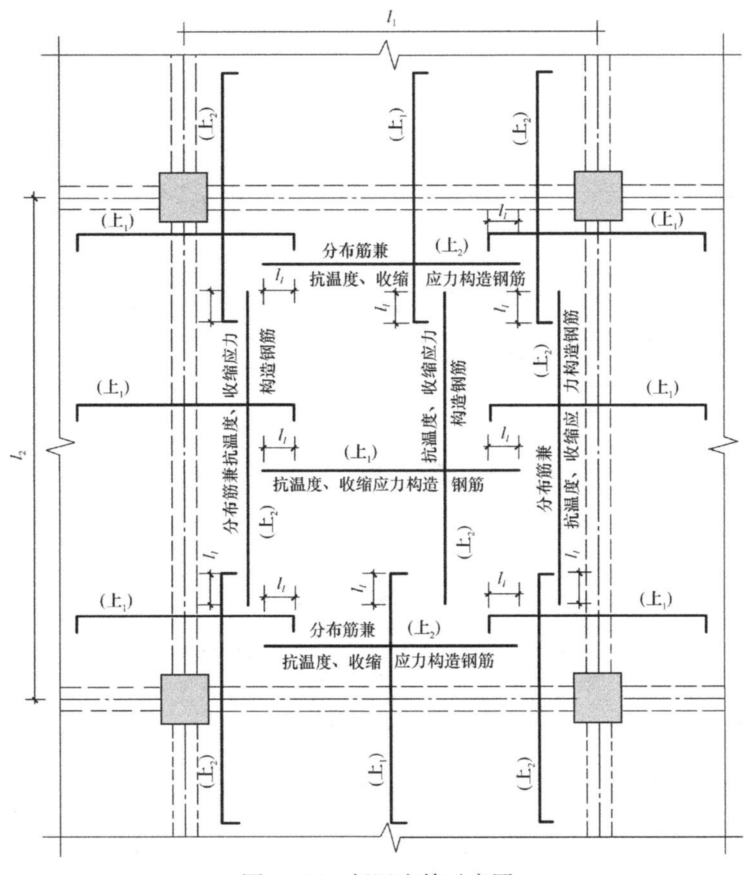

图 7-134　板温度筋示意图

抗温度、收缩应力构造钢筋，设计人员需在施工图设计文件中给出规格、间距以及需要布置的位置。

① 板表面设置的抗温度、收缩应力钢筋与支座负筋的搭接长度，若施工图设计文件未注明时，按受拉钢筋的要求搭接或在周边构件中锚固。

② 无特殊要求时，分布筋与受力钢筋搭接长度为 150mm。

③ 板表面防裂构造钢筋利用原有受力钢筋贯通布置，并在支座处另设负弯矩钢筋时，两种钢筋的牌号和间距宜相同，才可以做到“隔一布一”。

温度筋长度＝板净跨长度－左负筋板内净长度－右负筋板内净长度＋搭接长度×2

温度筋根数＝(板垂直向净跨长度－左负筋板内净长度－右负筋板内净长度)/温度筋间距－1

第七节　楼梯钢筋计算

22G101-2 图集中楼梯包含 14 种类型，现以最常用的 AT 型楼梯进行分析，其中梯柱、梯梁、平台板（包括楼层平板和层间平板）按照柱、梁、板的相关规定进行计算，如图 7-135 所示。

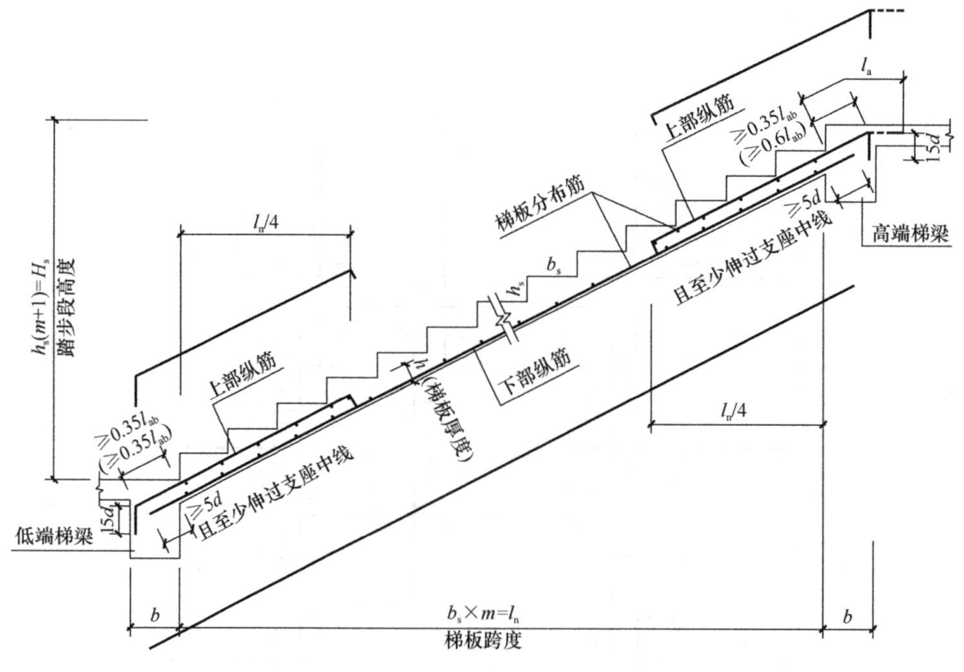

图 7-135　AT 型楼梯板配筋构造示意图

一、底部受力筋计算

1. 梯板底部受力钢筋长度计算，如图 7-135 所示。

楼梯踏步段内斜放钢筋长度的计算方法：钢筋斜长＝水平投影长度×k

$$K=\frac{\sqrt{b_s^2+h_s^2}}{b_s}$$

楼梯板底筋长度=(梯板净跨长度+左伸进长度+右伸进长度)×k

伸进支座长度=max(b/2，5d)，注意：伸进支座长度为斜长需要满足的条件。

2. 梯板底部受力钢筋根数计算，如图 7-136 所示。

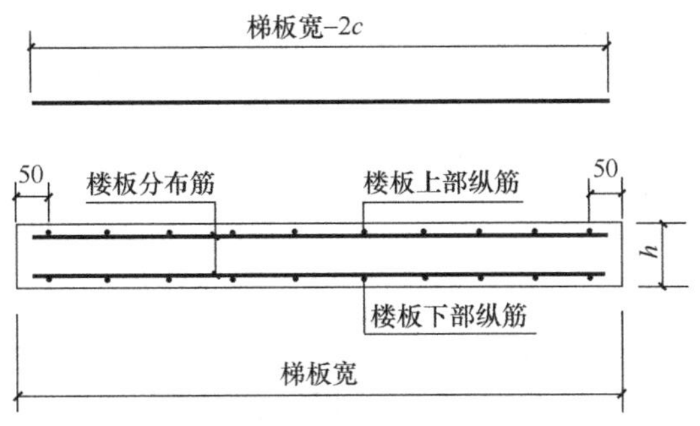

图 7-136　梯板宽配筋构造示意图

梯板底部受力钢筋根数=(梯板宽−50×2)/受力筋间距+1

二、梯板顶部支座负筋计算

1. 梯板顶部支座负筋长度计算，如图 7-137 所示。

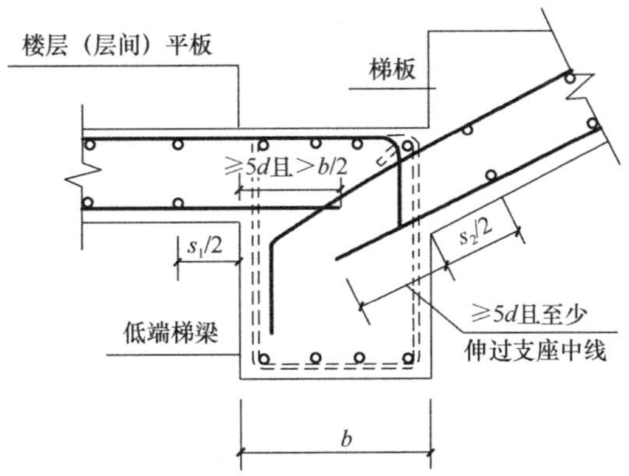

图 7-137　低端梯梁处、平台纵筋在梯梁中弯锚示意图

顶部低端支座负筋=(板净跨长度/4+低端梯梁宽度 b)×k−保护层厚度+15d+(楼板厚度 h−2×保护层)。

顶部高端支座负筋=(板净跨长度/4+高端梯梁宽度 b)×k−保护层厚度+15d+(楼板厚度 h−2×保护层)，其中当设计标注时，板净跨长度/4 为设计标注。楼板上部纵筋有条件时可直接伸入平板内锚固，从支座内边算起总锚固长度不小于 l_a。

2. 梯板顶部支座负筋根数计算，如图 7-136 所示。

梯板顶部支座负筋根数=(梯板宽−50×2)/受力筋间距+1

三、梯板分布筋计算

楼板分布筋下部纵筋楼板分布筋和上部纵筋楼板分布筋，在计算长度时，长度相同。

1. 梯板分布筋长度计算，如图 7-135、图 7-136 所示。

梯板分布筋长度=梯板宽－保护层厚度×2

2. 梯板分布筋根数计算，如图 7-135～图 7-137 所示。

（1）板底筋受力筋的分布筋根数=(梯板净跨长度×k－分布筋间距)/分布筋间距+1

（2）板顶部支座负筋分布筋根数=(梯板净跨长度/4×k－分布筋间距/2)/分布筋间距+1

需要注意的是：当用于基础时，起步距离应为 50mm，如图 7-138 所示。

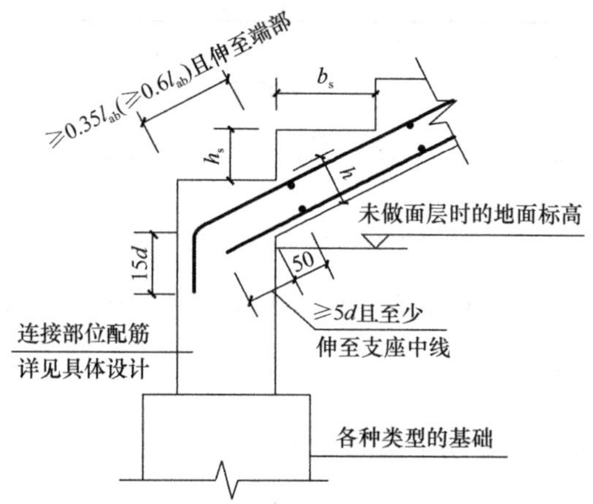

图 7-138　各型楼梯第一跑与基础连接构造示意图

参考文献

[1] 中国建筑标准设计研究院．混凝土结构施工图平面整体表示方法制图规则和构造详图(22G101-1). 北京：中国计划出版社，2022.

[2] 中国建筑标准设计研究院．混凝土结构施工图平面整体表示方法制图规则和构造详图(22G101-2). 北京：中国计划出版社，2022.

[3] 中国建筑标准设计研究院．混凝土结构施工图平面整体表示方法制图规则和构造详图(22G101-3). 北京：中国计划出版社，2022.

[4] 中国建筑标准设计研究院．混凝土结构施工钢筋排布规则与构造详图(18G901-1). 北京：中国计划出版社，2018.

[5] 中国建筑标准设计研究院．混凝土结构施工钢筋排布规则与构造详图(18G901-2). 北京：中国计划出版社，2018.

[6] 中国建筑标准设计研究院．混凝土结构施工钢筋排布规则与构造详图(18G901-3). 北京：中国计划出版社，2018.

[7] 中国建筑标准设计研究院．G101 系列图集常见问题答疑图解(17G101-11). 北京：中国计划出版社，2017.

[8] 张川．建筑工程钢筋翻样基础与应用．北京：中国建筑工业出版社，2020.

[9] 张川．建筑工程计量与计价应用．北京：中国建筑工业出版社，2020.

[10] 唐才均．平法钢筋看图下料与施工排布一本通．北京：中国建筑工业出版社，2014.

[11] 中华人民共和国国家标准．混凝土结构工程施工质量验收规范 GB 50204—2015. 北京：中国建筑工业出版社，2015.

[12] 中华人民共和国国家标准．混凝土结构工程施工规范 GB 50666—2011. 北京：中国建筑工业出版社，2012.

[13] 中华人民共和国国家标准．混凝土结构设计规范 GB 50010—2010(2015 年版). 北京：中国建筑工业出版社，2015.

[14] 茅洪斌．钢筋翻样方法及实例．北京：中国建筑工业出版社，2009.

[15] 中华人民共和国住房和城乡建设部．房屋建筑与装饰工程消耗量定额(TY01-31-2015). 北京：中国计划出版社，2015.

[16] 中华人民共和国国家标准．房屋建筑与装饰工程工程量计算规范 GB 50854—2013[S]. 北京：中国计划出版社，2013.

[17] 建筑施工手册编委会．建筑施工手册(第五版). 北京：中国建筑工业出版社，2012.